环境监测
与环境影响评价技术

金 民　倪 洁　徐 葳◎著

吉林科学技术出版社

图书在版编目（CIP）数据

环境监测与环境影响评价技术 / 金民，倪洁，徐葳著. -- 长春 : 吉林科学技术出版社，2022.4

ISBN 978-7-5578-9537-2

Ⅰ. ①环… Ⅱ. ①金… ②倪… ③徐… Ⅲ. ①生态环境－环境监测－评估－研究 Ⅳ. ①X835

中国版本图书馆 CIP 数据核字(2022)第 118599 号

环境监测与环境影响评价技术

著　　金　民　倪　洁　徐　葳
出 版 人　宛　霞
责任编辑　高千卉
封面设计　金熙腾达
制　　版　金熙腾达
幅面尺寸　185mm×260mm
开　　本　16
字　　数　379 千字
印　　张　16.5
印　　数　1-1500 册
版　　次　2022年4月第1版
印　　次　2022年4月第1次印刷

出　　版　吉林科学技术出版社
发　　行　吉林科学技术出版社
地　　址　长春市南关区福祉大路5788号出版大厦A座
邮　　编　130118
发行部电话/传真　0431-81629529　81629530　81629531
　　　　81629532　81629533　81629534
储运部电话　0431-86059116
编辑部电话　0431-81629510
印　　刷　廊坊市印艺阁数字科技有限公司

书　　号　ISBN 978-7-5578-9537-2
定　　价　68.00 元

环境监测是准确、及时、全面地反映环境质量现状及发展趋势的技术手段，为环境科学研究、环境规划、环境影响评价、环境工程设计、环境保护管理和环境保护宏观决策等提供不可缺少的基础数据和重要信息。环境监测是环境保护工作的基础，是执行环境保护法规的依据，是污染治理及环境科学研究、规划和管理不可缺少的重要手段。

本书适应我国人才培养的要求，围绕环境监测岗位的实际工作任务来安排内容，以工作任务为主线，理论与实践相融合，重在培养职业素质，着重突出职业性、实用性和创新性。全书共九章，主要内容包括环境监测概述、水环境监测、大气和废气监测、噪声监测、水环境质量评价、大气环境影响评价、声环境影响评价、环境污染控制与保护措施以及环境监测新技术发展。

本书的编写思路是以最新的环境监测标准和技术规范为依据，以环境基本理论和基本方法为主线，将新技术、新方法、新仪器等融会在经典的环境监测内容中。本书在阐释环境监测的技术与方法的同时，也对大气、水、噪声等环境要素对环境的影响和如何评价进行了详细的介绍。本书注重理论与实践紧密结合，尽可能阐明环境质量监测和环境污染监测，既注重知识的系统性和科学性，又注重实用性，从而形成了鲜明的特点。

本书具有以下特点：

（1）以工作过程为导向开发学习项目，以工作任务为载体构建本书内容。本书以环境监测工作过程为导向开发了体现岗位核心能力的几个典型项目。

（2）适应我国环境监测发展需求，在系统地选择了经常性监测内容的同时，注重突出服务性监测。

（3）融入新技术、新标准。监测因子的选择注意先易后难、避免重复，按监测、评价对象归属相应章节，依据新标准规范增加了新的监测与评价方法等。

由于作者的水平和时间有限，疏漏和错误之处在所难免，恳请同行专家和广大读者批评指正。

第一章　环境监测概述

环境监测是在环境分析的基础上发展起来的一门学科，是环境科学的一个重要分支学科，也是一门实践与理论并重的应用学科。环境监测是运用各种手段，对影响和反映环境质量因素的代表值进行测定，并得到反映环境质量或环境污染程度及其变化趋势的相关数据和结果的过程。随着人类社会和科学技术的发展，环境监测所包含的内容也在不断扩展。早期的环境监测一般只针对工业污染源，而当今的环境监测不仅针对所有影响环境质量的污染因子，可能还针对生物和生态变化等。早期环境监测只能确定环境实时质量，而当今的环境监测不仅能确定环境实时质量，还能为预测环境质量提供科学依据。

环境监测的对象包括对环境造成污染或危害的各种污染因子、反映环境质量变化的各种自然因素、对环境及人类活动产生影响的各种人为因素等。

环境监测的过程一般可分为现场调查、监测方案制订、优化布点、样品采集、运送保存、分析测试、数据处理、综合评价等环节。

人类可利用环境监测数据及时掌握环境质量现状及其污染程度。所以，环境监测是环境管理和污染治理等工作的基础，在人类防治环境污染、改善生态环境、实现人与环境可持续发展的过程中起着不可替代的作用。

第一节　环境监测的目的、分类以及特点

一、环境监测的目的

环境监测的目的是准确、及时、全面地反映环境质量现状及发展趋势，为环境管理、污染源控制、环境规划提供科学依据。环境监测的任务可具体归纳为：①根据环境质量标准，利用监测数据对环境质量做出评价。②根据污染情况，追踪污染源，研究污染变化趋势，为环境污染监督管理和污染控制提供依据。③收集环境本底数据、积累长期监测资料，为制定各类环境标准（法规），实施总量控制、目标管理、预测环境质量提供依据。④实施准确可靠的污染监测，为环境执法部门提供执法依据。⑤为保护生态环境、人类健康以及自然资源的合理利用提供服务。

二、环境监测的分类

环境监测可按其监测介质和监测目的进行分类。

（一）按监测介质分类

环境监测按监测介质（环境要素）分类，可分为空气监测、水质监测、土壤监测、固体废物监测、生物监测、生态监测、物理污染监测（包括噪声和振动监测、放射性监测、电磁辐射监测）和热污染监测等。

（二）按监测目的分类

1. 监视性监测（又称常规监测或例行监测）

监视性监测是对环境要素的污染状况及污染物的变化趋势进行监测，以达到确定环境质量或污染状况、评价污染控制措施效果和衡量环境标准实施情况等目的。监视性监测是各级环境监测站监测工作的主体，所积累的环境监测数据是确定一定区域内环境污染状况及发展趋势的重要基础。

监视性监测包括两方面的工作：①环境质量监测（指所在地区的水体、空气、噪声、固体废物等的常规监测）；②污染源监督监测（指对所在地区的污染物浓度、排放总量、污染趋势等的监测）。

2. 特定目的性监测（又称特例监测）

特定目的性监测是为完成某项特种任务而进行的应急性的监测，是不定期、不定点的监测。这类监测除一般的地面固定监测外，还有流动监测、低空航测、卫星遥感监测等形式。特定目的性监测可分为以下几种情况：

（1）污染事故监测

对各种突发污染事故进行现场应急监测，摸清事故的污染程度和范围、造成危害的大小等，为控制和消除污染提供决策依据。如油船石油溢出事故造成的海洋污染监测、核泄漏事故引起的放射性污染监测、工业污染源导致的各类突发性的污染事故监测等。

（2）仲裁监测

主要是针对环境法律法规执行过程中所发生的矛盾和环境污染事故引起的纠纷而进行的监测，如排污收费、数据仲裁、调解处理污染事故纠纷时向司法部门提供的仲裁监测等。仲裁监测应由国家指定的具有质量认证资质的单位或部门承担。

（3）考核验证监测

一般包括环境监测技术人员的业务考核、上岗培训考核、环境监测方法验证和污染治理项目竣工验收监测等。

（4）综合评价监测

针对某个工程或建设项目的环境影响评价进行的综合性环境现状监测。

（5）咨询服务监测

指向其他社会部门提供科研、生产、技术咨询、环境评价和资源开发保护等服务时需要进行的服务性监测。

3. 研究性监测（又称科研监测）

研究性监测是专门针对科学研究而进行的监测，属于技术比较复杂的一种监测，往往要多部门、多学科协作才能完成。一般包含以下几种情况：

（1）标准方法、标准样品研制监测

为制定、统一监测分析方法和研制环境标准物质（包括标准水样、标准气、土壤、尘、植物等各种标准物质）所进行的监测。

（2）污染规律研究监测

主要研究污染物从污染源到受体的转移过程以及污染物质对人、生物和生态环境的影响。

（3）背景调查监测

通过监测专项调查某区域环境中污染物质的原始背景值或本底含量。

三、环境污染和环境监测的特点

（一）环境污染的特点

1. 广泛性

广泛性指各种污染物的污染影响范围在空间和时间上都比较广。由于污染源强度、环境条件的不同，各种污染物质的分散性、扩散性、化学活动性存在差异，污染的范围和影响也就不同。空间污染范围有局部的、区域的、全球的；污染影响时间有短期的、长期的。一个地区可以同时存在多种污染物质，一种污染物质也可以同时分布在若干区域。

2. 复杂性

复杂性指影响环境质量的污染物种类繁多，成分、结构、物理化学性质各不相同。监测对象的复杂性包括污染物的分类复杂性和污染物存在形态的复杂性。

3. 易变性

易变性指环境污染物在环境条件的作用下发生迁移、变化或转化的性质。迁移指污染物空间位置的相对移动，迁移可导致污染物扩散稀释或富集；转化指污染物形态的改变，如物理相态，化学化合态、价态的改变等。迁移和转化不是毫无联系的过程，污染物在环境中的迁移常常伴随着形态的转化。

（二）环境监测的特点

1. 综合性

环境监测是一项综合性很强的工作。首先，环境监测的方法包括物理、化学、生物、物理化学、生物化学等，它们都是可以表征环境质量的技术手段。其次，环境监测的对象包括空气、水、土壤、固体废物、生物等，准确描述环境质量状况的前提是对这些监测对象进行客观、全面的综合分析。

2. 连续性

环境污染的时间、空间分布具有广泛性、复杂性和易变性的特点，因此，只有开展长期、连续性的监测，才能从大量监测数据中发现环境污染的变化规律，并预测其变化趋势。数据越多、监测周期越长，预测的准确度就越高。

3. 追溯性

环境监测包含现场调查、监测方案制订、优化布点、样品采集、运送保存、分析测试、数据处理、综合评价等环节，是一项复杂的系统工作。任何一个环节出现差错都将对最终数据的准确性产生直接影响。为保证监测结果的准确度，必须先保证监测数据的准确性、可比性、代表性和完整性。因此，环境监测过程一般都须建立相应的质量保障体系，确保每一个工作环节和监测数据都是可靠的、可追溯的。

（三）环境优先监测

环境中可能存在的污染物质种类繁多，不同种类的污染物质其含量和危害程度往往不尽相同，在实际工作中很难做到对每一种污染物质都开展监测。在人力、物力和技术水平等有限的条件下，往往只能做到有重点、有针对性地对部分污染物进行监测和控制。这就要求按照一定的原则，根据污染物质的潜在危害、浓度和出现频率等情况对环境中可能存在的众多污染物质进行分级排序，从中筛选出潜在危害较大、出现频率较高的污染物质作为监测和控制的重点对象。在这一筛选过程中被优先选择为监测对象的污染物称为环境优先污染物，简称优先污染物。针对优先污染物进行的环境监测称为环境优先监测。

从世界范围看，美国是最早开展环境优先监测的国家。美国在 20 世纪 70 年代颁布的《清洁水法案》中就明确规定了 129 种优先污染物，其后又增加了 43 种空气优先污染物。欧盟早在 1975 年就在名为《关于水质的排放标准》的技术报告中列出了环境污染物的“黑名单”和“灰名单”。

早期监测和控制的优先污染物主要是一些在环境中浓度高、毒性大的无机污染物，如重金属等，其危害多表现为急性毒性的形式，容易获得监测数据。而有机污染物由于其种类较多、含量较低且分析检测技术水平有限，所以一般用综合性指标，如 COD、BOD、TOC 等来反映。随着人类社会和科学技术的不断发展，人们逐渐认识到一些浓度极低的有机污染物在环境和生物体内长期累积，也会对人类健康和环境造成极大的危害。这些含量极低（一般为痕量）的有毒有机物的存在对 COD、BOD、TOC 等综合指标影响甚小，但其对人体健康和环境的危害很大。这类污染物也逐渐被列为优先污染物进行监测和控制。

环境优先污染物一般都具有以下特点：潜在危害大（毒性大）；影响范围广；难以降解；浓度已接近或超过规定的浓度标准或其浓度呈大幅上升趋势；目前已有可靠的分析检测方法。

在中国环境监测总站已完成的《中国环境优先监测研究》中提出了“中国环境优先污染物黑名单”，包括 14 种化学类别共 68 种有毒化学物质，其中有机物占 58 种，详见表 1–1。表 A 中标有“△”符号的为推荐近期实施的污染物名单，包括 12 个类别、47 种有毒化学物质，其中有机物占 38 种。

表 1–1　中国环境优先污染物黑名单

化学类别	名称
卤代烃（烷、烯）类	二氯甲烷、三氯甲烷△、四氯化碳△、1，2– 二氯乙烷△、1，1，1– 三氯乙烷、1，1，2– 三氯乙烷、1，1，2，2– 四氯乙烷、三氯乙烯△、四氯乙烯△、三溴甲烷△
苯系物	苯△、甲苯△、乙苯△、邻二甲苯、间二甲苯、对二甲苯
氯代苯类	氯苯△、邻二氯苯△、对二氯苯△、六氯苯
多氯联苯类	多氯联苯△
酚类	苯酚△、间甲酚△、2，4– 二氯酚△、2，4，6– 三氯酚△、五氯酚△、对硝基酚△
硝基苯类	硝基苯△、对硝基甲苯△、2，4– 二硝基甲苯、三硝基甲苯、对硝基氯苯△、2，4– 二硝基氯苯△
苯胺类	苯胺△、二硝基苯胺△、对硝基苯胺△、2，6– 二氯硝基苯胺
多环芳烃	萘、荧蒽、苯并 [b] 荧蒽、苯并 [k] 荧蒽、苯并 [a] 芘△、茚并 [1，2，3–c，d] 芘、苯并 [g，h，i] 芘
酞酸酯类	酞酸二甲酯、酞酸二丁酯△、酞酸二辛酯△
农药	六六六△、滴滴涕△、敌敌畏△、乐果△、对硫磷△、甲基对硫磷△、除草醚△、敌百虫△
丙烯腈	丙烯腈
亚硝胺类	N– 亚硝基二丙胺、N– 亚硝基二正丙胺
氰化物	氰化物△
重金属及其化合物	砷及其化合物△、铍及其化合物△、镉及其化合物△、铬及其化合物△、铜及其化合物△、铅及其化合物△、汞及其化合物△、镍及其化合物△、铊及其化合物△

第二节　环境监测技术

一、化学分析法

化学分析法是以化学反应为基础的分析方法，在环境监测中应用较多的是重量分析法和容量分析法（滴定分析法）两种。

（一）重量分析法

重量分析法是用适当方法先将试样中的待测组分与其他组分分离并转化为一定的形式，再用称量的方式测定该组分含量的分析方法。重量分析法在环境监测中主要用于环境空气中悬浮颗粒物（PM10、PM2.5）、降尘以及水体中悬浮固体、残渣、油类等项目的测定。

（二）容量分析法

容量分析法是将一种已知准确浓度的溶液（标准溶液），滴加到含有被测物质的溶液中，根据化学定量反应完成时消耗标准溶液的体积和浓度，计算出被测组分含量的一类分析方法。根据化学反应类型的不同，容量分析法分为酸碱滴定法、配位滴定法、沉淀滴定法和氧化还原滴定法四种。容量分析法主要用于水中酸碱度、化学需氧量、生化需氧量、溶解氧、硫化物、氰化物、硬度等项目的测定。

二、仪器分析法

仪器分析法是利用被测物质的物理或物理化学性质来进行分析的方法。由于这类分析方法一般需要借助相应的分析仪器，因此称为仪器分析法。目前，仪器分析法已被广泛应用于对环境污染物的定性和定量分析中。在环境监测中常用的仪器分析法有光谱分析法（包括紫外 - 可见分光光度法、红外光谱法、原子吸收光谱法、原子荧光光谱法、X 射线荧光光谱法等）、质谱法、色谱分析法（包括气相色谱法、高效液相色谱法、离子色谱法、气 - 质联用、液 - 质联用等）、电化学分析法（包括电位分析法、极谱分析法等）等。例如污染物中无机金属和非金属的测定常用光谱分析法；有机物的测定常用色谱分析法；污染物的定性分析和结构分析常采用紫外-可见分光光度法、红外分光光度法（红外光谱法）、质谱法等。

三、生物监测技术

生物监测技术是利用生物个体、种群或群落对环境污染所产生的反应信息来判断环境质量状况的一类方法。

生物监测包括生物体内污染物含量的测定、观察生物在环境中受伤害症状、生物的生理生化反应的测定、生物群落结构和种类变化的监测等方面。例如，根据指示植物叶片上出现的受伤害症状，可对大气污染做出定性和定量的判断；利用水生生物受到污染物毒害所产生的生理机能（如鱼的血脂活力）变化，可判断水质污染状况等。所以，这种方法也是一种最直接的反映环境综合质量的方法。

四、环境监测技术的发展

随着科学技术的不断发展和国家对生态环境管理要求的逐步提高，环境监测技术也随之不断发展。

目前，环境监测技术逐步向高灵敏度、高准确度、高分辨率方向发展。随着对环境污染物研究的不断深入，人们逐渐认识到环境中部分污染物浓度虽然很低，但对人体和生态环境都会产生不同程度的危害，如 VOCs（挥发性有机物）、二噁英和环境激素类化学品等。对这类污染物质实施监测，必须借助痕量及至超痕量分析技术，对监测方法及分析仪器灵敏度、准确度、分辨率等方面的要求也随之提高。因此，高灵敏度、高准确度、高分辨率的检测技术和分析仪器，如大型精密分析仪器、多仪器联用技术等被日益广泛地应用于环境监测工作中。

另外，当前的环境监测正逐步向自动化、标准化和网络化方向发展，环境监测仪器正在向便携化和复合化方向发展。“3S”技术（地理信息系统技术 GIS、遥感技术 RS、全球卫星定位系统技术 GPS）和信息技术被广泛应用于环境监测中。现代生物技术在环境监测中的应用也逐渐增多。

第三节 环境监测网络与环境自动监测

一、环境监测网络

环境监测工作是综合性科学技术工作与执法管理工作的有机结合体。环境监测网络既具有收集、传输质量信息的功能，又具有组织管理功能。目前，国内外建立的环境监测网络主要有两种类型：一种是要素型，即按不同环境要素来建立监测网络，如美国国家环保局的环境监测网络。美国国家环保局设有三个国家级监测实验室（大气监测研究中心，水质监测研究中心，噪声、放射性、固体废弃物及新技术研究中心），分别负责全国各环境要素的监测技术、数据收集处理工作。另一种是管理型，即按行政管理体系来建立监测网络。该类型中监测站按行政层次设立，测点由地方环保部门控制。上述两种类型的监测网络分别如图 1–1、图 1–2 所示。

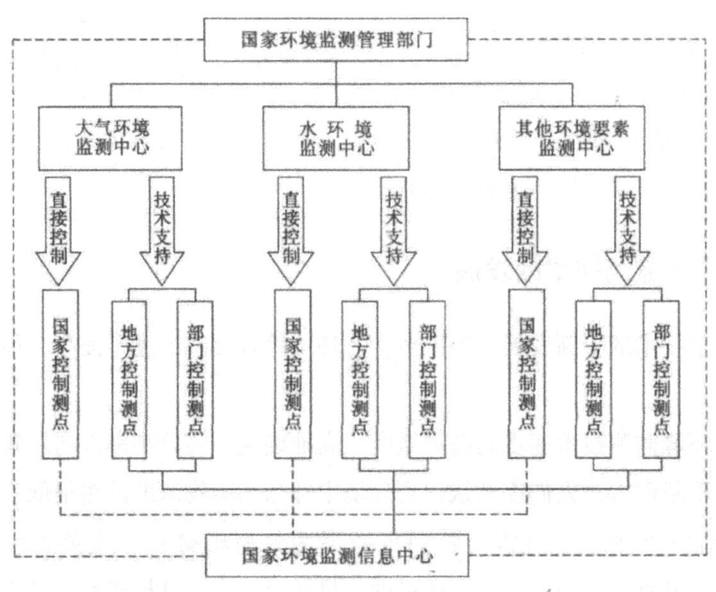

图 1–1　要素型监测网络

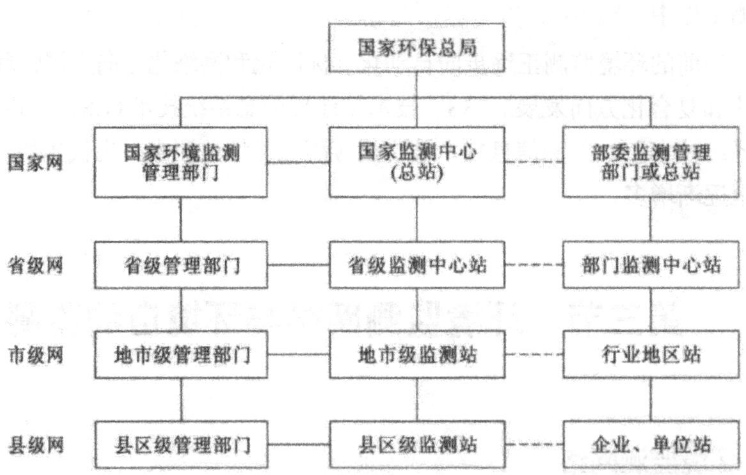

图 1–2　管理型监测网络

我国各级环境监测站基本监测工作能力见表 1–2。监测站基本监测能力主要以能否开展现行的《空气和废气监测分析方法》《水和废水监测分析方法》《环境监测技术规范（噪声部分)》等各种监测技术规范中列举的监测项目来衡量。原则上一、二级站(国家级、省级)必须具备各项目监测分析能力,其中大气和废气监测共 61 项;降水监测 12 项;水和废水监测 70 项;水生生物监测 3 大类;土壤底质固体废弃物监测 12 项;噪声、振动监测 6 项。三级站(市级)应尽可能全面具备各项目的监测能力。四级站(县级)监测以表 1–2 中画"—"标记为必监测项目外,应根据当地污染特点尽可能增加相应的监测项目。

表 1–2　环境监测站基本监测能力一览表

类别	监测项目
大气和废气监测 (共 61 项)	一氧化碳、氮氧化物、二氧化氮、氨、氰化物、总氧化剂、光化学氧化剂、臭氧、氟化物、五氧化二磷、二氧化硫、硫酸盐化速率、硫酸雾、硫化氢、二硫化碳、氯气、氯化氢、铬酸、雾、汞、总烃及非甲烷烃、芳香烃(苯系物)、苯乙烯、苯并 [a] 芘、甲醇、甲醛、低分子量醛、丙烯醛、丙酮、光气、沥青烟、酚类化合物、硝基苯、苯胺、吡啶、丙烯腈、氯乙烯、氯丁二烯、环氧氯丙烷、甲基对硫磷、敌百虫、异氰酸甲酯、肼和偏二甲基肼、TSP、PM10、降尘、镀、铬、铁、硒、锑、铅、铜、锌、铬、锰、镍、镉、砷、烟尘及工业粉尘、林格曼黑度
降水监测 (共 12 项)	电导率、pH 值、硫酸根、亚硝酸根、硝酸根、氯化物、氟化物、铵、钾、钠、钙、镁
水和废水监测 (共 70 项)	水温、水流量、颜色、臭、浊度、透明度、pH 值、残渣、矿化度、电导率、氧化还原电位、银、砷、铍、镉、铬、铜、汞、铁、锰、镍、铅、锑、硒、钴、铀、锌、钾、钠、钙、镁、总硬度、酸度、碱度、二氧化碳、溶解氧、氨氮、亚硝酸盐氮、硝酸盐氮、凯氏氮、总氮、磷、氯化物、碘化物、氰化物、硫酸盐、硫化物、硼、二氧化硅(可溶性)、余氯、化学需氧量、高锰酸钾指数、五日生化需氧量、总有机碳、矿物油、苯系物、多环芳烃、苯并 [a] 芘、挥发性卤代烃、氯苯类化合物、六六六、滴滴涕、有机磷农药、有机磷、挥发性酚类、甲醛、三氯乙醛、苯胺类、硝基苯类、阴离子合成洗涤剂
水生生物监测(共 3 类)	水生生物群落、水的细菌学测定、水生生物毒性测定
土壤底质固体废弃物监测(共 12 项)	总汞、砷、铬、铜、锌、镍、铅、锰、镉、硫化物、有机氯农药、有机质
噪声、振动监测(共 6 项)	区域环境噪声、交通噪声、噪声源、厂界噪声、建筑工地噪声、振动

二、环境自动监测

要达到控制污染、保护环境的目的，必须掌握环境质量变化，进行定点、定时的人工采样与监测，月复一月、年复一年地积累各类监测数据，然后通过综合分析找出污染现状和变化规律。完成这项工作需要花费大量的人力、物力和财力。20 世纪 70 年代初，世界上许多国家和地区相继建立了可连续工作的大气和水质污染自动监测系统，使环境监测工作向连续自动化方向发展。环境自动监测系统的工作体系由一个中心监测站和若干个固定的监测分站（子站）组成。

环境自动监测系统 24 小时连续自动在线工作，在正常运行时一般不需要人员参与，所有的监测活动(包括采样、检测、数据采集处理、数据显示、数据打印、数据贮存等)，都是在电脑的自动控制下完成的。

子站的主要工作任务包括通过电脑按预定的监测时间、监测项目进行定时定点样品采集、仪器分析检测、检测数据处理、定时向中心监测站传送检测数据等。

监测中心站主要工作任务包括收集各子站的监测数据、数据处理、统计检验结果、打印污染指标统计表、绘制污染分布图、公布污染指数、发出污染警报等。

三、我国环境监测网络

我国的环境监测网络在最初的管理型监测网络（按行政管理体系建立）的基础上逐步建立和完善了以环境要素为基础的跨部门、跨行政区的要素型监测网络，如三峡工程生态与环境监测信息管理中心、东亚酸沉降监测网中国网、国家海洋环境监测中心等。早在 20 世纪 90 年代初，我国就建立起了国家环境质量监测网（简称国控网），形成了国家、省、市、县四级环境监测网络。自 1998 年起，设立了国家环境监测网络专项资金，用于环境监测能力和监测信息传输能力等方面建设。目前，我国已建成覆盖全国的自动化、标准化的环境质量监测网络，涵盖了城市空气质量自动监测系统、地表水质自动监测系统、污染源自动监测系统、近岸海域自动监测系统、生态监测系统等。

第四节　环境标准

标准是经公认的权威机构批准的一项特定标准化工作成果（ISO 定义），它通常以文件的形式规定必须满足的条件或基本单位。环境标准是以防止环境污染、维护生态平衡、保护人群健康为目的，对环境保护工作中需要统一的各项技术规范和技术要求所做的规定，也是有关控制污染、保护环境的各种标准的总称。

环境标准是环境保护法规的重要组成部分，具有法律效力；环境标准是环境保护工作的基本依据，也是判断环境质量优劣的标尺。环境标准在无形中推动环境科学的不断发展。环境标准是一个动态标准，它必须根据所处时期的科学技术水平、社会经济发展状况、环境污染状况等来制定。环境标准通常每隔几年修订一次，新标准一旦颁布，老标准自动作废。

一、我国环境标准体系

我国的环境标准体系由国家环境保护标准、地方环境保护标准和国家环境保护行业标准三部分组成。我国环境标准体系构成如图 1–3 所示。

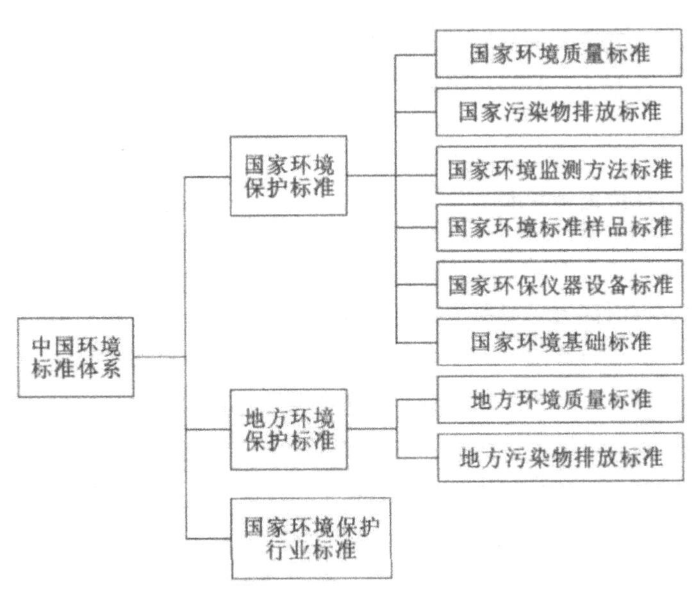

图 1–3　我国环境标准体系构成

（一）国家环境保护标准

国家环境保护标准包括国家环境质量标准、国家污染物排放标准、国家环境监测方法标准、国家环境标准样品标准、国家环境基础标准和国家环保仪器设备标准六大类。

国家环境质量标准是指在一定的时间和空间范围内，为保护人群健康、维护生态平衡、保障社会物质财富，国家在考虑技术、经济条件的基础上，对环境中有害物质或因素的允许含量所做的限制性规定。它是国家环境政策目标的具体体现，是制定污染物排放标准的依据，也是衡量环境质量的标尺。这类标准一般按照环境要素和污染要素划分，如大气质量标准、水质量标准、环境噪声标准以及土壤、生态质量标准等。

国家污染物排放标准是国家为实现环境质量标准目标，结合技术经济条件和环境特点，对排入环境的污染物或有害因素所做的限制性规定。它是实现环境质量标准的重要保证，也是对污染排放进行强制性控制的重要手段。

国家环境监测方法标准是国家为保证环境监测工作质量而对采样、样品处理、分析测试、数据处理等做出的统一规定。此类标准一般包含采样方法标准和分析测定方法标准。

国家环境标准样品标准是国家为保证环境监测数据的准确、可靠而对用来标定分析仪器、验证分析方法、评价分析人员技术和进行量值传递或质量控制的材料或物质所做的统一规定。

国家环境基础标准是指在环境保护工作范围内，对有指导意义的符号、代号、图形、量纲、指南、导则等由国家所做的统一规定。它在环境标准体系中处于指导地位，是制定其他标准的基础。

除上述环境标准外，国家对环境保护工作中其他需要统一的方面也制定了相应的标准，如国家环保仪器设备标准等。目前，我国的环境基础标准、环境监测方法标准和环境标准样品标准，已基本与国际通用的相关标准接轨。环境质量标准和污染物排放标准受具体国情和环境特点及技术条件的制约，一般不采用国际标准。

（二）地方环境保护标准

我国国土面积大，不同地区的自然条件、环境状况、产业分布和主要污染因子等情况存在较大差异，有时国家环境保护标准很难覆盖和适应全国各地的情况。地方环境保护标准是由省（自治区、直辖市）人民政府根据地方特点或针对国家标准中未做规定的项目制定的环境保护标准，是对国家环境保护标准的有效补充和完善。对国家标准中未做规定的项目，可以制定地方环境质量标准；对国家标准中已做规定的项目，可以制定严于国家标准的相应地方标准。地方环境标准可在本省（自治区、直辖市）所辖地区内执行。地方环境保护标准包括地方环境质量标准和地方污染物排放标准。环境基础标准、环境标准样品标准和环境监测方法标准不制定地方标准。在标准执行时，地方环境保护标准优先于国家环境保护标准。近年来，随着环境保护形势的日趋严峻，一些地方已将总量控制指标纳入地方环境保护标准。

（三）国家环境保护行业标准

由于各类行业的生产情况不同，其产生和排放的污染物的种类、强度和方式各不相同，有些行业之间差异很大。因此，针对不同的行业须制定相应的环境保护标准才能与各行业的具体情况相适应。国家环境保护行业标准由国家环境保护行政主管部门针对不同行业的具体情况制定，在全国范围内执行。在环境保护领域，主要围绕污染物排放来制定行业标准。污染物排放标准分为综合排放标准和行业排放标准。行业排放标准是针对特定行业的生产工艺、排污状况以及污染控制技术评估和成本分析，并参考国外相关法规和典型污染达标案例等综合情况而制定的污染物排放控制标准。例如，中华人民共和国环境保护部（原环保总局）根据我国大气污染物排放的特点，确定锅炉、水泥厂、火电厂、炼焦炉、工业炉窑（含黑色冶金、有色冶金、建材）等为重点排放设备或行业，并单独为其制定排放标准。行业排放标准是根据本行业的污染状况制定的，因而具有更好的适应性和可操作性。综合排放标准与行业排放标准不交叉执行，在有行业排放标准的情况下优先执行行业排放标准。

二、我国现行环境质量标准

目前，我国已颁布实施的环境质量标准见表 1–3。

表 1–3　我国现行环境质量标准

	标准名称	标准号
空气	环境空气质量标准	GB 3095—2012
	乘用车内空气质量评价指南	GB/T 27630—2011
	环境空气质量标准	GB/T 3095—2012
	室内空气质量标准	GB 18883—2020
	保护农作物的大气污染物最高允许浓度	GB 9137—88
水质	地表水环境质量标准	GB 3838—2002
	海水水质标准	GB 3097—1997
	地下水质量标准	GB/T 14848—2007
	农田灌溉水质标准	GB 5084—2021
	渔业水质标准	GB 11607—89

续表

	标准名称	标准号
土壤	土壤环境质量建设用地土壤污染风险管控标准（试行）	GB 36600—2018
	土壤环境质量农用地土壤污染风险管控标准（试行）	GB 15618—2018
	食品农产品产地环境质量评价标准	HJ 332—2006
	温室蔬菜产地环境质量评价标准	HJ 333—2006
	拟开放场址土壤中剩余放射性可接受水平规定（暂行）	HJ 53—2000
噪声	声环境质量标准	GB 3096—2008
	机场周围飞机噪声环境标准	GB 9660—88
振动	城市区域环境振动标准	GB 10070—88

第二章 水环境监测

第一节 水污染监测概述

水是生命之源，广泛存在于江河湖海等的地表水、地下水、大气水分及冰川与冰盖，由此构成地球的水圈，并成为人类及一切生物生存的基础。地球总水量约为 13.9 亿立方千米。其中海水 97.3%，而可以直接使用的淡水仅占 2.7%。这仅有的淡水中，冰川、冰盖又占 77.2%，便于人类利用的水资源少之又少。因此，联合国确立 3 月 22 日为“世界水日”。地球水的分布及分配比见表 2–1。

表 2–1 地球水的分布及分配比

水类型	水分布	地球水的分配及分配比		
		水量 /km^3	占总储水量 /%	占总淡水量 /%
淡水	淡水湖	125 000	0.009	0.35
	盐湖及内陆海	104000	0.008	—
	河流	1 250	0.0001	0.01
	土壤湿气	67 000	0.005	22.4
	4000m 深的地下水	835 000	0.61	
	冰盖与冰川	29 200 000	2.14	77.2
	大气水	13 000	0.001	0.14
海水	海洋	1 320 000 000	97.3	—
总计		1 390 000 000	100.0731	100.1

由于水吸收太阳能而蒸发为云，再通过雨雪降水形成溪流江河，最后回归海洋形成自然大循环；由于人类的生活、生产用水产生了含有杂质的废水，经过人工处理或自然降解净化又返回天然水而形成水的社会小循环。水资源通过社会小循环和自然大循环处于时时更新的动态平衡中。

一、水污染

当人类将生活和生产中产生的废水未经处理直接排放到自然界时，由于废水中污染物超过了水体的自然降解能力而造成水体的品质和功能下降或恶化，称为水体污染。当污染物进入水体时，首先由于水的混合产生的物理稀释作用，使污染物浓度降低，然后发生一系列复杂的化学反应和生物反应，使污染物发生转化、降解，从而使其水质得以恢复的这一过程，称为水体净化。

水体污染按其污染性质分为化学型污染、物理型污染和生物型污染三种。化学型污染是指废水中含有有毒有害的化学性污染物如有机、无机污染物等；物理型污染是造成水体物理性能恶化的污染，如固体悬浮物、热污染、放射性污染等；生物型污染是含有各种病原微生物的生活污水、医院废水等危害人体健康的污染。

二、水质监测

水质监测分为环境水体监测和水污染源监测两类。环境水体包括江、河、湖、海等地表水和地下水；水污染源包括生活污水、工业废水、医院污水等。水质监测的目的主要是为掌握环境质量的现状及发展趋势，包括监测水污染源排放污染物的种类、强度和排放量，污染事故的调查等。

水质监测项目采用优先监测重点项目的原则，将毒性大、危害广、污染重的污染物作为优先重点监测项目。我国于 1989 年确定了 14 类、68 种水环境优先监测污染物黑名单，其中有机毒物 56 种。水质监测项目见表 2–2。

表 2–2　水质监测项目

水环境	必测项目	选测项目
河流	水温、pH 值、悬浮物、总硬度、电导率、DO、COD、BOD_5、氨氮、亚硝酸盐氮、硝酸盐氮、挥发酚、氰化物、砷、汞、六价铬、铅、镉、石油类等	硫化物、氟化物、氯化物、有机氯农药、有机磷农药、总铬、铜、锌、大肠菌群、总 α 放射性、总 β 放射性、铀、镭等
饮用水源地	水温、pH 值、浊度、悬浮物、总硬度、电导率、DO、COD、BOD_5、氨氮、亚硝酸盐氮、硝酸盐氮、挥发酚、氰化物、砷、汞、六价铬、铅、镉、氟化物、细菌总数、大肠菌群等	锰、铜、锌、阴离子合成洗涤剂、硒、石油类、有机氯农药、有机磷农药、硫酸盐、碳酸盐等
湖泊、水库	水温、pH 值、悬浮物、总硬度、DO、透明度、总氮、总磷、COD、BOD_5、挥发酚、氰化物、砷、汞、六价铬、铅、镉等	钾、钠、藻类（优势种）、浮游藻、可溶性固体总量、铜、大肠菌群等
排污河（渠）	根据纳污情况确定	
底泥	砷、汞、铬、铅、镉、铜等	硫化物、有机氯农药、有机磷农药等

三、水质监测分析方法

同一监测项目可以用多种方法和仪器分析检测，但为了保证监测方法的灵敏度、准确度和监测结果的可靠性和等效性，必须统一监测分析方法。原国家环保总局颁布的水质监测标准分析方法为 134 项。水质监测分析方法分为以下三个层次：

（一）国家标准分析方法（A 类方法）

134 种经典的、准确的标准方法，用于检测其他监测方法，也称基准方法。

（二）统一分析方法（B 类方法）

已被广泛使用、基本成熟的分析方法，但尚需要进一步检验和规范，也称准标准分析方法。

（三）等效分析方法

与上述两种方法的灵敏度、准确度、精密度等性能相近或优于上述两种方法，但尚需对比验证的新方法，可认为与其等效。

水质监测常用分析方法见表 2-3。

表 2-3　水质监测常用分析方法

方法名称	监测项目举例
重量法	悬浮物、可滤残渣、矿化度、油类等
容量法	酸度、碱度、CO_2、溶解氧、总硬度、COD、BOD_5、挥发酚等
分光光度法	Ag、Al、As、Be、Bi、Ba、Cd、Co、Cr、Cu、Hg、Fe、Mn、Ni、Pb、Sb、Se、Th、U、Zn、NH_3-N、凯氏氮、Cl_2、挥发酚、甲醛、三氯乙醛、苯胺类、硝基苯胺、阴离子合成洗涤剂等
荧光光度法	Se、Be、油类、苯并芘等
原子吸收法	Ag、Al、Be、Bi、Ba、Ca、Cd、Co、Cr、Cu、Fe、Hg、K、Mg、Mn、Na、Ni、Pb、Sb、Se、Sn、Te、Zn 等
氢化物及冷原子吸收法	As、Sb、Bi、Ge、Sn、Pb、Se、Te、Hg 等
原子荧光法	As、Sb、Bi、Se、Hg 等
火焰光度法	Li、Na、K、Sr、Ba 等
电极法	Eh、pH 值、DO、氨等
离子色谱法	F^-、Cl^-、Br^-、K^+、Na^+ 等
气相色谱法	Se、Be、苯系物、挥发性卤代烃、氯苯类、BHC、DDT、有机磷农药类、三氯乙醛、硝基苯类、PCB 等
液相色谱法	多环芳烃类、氯酚类、苯并芘、邻苯二甲酸二酯类等
ICP-AES	低浓度金属元素的多元素同步测定

第二节　水质监测方案的制订

水体是一个复杂、开放的体系，它溶解和混合了多种自然与人为的污染物，并因水的流动性而具有不确定性、离散性以及随机的注入或流失的开放性，使水质随时空变化而变化。为使水环境监测数据具有一定的代表性和可比性，必须统一水质采样布点和监测方法。

一、水质监测方案设计思路

水质监测方案设计的思路是在明确监测目的和具体项目的基础上，首先收集水文、地质、气象及污染物的物理化学性质等原始资料，然后综合考虑监测站的人力、物力和技术设备等实际情况，确定采样断面、采样点、采样时间、采样方法等采样方案以及水样的运输、贮存、预处理及分析检测等分析监测方案，最后进行数据处理、综合和撰写监测报告。按照水体性质不同采样布点方案分为地表水、地下水、水污染源三种方案。

二、地表水采样布点方案

（一）河流采样布点方案

对于江河水系或某一河段，要监测某一污染源排放的污染物的分布状况，须在该河段划分若干采样断面，每个断面再设置若干纵横采样点，从而获得具有代表性的、不同类型的水样。

1. 背景断面

设在基本未受人类活动影响的河段，用于评价一完整水系的原始状态。

2. 对照断面（入境断面）

设在河流刚进入河段的前端。反映进入该河段之前的水质状况，作为该河段的水质原始参照值。一个断面仅设一个对照断面。

3. 控制断面（污染断面）

设在每个污染源下游 500 ~ 1000m 处（此处污染物混匀且浓度达到最大），由此监视各污染源对水体污染最大时的状况。控制断面数目由污染源分布状况和具体情况而定。

4. 削减断面（净化断面）

设在该河段最后一个污染源下游 1500m 以外，由于污染物经过河水稀释和生化自净作用而浓度显著下降，反映了河水进入自净阶段。

江河水系的深度和宽度不同，每个监测断面还应根据水面的宽度不同布设若干横向（水平方向）采样点，根据水的深度不同布设若干纵向（垂直方向）采样点。采样垂线及其上采样点数的确定见表 2–4、表 2–5。

表 2–4　采样垂线数的确定

水面宽	垂线数	说明
≤ 50m	一条（中泓）	1. 垂线布设应避开污染带，要测污染带应另加垂线 2. 确能证明该断面水质均匀时，可仅设中泓垂线 3. 凡在该监测断面要计算污染物通量时，必须按本表布置垂线
50 ~ 100m	二条（近左、右岸有明显水流处）	
> 100m	三条（左、中、右各一条）	

表 2–5　采样垂线上采样点数的确定

水深	采样点数	说明
≤ 5m	上层一点	1. 上层至水面下 0.5m 处，水深不到 0.5m 时，在水深 1/2 处 2. 下层指河底以上 0.5m 处 3. 中层指 1/2 水深处 4. 封冰时在冰下 0.5m 处采样，水深不到 0.5m 时，在水深 1/2 处 5. 凡在该断面要计算污染物通量时，必须按本表布设采样点
5 ~ 10m	上、下层两点	
> 10m	上、中、下三层三点	

（二）湖库采样布点方案

湖泊、水库采样点的布设在考虑到具体特性后，按照下面三个原则划分监测断面，再根据水深和水温设定不同的采样点。

①湖库进口处设一弧形监测断面。

②以功能区（排污口区、饮用水区、风景区等）为中心，在其辐射线设置弧形监测断面。

③在湖库中心区、深水区、浅水区、滞流区、水生生物区设置监测断面。

每一个监测断面再根据水深和水温不同设置相应的采样点。湖（库）监测垂线采样点的确定见表 2–6。

表 2–6　湖（库）监测垂线采样点的确定

水深	分层情况	采样点数	说明
≤ 5m		一点（水面下 0.5m 处）	1. 分层是指湖水温度分层情况 2. 水深不足 1m 时，在 1/2 水深处设置采样点 3. 有充分数据证实垂线水质均匀时，可酌情减少采样点
5 ~ 10m	不分层	两点（水面下 0.5m，水底上 0.5m 处）	
5 ~ 10m	分层	三点(水面下 0.5m，1/2 斜温层，水底上 0.5m 处）	
> 10m		除水面 0.5m、水底上 0.5m 处外，按每一斜温分层 1/2 处设置	

三、地下水采样布点方案

储存于土壤、岩层、地下河、井水等一切地表下的水，称为地下水。地下水相对于地表水较稳定，受污染和波动变化较小。但由于人类的活动范围扩大，导致地下水污染由点到面，日益扩大和加剧。地下水污染大多是农药、化肥、工业废渣、废水向地下水的渗透、迁移和扩散所致，因此，地下水监测要考虑以下四点来确定方案：

①污染源、污染物等监测目标的确立。

②地下水的水文、地质资料的收集和社会调查。

③取样监测井的设置。在未受或较少污染的地点设置一个背景监测井（在污染源上游方向）；根据污染物扩散形式在污染源周围或地下水下水流方向设置若干取样监测井。

④当确定为点状污染源时，以污染源为顶点，采用向下游扇形布点法；当无法确定污染物扩散形式时，采用边长为 50 ~ 100m 的网格布点法。

四、水污染源采样布点方案

水污染源分为工业废水、城市污水两大类，是造成水质污染的主要因素。水污染源采样布点方案的设计首先要进行原始资料的收集，通过现场实地考察调研，掌握废水、污水的排放量、污染物种类、排污口的数量和位置、是否经过水处理等基本状况。然后，确定采样监测点位、采样方法与技术、监测方法等具体技术方案。

（一）工业废水采样

1. 一类污染物（重金属、剧毒、致癌物等）

在生产车间及设备的废水排放口直接采样。

2. 二类污染物（酸、碱、酚等）

在工厂废水总排放口采样。

3. 已有废水处理设施的工厂

在废水进出口采样，以便掌握生产废水、排放废水的污染物状况和废水处理效果。

（二）城市污水采样

1. 城市污水管网

在市政排污管线的检查井、城市主要排污口或总排污口处设置采样点。

2. 城市污水处理厂

在污水处理厂（含医院污水处理站）进出口设置采样点。

（三）监测时间与频率

江河湖库海等地表水，每年分为丰水、枯水、平水三个时期，每期监测两次；城区、工业区、旅游区、饮用水源河段等重要区域，每月监测一次；地下水分别在丰水期、枯水期监测，每期检测 2 ～ 3 次，每次间隔 10 天；工业废水每个生产周期内，间隔 2 ～ 4h 监测一次；城市污水每天监测不少于两次，对于重点监测的污染源和水体应采用连续自动监测。采样频次见表 2–7。

表 2–7 采样频次

水体	重点断面（点位）		市控断面	特殊断面
	国控	省控		
河流	12 次 / 年	6 次 / 年	4 次 / 年	根据需要确定
湖泊、水库	12 次 / 年	6 次 / 年	4 次 / 年	
水源地	12 次 / 年			

第三节 水样的采集和保存

一、水样类型

依据《水质采样技术指导》（HJ 494—2009），将水样分为以下三类。

（一）瞬时水样

在不同采样点、不同时间随机采集的水样，适用于水质稳定的江河湖库及排污口的水样采集。通过多个瞬时水样的监测数据可以分析污染物随时空的变化规律。

（二）混合水样

在同一采样点、不同时间多次采集的水样混合为一个水样，也称时间混合水样。混合水样适用于水体污染物总体平均水平的监测和水污染源监测。

（三）综合水样

在不同采样点、同一时间采集的水样混合为一个综合水样。综合水样适用于水质稳定的水体，掌握水体的整体污染状况。

二、水样采集

（一）地表水的水样采集

地表水的水样采集分为以下四种情况：

1. 表层水采集

用洗净的塑料桶或玻璃瓶直接在水面下 0.5m 处采集水样即可。

2. 深层水采集

可用带有重锤、排气管和可拉动瓶塞的简易深水采水器沉入预定深度时，拉开采水瓶的瓶塞后水自动灌满，也可用采水泵、自动采水器采样，如 788 型、806 型自动采水器等。

3. 急流水采集

为防止急流水将采水器冲动，须将深层采水器的绳索换成长杆插入水中一定深度采集水样；也可将深水采样器固定在铁柜中，沉入一定深度的水中采集水样。

4. 水下底泥采样

在与水样采集断面相同处，用管式或泥芯采样器插入底泥，采集 1000g 底泥样品。

（二）地下水样采集

对于监测井水样采集可用深层采水器或抽水泵提取水样；对于自来水、泉水可直接采集新鲜水样。

（三）污染源的废（污）水的水样采集

可由排污口直接采集瞬时或混合水样。

三、水样保存

由监测现场的水样采集到监测站实验室进行样品分析，一般需要若干小时。由于环境、温度等因素的变化，水样在运输和保存期间会发生化学和生物等一系列反应，使污染物可能发生变化，因此，需要对采集的水样采取保护措施。即便如此，不同水样也只能在一定时间内有效。一般清洁水样可保存 72h，轻污染水样可保存 48h，重污染水样可保存 12h 以内。

水样保存方法分为物理冷藏和化学防护两大类。

（一）物理冷藏或冷冻法

将水样放于冰箱冷藏或冷冻保存，从而抑制微生物繁殖，减缓污染物的生物化学反应和物理挥发。

（二）化学防护法

将水样添加各种化学试剂防止污染物发生生物或化学反应。如加酸、碱调节 pH 值，防止金属离子水解或可挥发物质挥发以及加入氧化还原抑制剂防止发生氧化还原等，但加入化学防护剂须注意，不得干扰被测污染因子的测定，并须做空白实验。

四、水样预处理

环境水样所含组分复杂，而且待测组分浓度低、存在形态各异，同时存在大量干扰物质。因此，在水样分析检测前，须对水样进行预处理，从而保证监测结果的有效、准确。水样预处理通常分为过滤、消解、分离富集三大步骤。

（一）水样过滤

可用 0.45 μ m 滤膜过滤或离心分离去除水中固体悬浮物和藻类。

（二）水样消解

通过强酸、混酸或强碱对水样进行消解，使水样中存在于颗粒物、有机物中以化合态存在的金属元素分解出来，转化为易溶的单一价态的简单物质，从而便于检测。

（三）水样分离富集

通过挥发、蒸馏、萃取、离子交换等分离浓缩技术，使水样中待测组分与共存杂质和干扰物相分离，并达到浓缩样品、提高检测灵敏度和准确度的目的。蒸馏是最常用的分离富集方法，利用水样中各污染组分具有不同的沸点而使其彼此分离，分为常压蒸馏、减压蒸馏、水蒸气蒸馏、分馏法等。

第四节　水质物理性质监测

一、水温

水的物理化学性质与水温密切相关，如密度、黏度、pH 值、溶解氧、水生生物活动以及水体自净的生物化学反应等。因此，水温是水质监测中的现场必测项目。

表层水水温测定，一般将普通温度计（灵敏度 0.1% ～ 0.2%：）在水面下 0.5m 处测 3min，读取水温值；深层水水温测定，需用数显温度计，并将温度传感器加长导线或用颠倒温度计深入水下测定。

二、色度、浊度、透明度

色度、浊度、透明度都是水质的感官指标，体现了被污染的水质与纯净水物理指标的差异。由于天然水中常含有生物色素、有色的金属离子以及废（污）水中常含有有机或无机染料及生物色素等，使水体着色，影响水生生物的生长和观感。

（一）色度

水体颜色分为真色和表色。真色是指去除水中悬浮物的水体颜色；表色是未去除悬浮物的水体颜色。对于不同的水样分别采用铂钴标准比色法、稀释倍数法、分光光度法来测量。

1. 铂钴标准比色法

设定每升水中含 1mg 铂和 0.5mg 钴所具有的颜色为 1 个色度，称为 1 度。分别配制不同色度的标准色列，用水样与色列相比较来确定水样的色度，此法适用于清洁的天然水、饮用水等。

2. 稀释倍数法

对于色度重的工业废水和生活污水，只能用文字描述其颜色，如深蓝、暗紫等，再逐级稀释至无色，并以其稀释倍数的大小来表示色度的深浅。

3. 分光光度法

对于清洁水样也可以采用国际（CIE）制定的分光光度法，以色、明、纯三个参数更加精确细致地表示水体色度。

（二）浊度

浊度是水中含有的泥沙、胶体物等悬浮物对光的吸收、散射及阻碍作用所造成水体浑浊不清的程度。监测方法有目视比浊法、分光光度法及浊度计法三种。

1. 目视比浊法

以 150 目（0.1mm 粒径）的硅藻土（白陶土）配制浊度标准液，每升水含 1mg 硅藻 ±（白陶土）时其浊度为 1 度，水样与之目视比较，确定水样浊度，以反映悬浮物对光线的阻碍程度，单位为 JTU（杰克逊浊度）。

2. 分光光度法

当每升水含 0.125mg 硫酸肼与 1.25mg 六次甲基四胺聚合成白色高分子悬浮物所产生的浊度为 1 度，体现悬浮物对光线的散色和吸收程度，单位为 NTU（散色浊度）。

3. 浊度计法

通过测量水中悬浮物对 890nm 红外线吸光度的大小来反映水的浊度。

测定浊度时，必须将水样振荡摇匀后取样，对于高浊度的水样应稀释后再测定。

（三）透明度

透明度是水的澄清透明的程度。透明度综合反映了以悬浮物为主的浊度和以有色物质为主的色度对光线的阻碍和吸收作用。一般而言，浊度和色度高时，透明度低。测定透明度有铅字法和塞氏盘法。

1. 铅字法

将水样注满于 33cm 高、2.5cm 内径的具有刻度的无色玻璃筒，由上而下观测筒底的符号。当水位高度超过 30cm 仍能看清水下符号时，为透明水样。当水样浑浊时，逐步降低水样高度，刚好看清水下符号时的水柱高度（以 cm 计）即为水样透明度。

2. 塞氏盘法

在监测现场，将直径 200mm 黑白相间的圆盘沉入水中，刚好看不到圆盘时的水深（以 cm 计）表示透明度。

三、残渣

水中残渣分为不可滤残渣（悬浮物，SS）、可滤残渣（溶解性物质）以及总残渣。残渣是影响水体浊度、色度以及透明度的主要因素，是水质必测指标。

1. 不可滤残渣

取一定量水样于过滤器抽滤后得到固体物质，于 103 ~ 105℃烘干后称重，计算出每升水中含有的固体悬浮物的量。

2. 可滤残渣和总残渣

取一定量过滤后的滤液或原水样于恒重的表面皿，于 103 ~ 105℃（或 180℃ ±2℃）

温度下烧干、称重。由滤液可计算可滤残渣，由原水样可计算总残渣。

四、矿化度与电导率

水的矿化度与电导率均反映水中可溶性物质含量的多少，其中包含矿物质的各种盐类和酸碱物质。

矿化度测定是取一定水样于水浴蒸干后，再于 103 ~ 105℃烘至恒重，计算矿化度（mg/L）。矿化度值与水中 103 ~ 105℃烧干时的可滤残渣值相近。

电导率值是用电导仪测定水样电导率的大小，从而表示水溶液传导电流的能力，间接地判断水样中所含无机酸、碱、盐等杂质含量的多少。纯水电导率很小，当水中含无机酸、碱或盐时，电导率增加。水样电导率值越大，说明水中杂质（酸碱盐离子）越多。因此，电导率常用于间接推测水中离子成分的总浓度。水溶液的电导率不仅取决于离子的性质和浓度，而且与溶液的温度和黏度等因素有关。当水溶性可离解的物质浓度较低时，电导率随浓度的增大而增加，因此常用电导率推测水中离子的总浓度或含盐量。

不同类型的水有不同的电导率，如新鲜蒸馏水的电导率为 0.5 ~ 2 μS/cm，但放置一段时间后，因吸收了 CO_2 便增加到 2 ~ 4 μS/cm；超纯水的电导率小于 0.1 μS/cm；天然水的电导率多在 50 ~ 500 μS/cm 之间，矿化水可达 500 ~ 1000 μS/cm；含工业酸、碱、盐的工业废水电导率往往超过 10 000 μS/cm；海水的电导率约为 30 000 μS/cm。

由于电导是电阻的倒数，因此，当两个电极插入溶液中，可以测出两电极间的电阻 R。根据欧姆定律，当温度一定时，这个电阻值与电极的间距 L（cm）成正比，与电极的截面积 A（cm^2）成反比。

即：

$$R = \rho L/A$$

由于电极面积 A 和间距 L 都是固定不变的，故 L/A 是一常数，称电导池常数（以 Q 表示）。比例常数 ρ 称作电阻率，其倒数 1/ρ 称为电导率，以 K 表示。

$$S = l/R = l/(\rho Q)$$

S 表示电导度，反映导电能力的强弱。当已知电导池常数并测出电阻后，即可求出电导率。

五、酸碱度与 pH 值

水中含有酸性或碱性物质的总量多少，称为水的酸度或碱度。酸性物质包括无机酸、有机酸、强酸弱碱盐等，在水溶液中离解出 H^+，呈现酸性；碱性物质包含无机碱、有机碱、强碱弱酸盐等，在水溶液中离解出 OH^- 呈现碱性。水体由于受到酸碱性物质的污染而体现酸碱性，通常用 pH 值来表示，是水质最常用和重要的指标之一，也是水质监测的必测项目。一般来说，饮用水 pH 值在 6.5 ~ 8.5 之间，地表水在 6 ~ 9 之间。

水的pH值采用pH计测量法。通过玻璃电板的膜电位对 H^+ 活度的响应，显示其pH值。该方法灵敏、简便，适用于各种水样测定。测定水的酸度或碱度时，对于酸碱度大、色度和浊度小的水样可以分别用酸碱滴定法来测定。0.1mol/L 的 NaOH 滴定酸性水样时，用甲基橙做指示剂测定总酸度，用酚酞做指示剂测定强酸酸度；0.1mol/L 的 HCl 滴定碱性水样时，用甲基橙做指示剂测定总碱度，用酚酞做指示剂测定强碱碱度。

第五节　金属污染物监测

水中含有多种金属化合物，按照对人体健康的影响，一般分为常量元素、微量元素和有害的重金属元素。通常环境监测的重点在于铜、铅、镉、铬、汞、砷等有害金属化合物。最常用的分析方法为原子吸收法、分光光度法和冷原子吸收法。

一、原子吸收法（AAS）

将水样经过消解、酸化等处理好的样品直接喷入火焰或注入石墨炉中，在其特征波长下测量其吸光度。定量分析方法可用标准工作曲线法和标准加入法。

二、分光光度法（SP）

分光光度法测定金属化合物的原理是将水样中金属化合物经过消化处理转为金属离子，加入某一显色剂使之与金属离子生成有色配合物，在最大吸收波长下测定其吸光度，由 Lambert–Beer 定律进行定量分析。

$$A = \varepsilon \mathrm{bc}$$

式中，A 为吸光度，无量纲；ε 为摩尔吸光系数，$L/$（mol· cm）；b 为光程长，cm；c 为金属浓度，mol/L。

（一）双硫腙分光光度法测定 Pb、Zn、Cd、Hg

将水样金属化合物消解处理后，转化生成 Pb^{2+}、Zn^{2+}、Cd^{2+}、Hg^{2+} 金属离子，可用 Me^{2+} 表示。在不同 pH 值和相应辅助试剂条件下（表 2–8），加入双硫腙二苯基硫代卡巴腙试剂生成有色的有机螯合物。再由三氯甲烷或四氯化碳萃取后，在其相应的特征吸收波长下测定吸光度进行定量分析。

表 2–8　几种常见金属与双硫腙反应的条件及显色情况

金属 Me^{2+}	反应液 pH 值	常用掩蔽剂	络合物颜色	比色波长 /nm
Zn^{2+}	4 ～ 5.5	硫代硫酸钠	紫红色	535
Cd^{2+}	8 ～ 11.5	氰化物、柠檬酸铵	红色	518
Hg^{2+}	1 ～ 2	EDTA	橙色	485
Pb^{2+}	8 ～ 10	氰化物	淡红色	510

（二）二苯碳酰二肼光度法

六价铬在酸性条件下与二苯碳酰二肼（DPC）反应，生成紫红色配合物，在其最大吸收波长（540nm）下测定吸光度，由此定量分析水中六价铬。

如须测定水中总铬，则在强酸条件下，用高锰酸钾将三价铬氧化成六价铬，再用上述方法测定总铬。用于氧化反应的过量的高锰酸钾用亚硝酸钠还原，再加入尿素分解过剩的亚硝酸钠。

（三）二乙氨基二硫代甲酸银法测定砷

在碘化钾和二氯化锡作用下五价砷还原为三价砷，并在锌与盐酸产生的新生态氢作用下生成锌化氢气体，被吸收于二乙氨基二硫代甲酸银(AgDDC)–三乙醇胺–氯仿溶液中，形成红色胶体银。在510nm波长下，以氯仿为参比液测定其吸光度，由标准工作曲线法定量分析。该方法若用硼氢化钾代替锌产生新生态氢，则称为硼氢化钾–DDC法；若用硝酸–硝酸银–聚乙烯醇–乙醇混合溶液吸收砷化氢，则生成黄色单质胶体银，在400nm波长下测定吸光度，则称为新银盐法。该方法最低检测浓度为0.007mg/L。

三、冷原子吸收法测定汞

汞及其化合物在天然水中含量极少，但因其毒性和危害极大，所以在水质检测中要求很严。我国饮用水标准汞含量低于0.001mg/L，工业废水排放标准为低于0.05mg/L。汞及其化合物最常用的检测方法有双硫腙光度法和冷原子吸收法。

冷原子吸收法首先取一定量水样在硫酸酸性介质下，加入高锰酸钾后加热煮沸至水样澄清，再用盐酸羟胺还原过量的高锰酸钾。将水样消化后，各种形式的汞化合物都转化为二价汞离子，再由氯化亚锡还原为单质汞。最后利用汞在常温下易挥发的特点，由载气将汞蒸气带出并通过测汞仪的测量池，测量由汞蒸气吸收253.7nm紫外线而产生的吸光度，由标准工作曲线法定量分析。此法适用于轻度污染的水样，对于重度污染的水样需要在硫酸和硝酸的混酸条件下，加入高锰酸钾和过硫酸钾消化汞化合物。

在冷原子吸收测汞仪基础上，测量汞原子蒸气吸收253.7nm紫外光产生的荧光强度，也可以定量分析水样中的汞。该方法称为冷原子荧光法。冷原子吸收荧光测汞仪与冷原子吸收测汞仪的不同之处在于将253.7nm紫外光作为激发光源，而测量的是汞原子受激发产生的荧光强度。冷原子吸收测汞仪则是直接测量汞蒸气对253.7nm紫外光的吸光度。两种方法的最低检测浓度均为0.05μg/L。

四、其他金属化合物测定方法

其他金属化合物测定方法见表2–9。

表 2-9　其他金属化合物的测定方法

元素	危害	分析方法	测定浓度范围
铍	单质及其化合物毒性都极强	①石墨炉原子吸收法 ②活性炭吸附－铬天菁 S 分光光度法	0.04 ~ 4/μg/L 最低 0.1μg/L
镍	具有致癌性，对水生生物有明显危害。镍盐引起过敏性皮炎	①原子吸收法 ②丁二酮分光光度法 ③单扫描极谱法	0.01 ~ 8mg/L 0.1 ~ 4mg/L 最低 0.06mg/L
硒	生物必需微量元素，过量能引起中毒。二价态毒性最大，单质态毒性最小	① 2，3- 二氨基萘荧光法 ② 3，3- 二氨基联苯胺分光光度法 ③原子荧光法 ④气相色谱法（ECD）	0.15 ~ 25μg/L 2.5 ~ 50μg/L 0.2 ~ 10μg/L 最低 0.2μg/L
锑	单质态毒性低，氢化物毒性大	① 5-Br-PADAP 分光光度法 ②原子吸收法	0.05 ~ 1.2mg/L 0.2 ~ 40mg/L
钍	既有化学毒性，又有放射性辐射损伤，危害大	铀试剂Ⅲ分光光度法	0.008 ~ 3.0mg/L
铀	有放射性辐射损伤，引起急性或慢性中毒	TRPO-5-Br-PADAP 分光光度法	0.00013 ~ 1.6mg/L
铁	具有低毒性，工业用水含量高时，产品上形成黄斑	①原子吸收法 ②邻菲啰啉分光光度法 ③ EDTA 滴定法	0.03 ~ 5.0mg/L 0.03 ~ 5.00mg/L 5 ~ 20mg/L
锰	具有低毒性，工业用水含量高时，产品上形成斑痕	①原子吸收法 ②高碘酸钾氧化分光光度法 ③甲醛肟分光光度法	0.01 ~ 3.0mg/L 最低 0.05mg/L 0.01 ~ 4.0mg/L
钙	人体必需元素，但过高引起肠胃不适，结垢	① EDTA 滴定法 ②原子吸收法	2 ~ 100mg/L 0.02 ~ 5.0mg/L
镁	人体必需元素，过量有导泻和利尿作用，结垢	① EDTA 滴定法 ②原子吸收法	2 ~ 100mg/L 0.002 ~ 0.5mg/L

第六节　非金属污染物监测

水体中存在的对环境危害较大的非金属污染物主要有氰化物、氟化物、硫化物以及氯化物等。

一、氰化物

水体中的氰化物分为简单氰化物、配合氰化物和有机氰化物。因此，对氰化物的测定必须针对水样的具体情况进行蒸馏预处理，使各种形态的氰化物离解释放出 CN^- 便于准确灵敏地测定。

1. 水样蒸馏预处理

水样在 pH 值为 4 的酸性介质中，加入酒石酸和硫酸锌并加热蒸馏，使易分解的简单氰化物和部分氰化配合物释放出 CN^-，并以 HCN 形式随水蒸气蒸馏出来被 NaOH 溶液吸收；若在 pH 值为 2 的强酸介质中，加入磷酸和 EDTA 加热蒸馏，此时，三种存在形式的氰化物都被分解释放出 CN^-，并被 NaOH 溶液吸收，由此测定的是总氰。

2. 异烟酸－吡唑啉酮分光度法

虽然测定高浓度氧化物废水可用硝酸银滴定法，但最常用的是异烟酸－吡唑啉酮分光光度法，该方法灵敏、准确，最低检测浓度为 0.004mg/L。

取一定量的蒸馏溶液，调节 pH 值至中性，加入氯胺 T，则氰离子被氯胺 T 氧化生成氯化氰（CNCl）。再加入异烟酸－吡唑啉酮溶液，氯化氰与异烟酸作用经水解生成蓝色染料，在 638nm 波长下测量其吸光度，以标准工作曲线法定量分析。

水中氰化物浓度由下式计算：

氰化物（CN^-，mg/L）＝（$m_a - m_b$）V_1/（VV_2）

式中，m_a，m_b 分别为由标准曲线查得的水样和空白样氰化物浓度，μg/L；V 为预蒸馏所取水样体积，mL；V_1、V_2 分别为水样蒸馏馏出液和显色测定所取馏出液的体积，mL。

二、氟化物

氟是人体必需的微量元素之一。饮用水中含氟量在 0.5 ~ 1.0mg/L 为宜，氟化物的测定方法有氟离子选择电极法、离子色谱法和氟试剂分光光度法等。氟离子选择电极选择性好、线性范围宽，适用于成分复杂的工业废水水样；离子色谱法快速、简便，已被国内外广泛应用。

（一）水样预处理

较清洁的天然水可直接测定，但大多数受污染的工业废水，为去除干扰和浓缩富集，水样都须进行蒸馏预处理。在强酸（如硫酸或高氯酸）介质下，水中氟化物以氟化氢和氟硅酸形式被蒸出后再被水吸收。

（二）测定方法

1. 氟离子选择电极法

氟离子选择电极法是以氟化镧（LaF_3）单晶敏感膜的传感器为指示电极，饱和甘汞电极为外参比电极，组成一个原电池。该原电池的电动势与氟离子活度的对数呈线性关系，符合能斯特方程的定量关系，并用精密酸度计（或毫伏计、离子计）测量两电极间的电动势，然后以标准曲线法或标准加入法求出氟离子的浓度。工作电池表示如下：

Ag|$AgCl_2$，Cl^-（0.3mol/L），F^-（0.001mol/L）|LaF_3|| 试液 || 外参比电极 |

当溶液中存在 F^- 时，就会在氟电极上产生电位响应，伏特计上的读数就是电池电动势（E）。

$$E = E' - 2.3.3\frac{RT}{F}\lg aF^-$$

当控制溶液中总离子强度为定值时，E 随 aF^-（F^-活度）而变化。若待测溶液中 F^- 浓度 < 10^{-3}mol/L，活度系数为 1，可用 CF^-（F^-浓度）代替 aF^- 即：

$$E = E' - 2.3.3\frac{RT}{F}\lg CF^-$$

E 与 $\lg CF^-$ 呈线性关系，由测得的 E 值，从标准曲线上查得 F^-的浓度。

实际水样测量时，常加入总离子强度调节剂（TISAB）。该试剂由 0.1mol/L NaCl+0.1mol/L NaAC–HAC+0.001mol/L EDTA 混合构成，强电解质 NaCl 是离子强度调节剂，使溶液的活度系数保持不变；NaAC–HAC 是 pH 缓冲液，使溶液保持 pH 值为 4.7；配位剂EDTA是络合共存的金属干扰离子。该方法适用于测定地表水、地下水及工业废水，最低检测浓度为 0.05mg/L，检测上限可达 1900mg/L。

测量时，该原电池的电动能（E）随被测溶液的氟离子浓度的变化而变化，并通过毫伏计或离子计显示电极电势的大小，由标准加入法定量分析：

$$C_x = \frac{C_s V_s}{V_x + V_s}\left(10^{\frac{\Delta E}{S}} - \frac{V_x}{V_x + V_s}\right)^{-1}$$

式中，C_x 为水样中氟化物（F^-）浓度，mg/L；V_x 为水样体积，mL；C_s 为加入 F^-标准溶液的浓度，mg/L；V_s 为加入 F^-标准溶液的体积，mL；ΔE 等于 E_1-E_2（对阴离子选择性电极），其中，E_1 为测得水样试液的电位值（mV），E_2 为试液中加入标准溶液后测得的电位值（mV）；S 为氟离子选择性电极实测斜率。如果 V_s 远远小于 V_x，则上式可简化为：

$$C_x = \frac{C_s V_s}{V_x}\left(10^{\frac{\Delta E}{S}} - 1\right)^{-1}$$

2. 氟试剂分光光度法

氟试剂（ALC）学名 3- 甲基胺 - 茜素 - 二乙酸。在 pH 值为 4.1 的醋酸盐缓冲介质中，氟离子与硝酸镧及氟试剂形成三元蓝色配合物，于 620nm 波长下测量其吸光度。当水样中氟离子浓度过低或存在 Pb^{2+}、Zn^{2+}、Cu^{2+}、CO^{2+}、Cd^{2+} 等干扰离子时，应进行预蒸馏、分离和浓缩。该方法最低检出浓度为 0.05mg/L，检测上限为 1.8mg/L。

3. 离子色谱法

离子色谱法（IC）是利用离子交换原理。当水样中各种阴离子通过阴离子交换柱时（分离柱），因与交换树脂的亲和力不同而逐步分离。彼此分离后的各种阴离子再流经阳离子树脂（抑制柱）时，被 Na_2CO_3–$NaHCO_3$ 洗脱下来，转化为等当量的酸，并由电导检测器检测流经电导池时的电量值，记录绘制离子色谱图。最后根据色谱峰的保留时间定性分析，根据峰高或峰面积定量分析。

该方法以 0.0024mol/L 碳酸钠、0.003mol/L 碳酸氢钠混合液为淋洗液，可以连续测定水样中七种阴离子（F^-、Cl^-、Br^-、NO_2^-、NO_3^-、PO_4^{3-}、SO_4^{2-}）。当进样量为 100μL 时，方法的检测下限为 F^- 0.02mg/L、Cl^- 0.04mg/L、Br^- 0.15mg/L、NO_2^- 0.05mg/L、NO_3^- 0.10mg/L、PO_4^{3-} 0.20mg/L、SO_4^{2-} 0.10mg/L。

三、硫化物

水中硫化物包含溶解性的 H_2S、HS^-和 S2$^-$在于悬浮物中能被酸溶解的金属硫化物以及可以转化的有机硫化物、硫酸盐等。由于硫化物的不稳定性和挥发性，监测硫化物时应在采样现场固定水样中的硫化物。

（一）采样固定与预处理

采集水样特别是工业废水时，先将水样调至中性，再按每升水加 2mL 2mol/L 的醋酸锌和 1mL 1mol/L 的 NaOH 溶液，将硫化物固定在 ZnS 沉淀中。测量前将水样过滤，使 ZnS 沉淀分离，再将 ZnS 酸化溶解，定容待测。

（二）测定方法

对于低含量水样，采用亚甲蓝分光光度法。在 Fe^{3+} 的酸性介质中，S^{2-} 与对氨基二甲基苯胺反应，生成蓝色的亚甲基蓝染料，并于 665nm 波长下测定吸光度。该方法测定范围为 0.02 ～ 0.8mg/L。

对于高浓度的工业废水，采用碘量法测定。在酸性介质中，S^{2-} 被过量的碘氧化析出硫，再用标准溶液 Na_2SO_3 滴定过剩的碘。由 Na_2SO_3 的消耗量计算硫化物的含量。该方法的测定浓度范围为 0.008 ～ 25mg/L。

四、氯化物

对用于水中氯化物和自来水中余氯的监测，是一项常规监测项目。通常采用硝酸银滴定法和离子色谱法。硝酸银滴定法适用于较高浓度的废水监测，测定浓度为 10 ～ 500mg/L；离子色谱法适用于较低浓度的天然水和自来水，最低测定浓度为 0.04mg/L。

（一）硝酸银滴定法

在水中或弱碱性介质中，以铬酸钾为指示剂，用硝酸银标准溶液滴定氯离子，产生白色 AgCl 沉淀。化学计量点后，过量的硝酸银与铬酸钾生成砖红色铬酸银沉淀（Ag_2CrO_4），显示滴定终点。滴定水样时 pH 值应为 6.5 ～ 10.5。对于浑浊水应过滤或离心处理后再测。

$$Cl^{-}(mg/L)=[(V_2-V_1)C/V]\times 35.46\times 1000$$

式中，V_1 为蒸馏水消耗硝酸银标准溶液体积，mL；V_2 为水样消耗硝酸银标准溶液体积，mL；C 为硝酸银标准溶液浓度，mol/L；V 为水样体积，mL。

（二）离子色谱法

当水样通过离子交换树脂分离柱时，Cl^- 与阴离子交换树脂 $R\text{-}N^+HCO_3^-$ 中的 HCO_3^- 交换：

$$R\text{-}N^+HCO_3^- + Na^+Cl^- \rightarrow R\text{-}N^+Cl^- + NaHCO_3$$

被阴离子交换树脂交换分离的氯离子，再随淋洗液洗脱进入 $R\text{-}SO_3H$ 型阳离子交换树脂抑制柱，最后通过电导检测池测量其离子色谱图进行定性和定量分析。

离子色谱法可同时检测多种阴、阳离子，并且灵敏度高、线性范围宽，该方法检测下限为 0.04mg/L。

第七节　营养盐——氮、磷化合物监测

当水体氮、磷化合物含量过高时，会促使微生物大量繁殖，藻类及浮游植物迅速生长产生“赤潮”，发生水体富营养化，使水质腐臭、恶化。

一、含氮化合物

水体中含氮化合物存在有机氮、氨氮、亚硝酸盐氮、硝酸盐氮四种形态。含氮有机化合物（$R-NH_2$）进入水体中，在微生物作用下发生一系列复杂的生物化学反应，逐渐分解为简单的含氮化合物 NO_2，并随着水体的氧化还原条件分别转化为硝态氮或氨氮。

以 NH_4^+、NH_3 形态存在的含氮化合物，称为氨氮；以 NO_2^-、NO_3^-形态存在的含氮化合物，称为硝态氮；氨氮和有机氮，称为凯氏氮；氨氮、硝态氮和有机氮的总和，称为总氮。

（一）氨氮

水中氨氮以游离氨（NH_3）和离子氨（NH_4^+）形态存在，两者的比例由水的 pH 值决定，并随 pH 值变化而相互转化。水中氨氮主要来源于生活污水中的含氮有机物和焦化、合成氨等工业废水及农田排水等。氨氮的测定方法有分光光度法、电极法和滴定法三大类。

1. 分光光度法

（1）钠氏试剂光度法

水样经预处理后，碘化汞与碘化钾在强碱介质中生成碘汞酸钾（钠氏试剂），再与氨生成橙色胶态化合物，并在 420nm 最大吸收波长下测定其吸光度。该方法最低检出浓度为 0.025mg/L，检测上限为 2mg/L。

（2）水杨酸光度法

在亚硝酸铁氰化钠作用下，氨与水杨酸和次氯酸反应生成蓝色化合物，在 697nm 最大吸收波长下测定其吸光度。该方法最低检出浓度 0.01mg/L，检测上限为 1mg/L，适用于饮用水、地表水、生活污水及大部分工业废水中氨氮的测定。

2. 氨气敏电极法

氨气敏电极是由 pH 玻璃电板与 AgCl 参比电板构成的离子选择复合电极，内充 0.01mg/L NH_4C1 溶液。水样中氨通过疏水性电极半渗透膜，进入复合电极内充液引起 OH^-离子活

度的变化，并由 pH 电极显示其电极电势的变化，由 Nernst 方程计算相应氨的浓度。该方法最低检出浓度 0.03mg/L，检测上限为 1400mg/L，适用于色度、浊度较高的废（污）水。

（二）亚硝酸盐氮

亚硝酸盐氮是含氮化合物相互转化的中间产物，在水中不稳定，富氧条件下易氧化成硝态氮，缺氧条件下易还原为氨态氮。亚硝酸盐氮分析方法有 N-（1-萘基）-乙二胺或 α-萘胺分光光度法、离子色谱法等。

1.N-（1-萘基）-乙二胺分光光度法

在 pH 值为 2 ~ 2.5 的酸性介质中，亚硝酸根与对氨基苯磺酰胺生成重氮盐，再与 N-（1-萘基）-乙二胺偶联生成红色偶氮染料，在 540nm 波长下测定。该方法最低检测浓度 0.003mg/L，检测上限为 0.2mg/L。

2. α-萘胺分光光度法

在 pH 值为 2 ~ 2.5 的酸性介质中，亚硝酸根与对氨基苯磺酰胺生成重氮盐，再与 α-萘乙二胺偶联生成红色偶氮染料，在 520nm 波长下测定。

（三）硝酸盐氮

硝酸盐氮（NO_3^--N）是含氮化合物分解转化的最稳定的氮化物，也是水体中最常见的氮化物存在形态。硝酸盐氮分析方法有酚二磺酸分光光度法、紫外分光光度法、气相分子吸收光谱法及硝酸盐电极（在线自动监测）。

1. 酚二磺酸分光光度法

在无水条件下，硝酸盐与酚二磺酸生成硝基二磺酸酚，再于碱性溶液中生成黄色的硝基酚二磺酸三甲盐，于最大吸收波长 410nm 处测定吸光度。该方法最低检测浓度 0.02mg/L，测定上限为 2.0mg/L。该方法存在 Cl^- 干扰时，加 $AgNO_3$ 消除；当含量高于 2mg/L 时，适量稀释或改为 480nm 波长测定。

2. 紫外分光光度法

硝酸根在 220nm 紫外波长下有特征吸收，但水中 CO_3^{2-}、HCO_3^- 及少量有机物在 220nm 波长下也有干扰吸收。利用硝酸根在 275nm 波长下无吸收，而上述干扰物有吸收（约为 220nm 时的 1/2）这一特性，分别测定 220nm、275nm 波长的吸光度，根据经验校正扣除干扰物质的吸收。

$$A_{校} = A220 - 2A275$$

A220、A275 分别代表溶液在 220nm、275nm 处测量的吸光度。该方法适用于清洁水样，对于浑浊的水样应加氢氧化铝絮凝剂澄清或用 CAD–40 中性树脂处理。该方法最低检测浓度 0.08mg/L，测量上限为 4mg/L。

（四）凯氏氮与总氮

凯氏氮是指以 Kjeldahl 法测得的含氮量，包括氨氮和可以转化为氨盐的有机氮化物。此类有机氮化物包括蛋白质、氨基酸、肽、胨、核酸、尿素以及有三价氮的有机氮化合物（不含叠氮化合物、硝基化合物等）。

在凯氏烧瓶中加入适量水样，再加入浓硫酸和硫酸钾催化剂。加热消解，使有机氮转化为氨氮蒸出，被硼酸溶液吸收。根据含量的高低分别选用硫酸滴定高浓度样品或选用纳氏试剂光度法测定低浓度样品；若对水样先蒸馏除去氨氮，再进行凯氏氮测定，则测得的是有机氮含量。

总氮 = 有机氮 + 无机氮

= 有机氮 + 氨氮 + 亚硝酸盐氮 + 硝酸盐氮

= 凯氏氮 + 硝态氮

总氮是各种形态氮的总和，包括有机氮、氨态氮、硝态氮。总氮测定方法既可以分别测定凯氏氮和硝态氮，再加和计算出总氮含量；也可以在 120 ~ 124℃温度的碱性介质中，用过硫酸钾将各种形态的氮化物全都氧化为硝酸盐，再用紫外分光光度法测定。

二、含磷化合物

水中磷主要以磷酸盐和有机磷形式存在，生活污水中总磷的浓度在 4 ~ 8mg/L 之间，是导致水体富营养化的主要因素之一。根据水样处理手段不同，可分别测得总磷、溶解性总磷、溶解性正磷酸盐。

（一）水样消解

水样可以采用过硫酸钾、硝酸 – 硫酸、硝酸 – 高氯酸三种消解方法处理水样，使各种形态的磷转化为磷酸盐形态。

（二）钼酸铵分光光度法

在酸性介质中，磷酸盐与钼酸铵反应生产淡黄色磷钼杂多酸。

第八节　有机污染物监测

水中有机污染物种类达到成百上千种，在水中的含量及其危害也有巨大差异。有机污染物主要重点监测挥发酚、油类污染物及痕量有机物等。

一、挥发酚

水中酚类是多种酚的混合物，挥发酚是沸点在230℃以下易于挥发的酚（如苯酚），而沸点在230℃以上的酚为不挥发酚（如对酚）。对于低浓度的含酚天然水采用分光光度法分析，对于高浓度的含酚废水采用溴化滴定法。无论采用哪种分析方法，水样应进行蒸馏预处理，既可以对色度、浊度及共存的干扰离子进行分离，又可以进一步浓缩富集。

（一）4-氨基安替比林分光光度法

碱性条件下（pH值为9.8 ~ 10.2），在铁氰化钾催化作用下，苯酚与4-氨基安替比林生成橙红色的吲哚酚安替比林染料，在570nm最大吸光波长下测定其吸光度。当酚含量超过0.1mg/L时，可直接测定，最低检测浓度为0.1mg/L；当酚含量低于0.1mg/L时，须采用氯仿萃取浓缩富集后在460nm波长下测定，最低检测浓度为0.002mg/L，测定上限为0.12mg/L。

（二）溴化滴定法

由溴酸钾与溴化钾产生的溴与酚反应，生成三溴酚，并进一步生成溴代三溴酚。剩余的溴与碘化钾作用释放出游离碘，同时溴代三溴酚也与碘化钾反应置换出游离碘。用硫代硫酸钠标准溶液滴定游离的碘，并根据其消耗量，计算出以苯酚计的挥发酚含量。

$$挥发酚（以酚计，mg/L）= [(V_1 - V_2) \cdot C \times 15.68 \times 1000]/V$$

式中，V_1、V_2分别为空白溶液和水样消耗的硫代硫酸钠标准液用量，mL；C为硫代硫酸钠标液浓度，mol/L；V为水样体积，mL；15.68为苯酚摩尔质量，g/mol。

二、油类污染物

水中油类污染物分为矿物油和动植物油，分别来自工业废水和生活污水。油类在水体中以浮油和乳化油两种形态存在。浮油隔绝空气，使水体溶解氧减少；乳化油被微生物分解时，消耗水中溶解氧。

含油水样应进行萃取预处理。常用的萃取剂有石油醚、四氯化碳、己烷等非极性溶剂。测定方法根据含油量多少选择，含量高选择重量法，含量低选择紫外或红外光度法。石油和动植物油均可被四氯化碳萃取。

（一）重量法

以硫酸酸化水样，用石油醚萃取，然后蒸发去除石油醚，称量残渣，即可计算含油量。该方法适用于含油 10mg/L 以上的水样。

（二）紫外分光光度法

石油及产品含有的共轭双键一般在 215 ～ 230nm 之间有吸收。原油有两个最大吸收波长，分别在 225nm 和 254nm，轻质油最大吸收波长在 225nm。不同油品的特征吸收峰不同，对于实际水样的混合油品，可在 200 ～ 300nm 之间测定吸收光谱，从而确定最佳吸收波长（一般在 220 ～ 225nm 之间）。

三、痕量有机物

水中存在复杂的多种有机污染物，虽然含量很低，但由于其性强、危害大，成为水质安全的重大隐患。这些痕量有机污染物包括苯系物、挥发性卤代烃、氯苯类化合物、挥发性有机物（VOCs）以及各种有机农药残留物等。

对于含痕量有机物的水样，首先进行萃取或固相萃取等方法的预处理，然后根据被测物的性质分别选择气相色谱法（GC）或高效液相色谱法（HLC）以及气 – 质联用或液 – 质联用法。

图 2–1 是八种有机磷农药的气相色谱图，分析条件如下。

色谱柱：HP–1 石英毛细管柱（25m × 0.32mm）氮磷检测器，高纯氮气做载气；气化室温度为 250℃，检测器温度为 300℃，柱温程序 60℃，0.5min（10℃ /min）→ 250℃，3min。该方法具有很高的灵敏度和分离选择性，检测限可达 10 ～ 14g 至 10 ～ 11g。

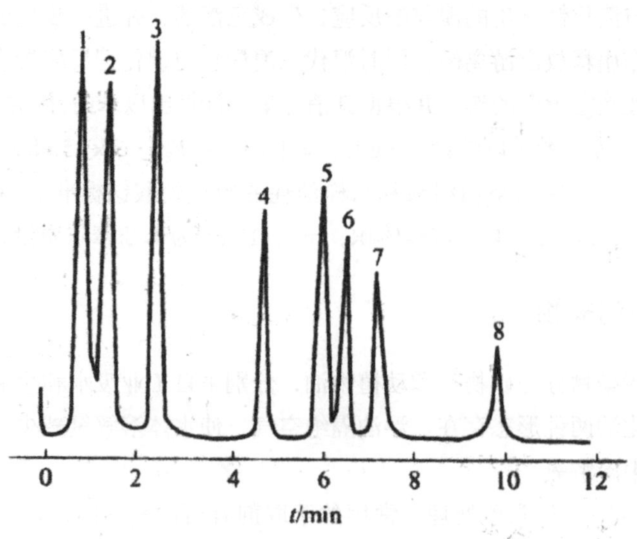

图 2–1　八种有机磷农药色谱图

第三章　大气和废气监测

第一节　空气污染概述

一、大气、空气和空气污染

大气系指包围在地球周围的气体，其厚度达 1000 ~ 1400km，其中，对人类及生物生存起着重要作用的是近地面约 10km 内的空气层（对流层）。空气层厚度虽然比大气层厚度小得多，但空气质量却占大气总质量的 95% 左右。在环境科学书籍、资料中，常把“空气”和“大气”作为同义词使用。

清洁干燥的空气主要组分是：氮 78.06%、氧 20.95%、氩 0.93%。这三种气体的总和约占空气总体积的 99.94%，其余尚有 10 多种气体总和不足 0.1%。实际空气中含有水蒸气，其浓度因地理位置和气象条件不同而异，干燥地区可低至 0.02%，而暖湿地区可高达 0.46%。清洁的空气是人类和生物赖以生存的环境要素之一。在通常情况下，每人每日平均吸入 10 ~ $12m^3$ 的空气，在 60 ~ $90m^3$ 的肺泡面积上进行气体交换，吸收生命所必需的氧气，以维持人体正常生理活动。

随着工业及交通运输等事业的迅速发展，特别是煤和石油的大量使用，将产生的大量有害物质如烟尘、二氧化硫、氮氧化物、一氧化碳、碳氢化合物等排放到空气中，当其浓度超过环境所能允许的极限并持续一定时间后，就会改变空气的正常组成，破坏自然的物理、化学和生态平衡体系，从而危害人们的生活、工作和健康，损害自然资源及财产、器物等，这种情况即被称为空气污染。

二、空气污染的危害

空气污染会对人体健康和动植物产生危害，对各种材料产生腐蚀损害。

对人体健康的危害可分为急性作用和慢性作用。急性作用是指人体受到污染的空气侵袭后，在短时间内即表现出不适或中毒症状的现象。历史上曾发生过数起急性危害事件，例如，伦敦烟雾事件，造成空气中二氧化硫高达 $3.5mg/m^3$，总悬浮颗粒物 $4.5mg/m^3$，一周雾期内伦敦地区死亡 4703 人；洛杉矶光化学烟雾事件是由于空气中碳氢化合物和氮氧化物急剧增加，受强烈阳光照射，发生一系列光化学反应，形成臭氧、过氧乙酰硝酸酯和醛类等强氧化剂烟雾造成的，致使许多人喉头发炎，鼻、眼受刺激红肿，并有不同程度的头痛。慢性作用是指人体在低污染物浓度的空气长期作用下产生的慢性危害。这种危害往往不易引人注意，而且难于鉴别，其危害途径是污染物与呼吸道黏膜接触；主要症状是眼、鼻黏膜刺激、慢性支气管炎、哮喘、肺癌及因生理机能障碍而加重高血压心脏病的病情。根据动物试验结果，已确定有致癌作用的污染物质达数十种，如某些多环芳香烃、脂肪烃类、金属类。近些年来，世界各国肺癌发病率和死亡率明显上升，特别是工业发达国家增长尤其快，而且城市高于农村。通过大量事实和研究证明，空气污染是重要的致癌因素之一。

空气污染对动物的危害与对人的危害情况相似。对植物的危害可分为急性、慢性和不可见三种。急性危害是在高浓度污染物情况下短时间内造成的危害，常使作物产量显著降低，甚至枯死。慢性危害是在低浓度污染物作用下长时间内造成的危害，会影响植物的正常发育，有时出现危害症状，但大多数症状不明显。不可见危害只造成植物生理上的障碍，使植物生长在一定程度上受到抑制，但从外观上一般看不出症状。常采用植物生产力测定、叶片内污染物分析等方法判断慢性和不可见危害情况。

空气污染能使某些物质发生质的变化，造成损失，如二氧化硫能很快腐蚀金属制品及使皮革、纸张、纺织品等变脆，光化学烟雾能使橡胶轮胎龟裂等。

三、空气污染源

空气污染源可分为自然源和人为源两种。自然污染源是由于自然现象造成的，如火山爆发时喷射出大量粉尘、二氧化硫气体等；森林火灾产生大量二氧化碳、碳氢化合物、热辐射等。人为污染源是由于人类的生产和生活活动造成的，是空气污染的主要来源，主要有以下几方面：

（一）工业企业排放的废气

在工业企业排放的废气中，排放量最大的是以煤和石油为燃料，在燃烧过程中排放的粉尘、二氧化硫、氮氧化物、一氧化碳、碳氢化合物等；其次是工业生产过程中排放的多种有机和无机污染物质。

（二）交通运输工具排放的废气

主要是交通车辆、轮船、飞机排出的废气。其中，汽车数量最大，并且集中在城市，故对空气质量特别是城市空气质量影响大，是一种严重的空气污染源，其排放的主要污染物有碳氢化合物、一氧化碳、氮氧化物和黑烟等。

（三）室内空气污染源

随着人们生活水平、现代化水平的提高，加上信息技术的飞速发展，人们在室内活动的时间越来越长，据估计，现代人，特别是生活在城市中的人 80% 以上的时间是在室内度过的。因此，近年来对建筑物室内空气质量的监测及其评估，在国内外引起广泛重视。据测量，室内污染物的浓度高于室外污染物浓度 2 ~ 5 倍。室内环境污染直接威胁着人们的身体健康，流行病学调查表明：室内环境污染将提高急、慢性呼吸系统障碍疾病的发生率，特别使肺结核、鼻、咽、喉和肺癌、白血病等疾病的发生率、死亡率上升，导致社会劳动效率降低。室内污染来源是多方面的，含有过量有害物质的化学建材大量使用、装修不当、高层封闭建筑新风不足、室内公共场合人口密度过高等，使室内污染物质难以被分解稀释和置换，从而引起室内环境污染。

室内空气污染来源有：化学建材和装饰材料中的油漆；胶合板、内墙涂料、刨花板中含有的挥发性的有机物，如甲醛、苯、甲苯、氯仿等有毒物质；大理石、地砖、瓷砖中的放射性物质的排放（氡气及其子体）；烹饪、吸烟等室内燃烧所产生的油、烟污染物质；人群密集且通风不良的封闭室内 CO_2 过高；空气中的霉菌、真菌和病毒等。

四、大气污染物及其存在的状态

大气污染物的种类不下数千种，已发现有危害作用而被人们注意到的有 100 多种，其中大部分是有机物。

（一）依据大气污染物的形成过程

可将其分为一次污染物和二次污染物。

1. 一次污染物

是直接从各种污染源排放到大气中的有害物质。常见的主要有二氧化硫、氮氧化物、一氧化碳、碳氢化合物、颗粒性物质等。颗粒性物质中包含苯并［a］芘等强致癌物质、有毒重金属、多种有机和无机化合物等。

2. 二次污染物

是一次污染物在大气中相互作用或它们与大气中的正常组分发生反应所产生的新污染物。这些新污染物与一次污染物的化学、物理性质完全不同，多为气溶胶，具有颗粒小、毒性一般比一次污染物大等特点。常见的二次污染物有硫酸盐、硝酸盐、臭氧、醛类（乙醛和丙烯醛等）、过氧乙酰硝酸酯（PAN）等。

（二）依据物质存在的状态

大气中污染物质的存在状态由其自身的物理、化学性质及形成过程决定，气象条件也起一定作用。一般有两种存在状态，即分子状态和粒子状态。分子状态污染物也称气体状态污染物，粒子状态污染物也称气溶胶状态污染物或颗粒污染物。

1. 分子状态污染物

某些物质如二氧化硫、氮氧化物、一氧化碳、氯化氢、氯气、臭氧等沸点都很低，在常温、常压下以气体分子形式分散于大气中。还有些物质如苯、苯酚等，虽然在常温、常压下是液体或固体，但因其挥发性强，故能以蒸气态进入大气中。

无论是气体分子还是蒸气分子，都具有运动速度较大、扩散快、在大气中分布比较均匀的特点。它们的扩散情况与自身的比重有关，比重大者向下沉降，如汞蒸气等；比重小者向上飘浮，并受气象条件的影响，可随气流扩散到很远的地方。

2. 粒子状态污染物

粒子状（颗粒状）污染物是分散在大气中的微小液体和固体颗粒。粒径大小在 0.01 ~ 100μm之间，是一个复杂的非均匀体系。通常根据颗粒物的重力沉降特性分为降尘和飘尘，粒径大于10μm的颗粒物能较快地沉降到地面上，称为降尘；粒径小于10μm的颗粒物（PM10），可以长期飘浮在大气中，这类颗粒物称为可吸入颗粒物或飘尘（IP）。空气污染常规测定项目总悬浮颗粒物（TSP）是粒径小于100μm颗粒物的总称。

粒径小于10μm的颗粒物还具有胶体的特性，故又称气溶胶。它包括平常所说的雾、烟和尘。

雾是液态分散型气溶胶和液态凝结型气溶胶的统称。形成液态分散性气溶胶的物质在常温下是液体，当它们因飞溅、喷射等被雾化后，即形成微小的液滴分散在大气中。液态凝结型气溶胶则是由于加热使液体变为蒸气散发在大气中，遇冷后凝结成微小的液滴悬浮在大气中，雾的粒径一般在10μm。

烟是指燃煤时所产生的煤烟和高温熔炼时产生的烟气等，它是固态凝结型气溶胶，生成这种气溶胶的物质在通常情况下是固体，在高温下由于蒸发或升华作用变成气体逸散到大气中，遇冷凝结成微小的固体颗粒，悬浮在大气中构成烟。烟的粒径一般在0.01 ~ 1μm之间。平常所说的烟雾，具有烟和雾的特性，是固、液混合气溶胶。一般烟和雾同时形成时就构成烟雾。

尘是固体分散性微粒，它包括交通车辆行驶时带起的扬尘，粉碎、爆破时产生的粉尘等。

五、空气中污染物的时空分布特点

与其他环境要素中的污染物质相比较，空气中的污染物质具有随时间、空间变化大的特点。了解该特点，对于获得正确反映空气污染实况的监测结果有重要意义。

空气污染物的时空分布及其浓度与污染物排放源的分布、排放量及地形、地貌、气象等条件密切相关。

气象条件如风向、风速、大气湍流、大气稳定度总在不停地改变，故污染物的稀释与扩散情况也不断地变化。同一污染源对同一地点在不同时间所造成的地面空气污染浓度往往相差数倍至数十倍；同一时间不同地点也相差甚大。一次污染物和二次污染物浓度在一天之内也不断地变化。一次污染物因受逆温层及气温、气压等限制，清晨和黄昏浓度较高，中午较低；二次污染物如光化学烟雾，因在阳光照射下才能形成，故中午浓度较高，清晨和夜晚浓度低。风速大，大气不稳定，则污染物稀释扩散速度快，浓度变化也快；反之，稀释扩散慢，浓度变化也慢。

污染源的类型、排放规律及污染物的性质不同，其时空分布特点也不同。例如，我国北方城市空气中 SO_2 浓度的变化规律是：在一年内，1、2、11、12 月属采暖期，SO_2 浓度比其他月份高；在一天之内，6：00—8：00 和 18：00—21：00 为供热高峰时间，SO_2 浓度比其他时间高。点污染源或线污染源排放的污染物浓度变化较快，涉及范围较小；大量地面小污染源（如工业区炉窑、分散供热锅炉等）构成的面污染源排放的污染浓度分布比较均匀，并随气象条件变化有较强的变化规律。就污染物的性质而言，质量轻的分子态或气溶胶态污染物高度分散在空气中，易扩散和稀释，随时空变化快；质量较重的尘、汞蒸气等，扩散能力差，影响范围较小。

六、空气中污染物的浓度表示方法

空气中污染物浓度有两种表示方法，即单位体积质量浓度和体积比浓度，根据污染物存在状态选择使用。

（一）单位体积质量浓度

单位体积质量浓度是指单位体积空气中所含污染物的质量数，用 *C* 表示，常用单位为 mg/m^3 或 $\mu g/m^3$，这种表示方法对任何状态的污染物都适用。

（二）体积比浓度

体积比浓度是污染物体积与气样总体积的比值，用 *C*p 表示，常用单位为 mL/m^3（ppm）或 $\mu L/m^3$（ppb）。这种浓度表示方法仅适用于气态或蒸气态物质。

因为单位体积质量浓度受温度和压力变化的影响，为使计算出的浓度具有可比性，我国空气质量标准采用标准状况（0℃，101.325kPa）时的体积。非标准状况下的气体体积可用气态方程式换算成标准状况下的体积，换算式如下：

$$V_0 = \frac{V_t \times 273 \times P}{(273+t) \times 101.325}$$

式中，V_0 为标准状态下的体积（L）；*P* 为采样现场的大气压（kPa）；*t* 为采样现场温度（℃）；V_t 为现场状态下气体样品体积（L）。

计算现场状态下的采样体积 V_t：

$$V_t = Q \times t$$

式中，V_t 为通过一定流量采集一定时间后获得的气体样品体积 L；*Q* 为采样流量，L/min；t 为采样时间，min。

以上两种单位可以互相换算，如下式：

$$C_p = 22.4 \times (C/M)$$

式中，C_p 为以 mL/m^3（ppm）表示的气体浓度；*C* 为以 mg/m^3 表示的气体浓度；*M* 为污染物质的分子质量，g/mol。

第二节　空气污染监测方案的制订

制订空气污染监测方案，首先要根据监测目的进行调查研究，收集相关的资料，然后经过综合分析，确定监测项目，设计布点网络，选定采样频率、采样方法和监测技术，建立质量保证程序和措施，提出进度安排计划和对监测结果报告的要求等。下面结合我国现行技术规范，对监测方案的基本内容加以介绍。

一、监测目的

①通过对环境空气中主要污染物质进行定期或连续的监测，判断空气质量是否符合《环境空气质量标准》或环境规划目标的要求，为空气质量状况评价提供依据。②为研究空气质量的变化规律和发展趋势，开展空气污染的预测预报，以及研究污染物迁移、转化情况提供基础资料。③为政府环保部门执行环境保护法规，开展空气质量管理及修订空气质量标准提供依据和基础资料。

二、基础资料收集

进行大气污染监测前，首先要收集必要的基础资料，然后经过综合分析，确定监测项目，设计布点网络，选定采样频率、采样方法和监测技术，建立质量保证程序和措施，提出监测结果报告要求及进度计划等。

（一）污染源分布及排放情况

通过调查，将监测区域内的污染源类型、数量、位置、排放的主要污染物及排放量一一弄清楚，同时还应了解所用原料、燃料及消耗量。注意将由高烟囱排放的较大污染源与由低烟囱排放的小污染源区别开来。因为小污染源的排放高度低，对周围地区地面空气中污染物浓度影响比高烟囱排放源大。另外，对于交通运输污染较重和有石油化工企业的地区，应区别一次污染物和由于光化学反应产生的二次污染物。因为二次污染物是在大气中形成的，其高浓度可能在远离污染源的地方，在布设监测点时应加以考虑。

（二）气象资料

污染物在空气中的扩散、迁移和一系列的物理、化学变化在很大程度上取决于当时当地的气象条件。因此，要收集监测区域的风向、风速、气温、气压、降水量、日照时间、相对湿度、温度垂直梯度和逆温层底部高度等资料。

（三）地形资料

地形对当地的风向、风速和大气稳定情况等有影响，是设置监测网点应当考虑的重要因素。例如，工业区建在河谷地区时，出现逆温层的可能性大；位于丘陵地区的城市，市区内空气污染物的浓度梯度会相当大；位于海边的城市会受海、陆风的影响，而位于山区的城市会受山谷风的影响等。为掌握污染物的实际分布状况，监测区域的地形越复杂，要求布设监测点越多。

（四）土地利用和功能分区情况

监测区域内土地利用情况及功能区划分也是设置监测网点应考虑的重要因素之一。不同功能区的污染状况是不同的，如工业区、商业区、混合区、居民区等。还可以按照建筑物的密度、有无绿化地带等做进一步分类。

（五）人口分布及人群健康情况

环境保护的目的是维护自然环境的生态平衡，保护人群的健康，因此，掌握监测区域的人口分布、居民和动植物受空气污染危害情况及流行性疾病等资料，对制订监测方案、分析判断监测结果是有益的。

此外，对于监测区域以往的空气监测资料等也应尽量收集，供制订监测方案参考。

三、监测项目

大气中的污染物质多种多样，应根据优先监测的原则，选择那些危害大、涉及范围广、测定方法成熟的污染物进行监测。

（一）空气污染常规监测项目

必测项目：SO_2 >氮氧化物、TSP、硫酸盐化速率、灰尘、自然降尘量。

选测项目：CO、飘尘、光化学氧化剂、氟化物、铅、Hg、苯并［a］芘、总烃及非甲烷烃。

（二）连续采样实验室分析项目

必测项目：二氧化硫、氮氧化物、总悬浮颗粒物、硫酸盐化速率、灰尘、自然降尘量。

选测项目：一氧化碳、可吸入颗粒物 PM10、光化学氧化剂、氟化物、铅、苯并［a］芘、总烃及非甲烷烃。

（三）大气环境自动监测系统监测项目

必测项目：二氧化硫、二氧化氮、总悬浮颗粒物或可吸入颗粒物、一氧化碳。

选测项目：臭氧、总碳氢化合物。

四、采样点的布设

（一）布设采样点的原则和要求

①采样点应设在整个监测区域的高、中、低三种不同污染物浓度的地方。②在污染源比较集中、主导风向比较明显的情况下，应将污染源的下风向作为主要监测范围，布设较多的采样点，上风向布设少量点作为对照。③工业较密集的城区和工矿区，人口密度及污染物超标地区，要适当增设采样点；城市郊区和农村，人口密度小及污染物浓度低的地区，可酌情少设采样点。④采样点的周围应开阔，采样口水平线与周围建筑物高度的夹角应不大于 30 度，测点周围无局部污染源，并应避开树木及吸附能力较强的建筑物。交通密集区的采样点应设在距人行道边缘至少 1.5m 远处。⑤各采样点的设置条件要尽可能一致或标准化，使获得的监测数据具有可比性。⑥采样高度根据监测目的而定，研究大气污染对人体的危害，应将采样器或测定仪器设置于常人呼吸带高度，即采样口应在离地面 1.5 ~ 2m 处；研究大气污染对植物或器物的影响，采样口高度应与植物或器物高度相近；连续采样例行监测采样口高度应距地面 3 ~ 15m；若置于屋顶采样，采样口应与基础面有 1.5m 以上的相对高度，以减小扬尘的影响。特殊地形地区可视实际情况选择采样高度。

（二）布点方法

1. 功能区布点法

一个城市或一个区域可以按其功能分为工业区、居民区、交通稠密区、商业繁华区、文化区、清洁区、对照区等。各功能区的采样点数目的设置不要求平均，通常在污染集中的工业区、人口密集的居民区、交通稠密区应多设采样点。同时在对照区或清洁区设 1 ~ 2 个对照点。

2. 网格布点法

这种布点法是将监测区域地面划分成若干均匀网状方格，采样点设在两条直线的交点处或方格中心。每个方格为正方形，可从地图上均匀描绘，方格实地面积视所测区域大小、污染源强度、人口分布、监测目的和监测力量而定，一般是 1 ~ 9km^2 布一个点。若主导风向明确，下风向设点应多一些，一般约占采样点总数的 60%。这种布点方法适用于有多个污染源且分布比较均匀的情况。

3. 同心圆布点法

此种布点方法主要用于多个污染源构成的污染群，或污染集中的地区。布点时以污染源为中心画出同心圆，半径视具体情况而定，再从同心圆画射线若干，放射线与同心圆圆周的交点即是采样点。不同圆周上的采样点数目不一定相等或均匀分布，常年主导风向的下风向比上风向多设一些点。例如，同心圆半径分别取 4km、10km、20km、40km，从里向外各圆周上分别设 4、8、8、4 个采样点。

4. 扇形布点法

此种方法适用于主导风向明显的地区，或孤立的高架点源。以点源为顶点，主导风向为轴线，在下风向地面上画出一个扇形区域作为布点范围。扇形的角度一般为45°，也可更大些，但不能超过90°。采样点设在扇形平面内距点源不同距离的若干弧线上。每条弧线上设3 ~ 4个采样点，相邻两点与顶点连线的夹角一般取10° ~ 20° 在上风向应设对照点。

5. 平行布点法

平行布点法适用于线性污染源。线性污染源如公路等，在距公路两侧1m左右布设监测网点，然后在距公路100m左右的距离布设与前面监测点对应的监测点，目的是了解污染物经过扩散后对环境产生的影响。在前后两点对比采样的时候注意污染物组分的变化。

在采用同心圆和扇形布点法时，应考虑高架点源排放污染物的扩散特点，在不计污染物本底浓度时，点源脚下的污染物浓度为零，随着距离增加，很快出现浓度最大值，然后按指数规律下降。因此，同心圆或弧线不宜等距离划分，而是靠近最大浓度值的地方密一些，以免漏测最大浓度的位置。

以上几种采样布点方法，可以单独使用，也可以综合使用，目的就是要求能有代表性地反映污染物浓度，为大气监测提供可靠的样品。

（三）采样点数目

采样点的数目设置是一个与精度要求和经济投资相关的效益函数，应根据监测范围大小、污染物的空间分布特征、人口分布密度、气象、地形、经济条件等因素综合考虑确定。以城市人口数确定大气环境污染例行监测采样点的设置数目如表3–1所示。

表3–1 大气环境污染例行监测采样点设置数目

市区人口/万人	SO_2、NO_2或NO_x、TSP	灰尘自然降尘量	硫酸盐化速率
≤ 50	3	≥ 3	≥ 6
50 ~ 100	4	4 ~ 8	6 ~ 12
100 ~ 200	5	8 ~ 11	12 ~ 18
200 ~ 400	6	12 ~ 20	18 ~ 30
> 400	7	20 ~ 30	30 ~ 40

五、采样时间和采样频率

采样时间系指每次采样从开始到结束所经历的时间，也称采样时段。采样频率系指在一定时间范围内的采样次数。这两个参数要根据监测目的、污染物分布特征及人力、物力等因素决定。采样时间短、试样缺乏代表性，监测结果不能反映污染物。浓度随时间的变化，仅适用于事故性污染、初步调查等情况的应急监测。

为增加采样时间，目前采用两种办法。

（一）增加采样频率

即每隔一定时间采样测定一次，取多个试样测定结果的平均值为代表值。例如，在一个季度内，每六天或每个月采样一天，而一天内又间隔等时间采样测定一次（如在 2、8、14、20 时采样分别测定），求出日平均、月平均和季度平均监测结果。这种方法适用于受人力、物力限制而进行人工采样测定的情况，是目前进行大气污染常规监测、环境质量评价现状监测等广泛采用的方法。若采样频率安排合理、适当，积累足够多的数据，则具有较好的代表性。

（二）使用自动采样仪器进行连续自动采样

若再配用污染组分连续或间歇自动监测仪器，其监测结果能很好地反映污染物浓度的变化，得到任何一段时间（如 1 小时、1 天、1 个月、1 个季度或 1 年）的代表值（平均值），这是最佳采样和测定方式。显然，连续自动采样监测频率可以选得很高，采样时间很长，如一些发达国家为监测空气质量的长期变化趋势，要求计算年平均值的积累采样时间在 6000 小时以上。我国监测技术规范对大气污染例行监测规定的采样时间和采样频率见表 3–2。

表 3–2　采样时间和采样频率

监测项目	采样时间和频率
二氧化硫	隔日采样，每天连续采 24 ± 0.5 小时，每月 14 ~ 16 天，每年 12 个月
氮氧化物	同二氧化硫
TSP	隔双日采样，每天连续采 24 ± 0.5 小时，每月 5 ~ 6 天，每年 12 个月
灰尘自然降尘量	每月采样 30 ± 2 天，每年 12 个月
硫酸盐化速率	每月采样 30 ± 2 天，每年 12 个月

第三节　气态和蒸气态污染物质的测定

一、二氧化硫

SO_2 是主要空气污染物之一，为例行监测的必测项目。它来源于煤和石油等燃料的燃烧、含硫矿石的冶炼、硫酸等化工产品生产排放的废气。SO_2 是一种无色、易溶于水、有刺激性气味的气体，能通过呼吸进入气管，对局部组织产生刺激和腐蚀作用，是诱发支气管炎等疾病的原因之一，特别是当它与烟尘等气溶胶共存时，可加重对呼吸道黏膜的损害。

测定二氧化硫的方法有四氯汞钾溶液吸收 – 盐酸副玫瑰苯胺分光光度法、甲醛缓冲

溶液吸收 - 副玫瑰苯胺分光光度法、钍试剂分光光度法、紫外荧光法、电导法、库仑滴定法、火焰光度法等。

（一）四氯汞钾溶液吸收 – 盐酸副玫瑰苯胺分光光度法

该法是被国内外广泛用于测定 SO_2 的方法，具有灵敏度高、选择性好等优点，但吸收液毒性较大。

1. 方法原理

气样中的二氧化硫被由氯化钾和氯化汞配制成的四氯汞钾吸收后，生成稳定的二氯亚硫酸盐络合物，后与甲醛生成羟基甲基磺酸，羟基甲基磺酸再和盐酸副玫瑰苯胺（品红）反应生成紫色络合物，其颜色深浅与二氧化硫含量成正比，用分光光度法测定。

2. 测定方法

实际测定时，有两种操作方法。

①所用盐酸副玫瑰苯胺显色溶液含磷酸量较少。最终显色溶液 pH 值为 1.6 ± 0.1，呈红紫色，最大吸收波长 548nm，试剂空白值较高，检出限为 0.75 μ g/25mL；当采样体积为 30L 时，最低检出浓度为 0.025mg/m^3。②最终显色溶液 pH 值为 1.2 ± 0.1，呈蓝紫色，最大吸收波长 575nm，试剂空白值较低，检出限为 0.40 μ g/7.5mL；当采样体积为 10L 时，最低检出浓度为 0.04mg/m^3，灵敏度较方法一略低。

3. 注意事项

①温度、酸度、显色时间等因素影响显色反应；标准溶液和试样溶液操作条件应保持一致。②氮氧化物、臭氧及锰、铁、铬等离子对测定有干扰。采样后放置片刻，臭氧可自行分解；加入磷酸和乙二胺四乙酸二钠盐可消除或减少某些金属离子的干扰。

（二）甲醛缓冲溶液吸收 – 盐酸副玫瑰苯胺分光光度法

该法避免了使用毒性大的四氯汞钾吸收液，灵敏度、准确度与四氯汞钾溶液吸收法相当，且样品采集后相当稳定，但对于操作条件要求较严格。

1. 方法原理

二氧化硫被甲醛缓冲溶液吸收后，生成稳定的羟基甲基磺酸加成化合物。在样品溶液中加入氢氧化钠使加成化合物分解，释放出的二氧化硫与盐酸副玫瑰苯胺、甲醛作用，生成紫红色化合物，根据颜色深浅，用分光光度计在 577nm 处进行测定。当用 10mL 吸收液采气 10L 时，最低检出浓度为 0.020mg/m^3。

2. 干扰及去除

本方法的主要干扰物为氮氧化物、臭氧及某些重金属元素。加入氨基磺酸钠可消除氮氧化物的干扰；采样后放置一段时间可使臭氧自行分解；加入磷酸及环已二胺四乙酸二钠盐可以消除或减少某些金属离子的干扰。在 10mL 样品中存在 50μg 钙、镁、铁、镍、锰、铜等离子及 5μg 二价锰离子时不干扰测定。

本方法适宜测定浓度范围为 0.003 ~ 1.07mg/m^3，最低检出限为 0.2g/10mL。当用 10mL 吸收液采气样 10L 时，最低检出浓度为 0.02mg/m^3；当用 50mL 吸收液，24h 采气样 300L 取出 10mL 样品测定时，最低检出浓度为 0.003mg/m^3。

（三）钍试剂分光光度法

该方法也是国际标准化组织推荐的测定 SO_2 标准方法。它所用吸收液无毒，采集样品后稳定，但灵敏度较低，所需气样体积大，适合于测定 SO_2 日平均浓度。

方法测定原理：空气中 SO_2 用过氧化氢溶液吸收并氧化成硫酸。硫酸根离子与定量加入的过量高氯酸钡反应，生成硫酸钡沉淀，剩余钡离子与钍试剂作用生成紫红色的钍试剂钡络合物，据其颜色深浅，间接进行定量测定。有色络合物最大吸收波长为 520nm。当用 50mL 吸收液采气 2m^3 时，最低检出浓度为 0.01mg/m^3。

（四）紫外荧光法

荧光通常是指某些物质受到紫外光照射时，各自吸收了一定波长的光之后，发射出比照射光波长长的光，而当紫外光停止照射后，这种光也随之很快消失。当然，荧光现象不限于紫外光区，还有 X 荧光、红外荧光等。利用测荧光波长和荧光强度建立起来的定性、定量方法称为荧光分析法。

1. 原理

对于很稀的溶液，$F = kc$，即荧光强度与荧光物质浓度呈线性关系。荧光强度和浓度的线性关系仅限于很稀的溶液。

2. 大气中 SO_2 的测定

紫外荧光法测定大气中的 SO_2，具有选择性好、不消耗化学试剂、适用于连续自动监测等特点，已被世界卫生组织在全球监测系统中采用。目前广泛用于大气环境地面自动监测系统中。

用波长 190 ~ 230nm 紫外光照射大气样品，则 SO_2 吸收紫外光被激发至激发态，即

$$SO_2+hv_1 \rightarrow SO_2$$

激发态 SO_2^* 不稳定，瞬间返回基态，发射出波峰为 330nm 的荧光，即

$$SO_2^* \rightarrow SO_2+hv_2$$

发射荧光强度和 SO_2 浓度成正比，用光电倍增管及电子测量系统测量荧光强度，即可得知大气中 SO_2 的浓度。

荧光法测定 SO_2 的主要干扰物质是水分和芳香烃化合物。水的影响一方面是由于 SO_2 可溶于水造成损失，另一方面由于 SO_2 遇水产生荧光淬灭而造成负误差，可用半透膜渗透法或反应室加热法除去水的干扰。芳香烃化合物在 190 ~ 230nm 紫外光激发下也能发射

荧光造成正误差，可用装有特殊吸附剂的过滤器预先除去。

紫外荧光 SO_2 监测仪由气路系统及荧光计两部分组成。该仪器操作简便。开启电源预热 30min，待稳定后通入零气，调节零点，然后通入 SO_2 标准气，调节指示标准气浓度值，继之通入零气清洗气路，待仪器指零后即可采样测定。如果采微机控制，可进行连续自动监测，其最低检测浓度可达 1ppb。

二、氮氧化物的测定

空气中的氮氧化物以一氧化氮、二氧化氮、三氧化二氮、四氧化二氮、五氧化二氮等多种形态存在，其中二氧化氮和一氧化氮是主要存在形态，为通常所指的氮氧化物。它们主要来源于石化燃料高温燃烧和硝酸、化肥等生产排放的废气，以及汽车排气。

NO 为无色、无嗅、微溶于水的气体，在空气中易被氧化成 NO_2。NO_2 为棕红色具有强刺激性臭味的气体，毒性比 NO 高四倍，是引起支气管炎、肺损害等疾病的有害物质。空气中 NO、NO_2 常用的测定方法有盐酸萘乙二胺分光光度法、化学发光法、原电池库仑法及定电位电解法。

（一）盐酸萘乙二胺分光光度法

该方法采样与显色同时进行，操作简便，灵敏度高，是国内外普遍采用的方法，可分别测定 NO、NO_2 和 NO_x 总量。

1. 原理

用冰乙酸、对氨基苯磺酸和盐酸萘乙二胺配成吸收液采样，空气中的 NO_2 被吸收转变成亚硝酸和硝酸。在冰乙酸存在条件下，亚硝酸与对氨基苯磺酸发生重氮化反应，然后再与盐酸萘乙二胺耦合，生成玫瑰红色偶氮染料，在 540nm 波长处有最大吸收，其颜色深浅与气样中 NO_2 浓度成正比，因此可用分光光度法测定。

在此反应中，吸收液吸收空气中的 NO_2 后，并不是 100% 生成亚硝酸，还有一部分生成硝酸，计算结果时需要用 Saltzman 实验系数 f 进行换算。该系数是用 NO_2 标准混合气体进行多次吸收实验测定的平均值，表征在采气过程中被吸收液吸收生成偶氮染料的亚硝酸量与通过采样系统的 NO_2 总量的比值，一般为 0.88，当空气中 NO_2 浓度高于 $0.720mg/m^3$ 时为 0.77，在计算结果时需要除以该系数。f 值受空气中 NO_2 的浓度、采样流量、吸收瓶类型、采样效率等因素影响，故测定条件应与实际样品保持一致。

2. 测定方法

NO 不与吸收液发生反应，测定 NO_x 总量时，必须先使气样通过三氧化铬 - 石英砂氧化管，将 NO 氧化成 NO_2 后，再通入吸收液进行吸收和显色。由此可见，不通过三氧化铬氧化管，测得的是 NO_2 含量；通过氧化管，测得的是 NO_x 总量，二者之差为 NO 的含量。根据所用氧化剂不同，分为酸性高锰酸钾溶液氧化法和三氧化铬 - 石英砂氧化法。两种方法显色、定量测定原理是相同的。当吸收液体积为 10mL 采样 4 ~ 24mL 时，NO_x（以 NO_2 计）

的最低检出浓度为 0.005mg/m^3。

（1）酸性高锰酸钾溶液氧化法

如图 3–1 所示，空气中 NO_2 被串联的第一个吸收瓶中的吸收液吸收生成偶氮染料，空气中的 NO 不与吸收液反应，通过氧化管被氧化为 NO_2 后，被串联的第二个吸收瓶中的吸收液吸收生成粉红色的偶氮染料，分别于波长 540 ~ 545nm 之间处测量其吸光度，用分光光度法比色定量。

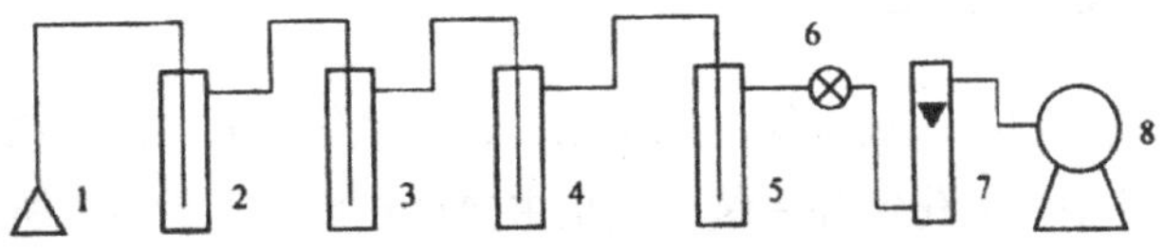

图 3–1　空气中 NO_x、NO 和 NO_2 采样流程

（2）三氧化铬 – 石英砂氧化法

该方法是在显色吸收液瓶前接一内装三氧化 - 铬石英砂（氧化剂）管，当用空气采样器采样时，空气中氮氧化物经过三氧化铬 - 石英砂氧化管后，以二氧化氮的形式与吸收液中的对氨基苯磺酸进行重氮化反应，再与盐酸萘乙二胺偶联，生成粉红色的偶氮染料，分别于波长 540 ~ 545nm 之间处测量其吸光度，用分光光度法比色定量。

3. 注意事项

①吸收液应为无色，如显微红色，说明已被亚硝酸根污染，应检查试剂和蒸馏水的质量；②吸收液长时间暴露在空气中或受日光照射，也会显色，使空白值增高，应密闭避光保存；③氧化管适合相对湿度 30% ~ 70% 条件下使用，应经常注意是否吸湿引起板结或变成绿色而失效。

（二）化学发光法

某些化合物分子吸收化学能后，被激发到激发态，再由激发态返回基态时，以光量子的形式释放出能量，这种化学反应称为化学发光反应，利用测量化学发光强度对物质进行分析测定的方法称为化学发光分析法。

NO_x 可利用下列化学发光反应测定：

$$NO+O_3 \rightarrow NO_2^*+O_2$$

$$NO_2^* \rightarrow NO_2+hv$$

该反应的发射光谱在 600 ~ 3200nm 范围内，最大发射波长为 1200nm。

$$NO_2+O \rightarrow NO+O_2$$

$$O+NO+M \rightarrow NO_2^*+M$$

$$NO_2^* \rightarrow NO_2+hv$$

该反应发射光谱在 400 ~ 1400nm 范围内，峰值波长为 600nm。

$$NO_2+H \rightarrow NO+OH$$

$$NO+H+M \rightarrow HNO^*+M$$

$$HNO^* \rightarrow HNO+hv$$

该反应发射光谱范围为 600 ～ 700nm。

$$NO_2+hv \rightarrow NO+O$$

$$O+NO+M \rightarrow NO_2^*+M$$

$$NO_2^* \rightarrow NO_2+hv$$

该反应发射光谱范围为 400 ～ 1400nm。

在第一种发光反应中，以臭氧为反应剂；在第二、三种反应中，需要用原子氧或原子氢；第四种反应需要特殊光源照射。鉴于臭氧容易制备，使用方便，故目前广泛利用第一种发光反应测定大气中的 NO_x。反应产物的发光强度可用下式表示：

$$I = K\frac{[NO][O_3]}{M}$$

式中，I 为发光强度；$[NO][O_3]$ 分别为 NO 和 O_3 的浓度；M 为参与反应的第三种物质浓度，该反应用空气；K 为与化学发光反应温度有关的常数。

如果 O_3 是过量的，而 M 也是恒定的，那么发光强度与 NO 浓度成正比，这是定量分析的依据。但是，测定 NO_x 总浓度时，须预先将 NO_2 转换为 NO。

化学发光分析法的特点是：灵敏度高，可达 ppb 级，甚至更低；选择性好，对于多种污染物质共存的大气，通过化学发光反应和发光波长的选择，可不经分离有效地进行测定；线性范围宽，通常可达 5 ～ 6 个数量级。为此，在环境监测、生化分析等领域得到较广泛的应用。

三、一氧化碳

一氧化碳（CO）是空气中主要污染物之一，它主要来自石油、煤炭燃烧不充分的产物和汽车排气；一些自然灾害如火山爆发、森林火灾等也是来源之一。

CO 是一种无色、无味的有毒气体，燃烧时呈淡蓝色火焰。它容易与人体血液中的血红蛋白结合，形成碳氧血红蛋白，使血液输送氧的能力降低，造成缺氧症。中毒较轻时，会出现头痛、疲倦、恶心、头晕等感觉；中毒严重时，则会发生心悸亢进、昏睡、窒息而造成死亡。

测定大气中 CO 的方法有非分散红外吸收法、气相色谱法、定电位电解法、汞置换法等，其中非分散红外吸收法为空气连续采样实验室分析和自动监测的国家标准分析方法。

（一）非分散红外吸收法原理

CO、CO_2 等气态分子受到红外辐射（1 ～ 25μm）时，吸收各自特征波长的红外光，引起分子振动能级和转动能级的跃迁，而产生红外吸收光谱。在一定浓度范围内，吸收光谱的峰值（吸光度）与气态物质浓度之间的关系符合朗伯 – 比尔定律。因此，测定它的吸光度即可确定气态物质的浓度。

CO 红外吸收峰在 4.5μm 附近，CO_2 在 4.3μm 附近，水蒸气在 3μm 和 6μm 附近。由于空气中 CO_2 和水蒸气的浓度远远大于 CO 的浓度，会干扰 CO 的测定。测定前可采用干燥剂或者用制冷剂的方法除去水蒸气。由于红外波谱一般在 1 ～ 25μm，测定时无须用分辨率高的分光系统，只须用窄带光学滤光片或气体滤波室将红外辐射限制在 CO 吸收的窄带光范围内以消除 CO_2 的干扰，故称为非分散红外法。

（二）非分散红外吸收法 CO 监测仪

CO 监测仪的工作原理见图 3–2。从红外光源发射出能量相等的两束平行光，被同步电机带动的切光片交替切断。然后，一束光作为测量光束，通过滤波室、测量室射入检测室。由于测量室内有气样通过，则气样中的CO吸收了部分特征波长的红外光使光强减弱，且 CO 含量越高，光强减弱的就越多。另一束光作为参比光束通过滤波室（内充 CO 和水蒸气，用以消除干扰光）、参比室（内充不吸收红外光的气体，如氮气）射入检测室，其特征吸收波长光强度不变。检测室用一金属薄膜（厚 5 ～ 10μm）分隔为上、下两室，均充等浓度 CO 气体，在金属薄膜一侧还固定一圆形金属片，距薄膜 0.05 ～ 0.08mm，二者组成一个电容器。这种检测器称为电容检测器或薄膜微音器。由于射入检测室的参比光束强度大于测量光束强度，使两室中气体的温度产生差异，导致下室中的气体膨胀压力大于上室，使金属薄膜偏向固定金属片一方，从而改变了电容器两极间的距离，也就改变了电容，由其变化值即可得出待测样品中 CO 的浓度值。利用电子技术将电容变化转化为电流变化，经放大及信号处理系统处理后，传送到指示表和记录仪。

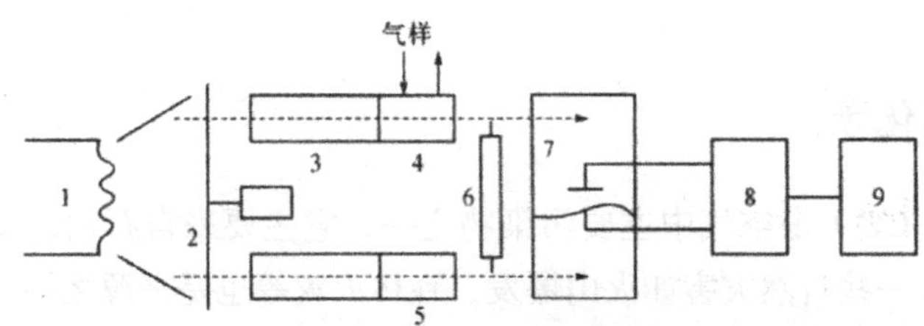

图 3–2 非分散红外吸收法 CO 监测仪原理示意图

四、光化学氧化剂的测定

总氧化剂是空气中除氧以外的那些显示有氧化性质的物质，一般指能氧化碘化钾析出碘的物质，主要有臭氧、过氧乙酰硝酸酯、氮氧化物等。光化学氧化剂是指除去氮氧化物以外的能氧化碘化钾的物质，二者的关系为：

$$光化学氧化剂 = 总氧化剂 - 0.269 \times 氮氧化物$$

式中，0.269 为 NO_2 的校正系数，即在采样后 4 ～ 6h 内，有 26.9% 的 NO_2 与碘化钾反应。因为采样时在吸收管前安装了三氧化铬 – 石英砂氧化管，将 NO 等低价氮氧化物氧化成 NO_2，所以式中使用空气中 NO_x 总浓度。

测定空气中光化学氧化剂常用硼酸碘化钾分光光度法，其原理基于：用硼酸碘化钾吸收液吸收空气中的臭氧及其他氧化剂，吸收反应如下：

$$O_3+2I^-+2H^+ = I_2+O_2+H_2O$$

碘离子被氧化析出碘分子的量与臭氧等氧化剂有定量关系，于 352nm 处测定游离碘的吸光度，与标准色列吸光度比较，可得总氧化剂浓度，扣除 NO_x 参加反应的部分后，即为光化学氧化剂的浓度。

五、臭氧

大气中含有极微量的臭氧，是高空大气的正常组分。大气中的氧在太阳紫外线的照射下或受雷击也可以形成臭氧，雨天雷电交加时也可产生臭氧。

臭氧具有刺激性，量大时会刺激黏膜和损害中枢神经系统，引起支气管炎和头痛等症状。在紫外线的作用下，臭氧参与烃类和 NO 的光化学反应形成光化学烟雾。臭氧的测定方法有吸光光度法、化学发光法、紫外线吸收法等。国家标准中测定臭氧含量有两个标准：一个是靛蓝二磺酸钠分光光度法，另一个是紫外光度法。

1. 靛蓝二磺酸钠分光光度法

用含有靛蓝二磺酸钠的磷酸盐缓冲溶液做吸收液采集空气样品，则空气中的 O_3 与吸收液中蓝色的靛蓝二磺酸钠等摩尔反应，褪色生成靛红二磺酸钠。在 610nm 处测量吸光度，用标准曲线定量。当采样体积 5 ~ 30L 时，测定范围为 0.030 ~ 1.200mg/m^3。Cl_2、ClO_2、NO_2 对 O_3 的测定产生正干扰；空气中 SO_2、H_2S、PAN 和 HF 的浓度分别高于 750μg/m^3、110μg/m^3、1800μg/m^3 和 2.5μg/m^3 时，对 O_3 的测定产生负干扰。一般情况下，空气中上述气体的浓度很低，不会造成显著误差。本方法适合于测定高含量的臭氧。

2. 紫外光度法

根据 O_3 对 254nm 波长的紫外光有特征吸收，且 O_3 对紫外吸收程度与其浓度间的关系符合朗伯 - 比尔定律，采用紫外臭氧分析仪测定紫外光通过 O_3 后减弱的程度，便可求出 O_3 浓度。25℃和 101.325kPa 时，O_3 的测定范围为 2.14μg/m^3（0.001μL/L）~ 2mg/m^3（1μL/L）。

本法不受常见气体的干扰，但 20μg/m^3 以上的苯乙烯、5μg/m^3 以上的苯甲醛、100μg/m^3 以上的硝基苯酚以及 100μg/m^3 以上的反式甲基苯乙烯，对紫外臭氧测定仪产生干扰，影响臭氧的测定。

六、硫酸盐化速率的测定

硫酸盐化速率是指排放到大气中的 SO_2、H_2S、硫酸蒸气等含硫污染物，经过一系列演变和反应，最终形成危害更大的硫酸雾和硫酸盐雾的速度。测定方法有二氧化铅 - 重量法、碱片 - 重量法、碱片 - 离子色谱法和碱片 - 铬酸钡分光光度法等。

（一）二氧化铅 - 重量法

1. 原理

大气中的 SO_2、H_2S、硫酸蒸气等与采样管上的二氧化铅反应生成硫酸铅，用碳酸钠溶液处理，使硫酸铅转化为碳酸铅，释放出硫酸根离子，再加入 $BaCl_2$ 溶液，生成 $BaSO_4$

沉淀，用重量法测定，其结果以每日在 100cm^2 二氧化铅面积上所含 SO_3 的毫克数表示。最低检出浓度 0.05SO_3/（100cm^2 · d）。

2. 测定方法

（1）二氧化铅采样管制备

在素瓷管上涂一层黄蓍胶乙醇溶液，再用适当大小的湿纱布平整地绕贴在素瓷管上，再均匀地刷上一层黄蓍胶乙醇溶液，除去气泡，自然晾至近干后，将 PbO_2 黄蓍胶乙醇溶液研磨制成的糊状物均匀地涂在纱布上，涂布面积约 100cm^2，晾干，移入干燥器存放。

（2）采样

采样时，将 PbO_2 采样管固定在百叶箱中，在采样点上放置（30 ± 2）d。注意不要接近烟囱等污染源；收样时，将 PbO_2 采样管放入密闭容器中。

（3）测定

准确测量 PbO_2 涂层的面积，将采样管放入烧杯中，用碳酸钠溶液淋洗涂层，用镊子取下纱布，并用碳酸钠溶液冲净瓷管，取出。洗涤液经搅拌、盖好、放置 2 ~ 3h或过夜。在沸水浴上加热至近沸，保持 30min，稍冷，用倾斜法过滤并洗涤，获得样品滤液。在滤液中加适量甲基橙指示剂，滴加盐酸溶液至红色并稍过量。在沸水浴上加热，驱尽 CO_2 后，滴加 $BaCl_2$ 溶液，至 $BaSO_4$ 沉淀完全，加热 30min，冷却，放置 2h，用恒重的玻璃砂芯坩埚抽气过滤，洗涤至滤液中不含氯离子。将玻璃砂芯坩埚及沉淀于 105 ~ 110℃烘至恒重。同时，将保存在干燥器内的空白采样管按同样操作测定试剂空白值，按下式计算测定结果：

$$\text{硫酸盐化速率}\,[SO_3\text{mg}/(100\text{cm}^2PbO_2\cdot \text{d})]=\frac{W_x-W_0}{S\cdot n}\cdot\frac{M_{SO_3}}{M_{BaSO_4}}\times 100\%$$

式中，W_x 为样品管测得的 $BaSO_4$ 质量，mg；W_0 为空白管测得的 $BaSO_4$ 质量，mg；n 为采样天数，准确至 0.1d；S 为采样管上 PbO_2 涂层面积，cm^2；M_{SO_3} / M_{BaSO_4} 为 SO_3 与 $BaSO_4$ 相对分子质量之比，0.343。

该方法的测量结果受诸多因素的影响，如 PbO_2 的粒度、纯度和表面活性度；PbO_2 涂层厚度和表面湿度；含硫污染物的浓度及种类；采样时的风速、风向及空气温度、湿度等。

（二）碱片 – 重量法

将用碳酸钾溶液浸渍的玻璃纤维滤膜暴露于空气中，碳酸钾与空气中的 SO_2 等反应生成硫酸盐，加入 $BaCl_2$ 溶液将其转化为 $BaSO_4$ 沉淀，用重量法测定。

测定结果表示方法同二氧化铅法，最低检出浓度为 0.05mg/（100cm^2 PbO_2 · d）。

第四节 大气颗粒污染物监测

空气中颗粒物的测定项目有总悬浮颗粒物浓度、可吸入颗粒物浓度、灰尘自然降尘量、总悬浮颗粒物中污染组分。

一、总悬浮颗粒物（TSP）浓度的测定

测定总悬浮颗粒物，国内外广泛采用滤膜捕集－重量法。原理为用抽气动力抽取一定体积的空气通过已恒重的滤膜，则空气中的悬浮颗粒物被阻留在滤膜上，根据采样前后滤膜重量之差及采样体积，即可计算 TSP 的浓度。滤膜经处理后，可进行化学组分分析。

总悬浮颗粒物采样器按照采气流量可分为大流量（1.1 ~ 1.7m^3/min）和中流量（50 ~ 150L/min）两种类型。采样器连续采样 24h，按照下式计算 TSP 浓度：

$$\text{TSP}\ (\text{mg/m}^3) = \frac{W}{Q_n \cdot t}$$

式中，W 为阻留在滤膜上的 TSP 重量，mg；Q_n 为标准状况下的采样流量，m^3/min；t 为采样时间，min。

采样器在使用过程中至少每月校准一次。

二、可吸入颗粒物（IP 或 PM10）浓度的测定

测定 PM10 方法有重量法、压电晶体振荡法、射线吸收法以及光散射法等。本书主要介绍重量法。

根据采样流量不同，分为大流量采样重量法、中流量采样重量法和小流量采样重量法。

大流量采样重量法使用安装有大粒子切割器的大流量采样器采样，当一定体积的空气通过采样器时，粒径大于 10μm 的颗粒物被分离出去，小于 10μm 的颗粒物被收集在预先恒重的滤膜上，根据采样前后滤膜质量之差及采样体积，按下式可以计算出可吸入颗粒的浓度：

$$\text{PM10}\ (\text{mg/m}^3) = \frac{G_2 - G_1}{V_n}$$

式中，G_1 为采样前滤膜的质量，g；G_2 为采样后滤膜的质量，g；V_n 为换算成标准状况下的采样体积，m^3。

采样时，必须将采样头及入口各部件旋紧，防止空气从旁侧进入采样器而导致测定误

差；采样后的滤膜须置于干燥器中平衡 24h，再称量至恒重。

中流量采样重量法采用装有大粒子切割器的中流量采样器采样，测定方法同大流量法。

小流量法使用小流量采样，如我国推荐的 13L/min 采样；采样器流量计一般用皂膜流量计校准；其他同大流量法。

三、灰尘自然沉降量的测定

该指标系指在空气环境条件下，单位时间靠重力自然沉降落在单位面积上的颗粒物量（简称降尘）。自然降尘能力主要决定于自身质量和粒度大小，但风力、降水、地形等自然因素也起着一定的作用。因此，把自然降尘和非自然降尘区分开是很困难的。

灰尘自然沉降量用重量法测定。

（一）降尘试样采集

湿法采样是在一定大小的圆筒形玻璃（或塑料、瓷、不锈钢）缸中加入一定量的水，放置在距地面 5 ~ 12m 高，附近无高大建筑物及局部污染源的地方（如空旷的屋顶上），采样口距基础面 1 ~ 1.5m，以避免顶面扬尘的影响。为防止冰冻和抑制微生物及藻类的生长，保持缸底湿润，须加入适量乙二醇。采样时间为 30 天，多雨季节注意及时更换集尘缸，防止水满溢出。各集尘缸采集的样品合并后测定。

（二）降尘试样测定

将瓷坩埚（或瓷蒸发皿）编号，首先洗净、烘干、干燥冷却、称重，再烘干、冷却，再称重，直至恒重。小心清除落入缸内的异物，并用水将附着的细小尘粒冲洗下来，如用干法取样，须将筛板和圆环上的尘粒洗入缸内。将缸内的溶液和尘粒全部转移到 1000mL 烧杯中，在电热板上小心蒸发，使体积浓缩至 10 ~ 20mL。将烧杯中溶液和尘粒转移到已恒重的瓷坩埚中，用水冲洗附在烧杯壁上的尘粒，并入瓷坩埚中。在电热板上小心蒸干后烘干至恒重，称量记录结果。按下式计算：

$$M\,(\mathrm{t\cdot km^2/30d}) = \frac{(\mathrm{W_1}-\mathrm{W_2})\times 30\times 10^4}{S\cdot n}$$

式中：M 为降尘总量，t· km²/30d；W_1 为总重，g；W_2 为空蒸发皿重，g；S 为积尘缸缸口面积，cm²；n 为实际采样天数，d。

四、总悬浮颗粒物（TSP）中污染组分的测定

（一）某些金属元素和非金属化合物的测定

颗粒物中常须测定的金属元素和非金属化合物有铍、铬、铅、铁、铜、锌、镉、镍、

钴、锑、锰、砷、硒、硫酸盐、硝酸盐、氯化物、五氧化二磷等。它们多以气溶胶形式存在，其测定方法分为无须样品预处理和需要样品预处理两类。无须样品预处理的方法如中子活化法、X射线荧光光谱法、等离子体发射光谱法等。这些方法灵敏度高，测定速度快，且不破坏试样，能同时测定多种金属及非金属元素，但所用仪器价格昂贵，普及使用尚有困难。需要样品预处理的方法如分光光度法、原子吸收分光光度法、荧光分光光度法、催化极谱法等，所用仪器价格较低，是目前广泛应用的方法。本书主要介绍铍、六价铬、铁、铅的测定方法。

1. 样品预处理方法

预处理方法因组分不同而异，常用的方法有三种。

（1）湿式消解法

即用酸溶解样品，或将二者共热消解样品。常用的酸有盐酸、硝酸、硫酸、磷酸、高氯酸等。消解试样常用混合酸。

（2）干灰化法

将样品放在坩埚中，置于马福炉内，在 400 ~ 800℃下分解样品，然后用酸溶解灰分，测定金属或非金属元素。

（3）水浸取法

用于硫酸盐、硝酸盐、氯化物、六价铬等水溶性物质的测定。

2. 测定方法简介

（1）铍的测定

被可用原子吸收法或桑色素荧光分析法测定。原子吸收法测定原理是：用过氯乙烯滤膜采样，经干灰法或湿法分解样品并制备成溶液，用高温石墨炉原子吸收分光光度计测定。当将采集 $10m^3$ 气样的滤膜制备成 10mL 样品溶液时，最低检出浓度一般可达 $3\times10^{-10}mg/m^3$。

桑色素荧光分析法的原理是：将采集在过氯乙烯滤膜上的含铍颗粒物用硝酸、硫酸消解，制备成溶液。在碱性条件下，被离子与桑色素反应生成络合物，在 430nm 激发光照射下，产生黄绿色荧光（530nm），用荧光分光光度计测定荧光强度进行定量。当将采集 $10m^3$ 气样的滤膜制备成 25mL 样品溶液，取 5mL 测定时，最低检出浓度一般可达 $5\times10^{-7}mg/m^3$。

（2）六价铬的测定

空气中的六价铬化合物主要以气溶胶存在。用水浸取玻璃纤维滤膜上采集的铬的化合物，在酸性条件下，六价铬氧化二苯碳酰二肼生成可溶性的紫红色化合物可以用分光光度法监测。

（3）铁的测定

用过氯乙烯滤膜采集颗粒物样品，经干灰化法或湿式消解法分解样品后制成样品溶液。在酸性介质中，高价铁被还原成能与 4，7- 二苯基 -1，10- 邻菲啰啉生成红色螯合物的亚铁离子，该螯合物可用分光光度法测定。

（4）铅的测定

铅可用原子吸收分光光度法或双硫腙分光光度法。后者操作复杂，要求严格。对于铜、锌、锡、镍、锰、铬等金属均可采用原子吸收分光光度法测定。

（二）有机化合物的测定

颗粒物中的有机组分很复杂，很多物质都具有致癌的作用，目前受到普遍关注的是多环芳烃。

第五节　降水监测

降水监测的目的是了解在降雨（雪）过程中从空气中降落到地面的沉降物的主要组成、某些污染组分的性质和含量，为分析和控制空气污染提供依据。特别是酸雨对土壤、森林、湖泊等生态系统的潜在危害及对器物、材料的腐蚀，成为世界普遍关注的环境问题之一，其主要源于煤、碳燃料燃烧排放烟气中的酸性物质。

一、采样点的布设

降水采样点设置数目应视研究目的和区域具体情况确定。我国规定，对于常规监测，人口 50 万以上的城市布三个采样点，50 万以下的城市布两个采样点。一般县城可设一个采样点。

采样点的位置要兼顾城区、农村或清洁对照区；要考虑区域的环境特点，如气象、地形、地貌和工业分布等；应避开局部污染源，四周无遮挡雨、雪的高大树木或建筑物。

二、样品的采集

1. 采样器

采集雨水使用聚乙烯塑料桶或玻璃缸，其上口直径为 30cm、高度不低于 30cm。也可采用自动采样器。将足够数量的容积相同的采水瓶由高向低依次排列，当第一个瓶子装满后，则自动关闭，雨水继续流入第二、第三个瓶子等。例如，在一次性降雨中，每 1mm 降雨量收集 100mL 雨水，共收集三瓶，以后的雨水再收集在一起。最好使用直入式自动采样器，即雨水能直接落入采水容器，不通过漏斗、管道等部件。这种采样器由降水传感器、接水容器和自动打开、关闭其盖子的控制器组成。

采集雪水用上口径为 50cm 以上、高度不低于 50cm 的聚乙烯塑料容器。

2. 采样方法

①每次降雨（雪）开始，立即将清洁的采样器放置在预定的采样点支架上，采集全过程（开始到结束）雨（雪）样。如遇连续几天降雨（雪），每天上午 8 时开始，连续采集 24h 为一次样。②采样器应高于基础面 1.2m 以上。③样品采集后，应贴上标签，编好号，记录采样地点、日期、采样起止时间、雨量等。

降雨起止时间、降雨量、降雨强度等可使用自动雨量计测量。这类仪器由降雨量或降雨强度传感器、变换器（变为脉冲信号）、记录仪等组成。

3. 水样的保存

由于降水中含有尘埃颗粒物、微生物等微粒，所以除测定 pH 值和电导率的降水样不过滤外，测定金属和非金属离子的水样均须用孔径 0.45 μ m 的滤膜过滤。

降水中的化学组分含量一般都很低，易发生物理变化（如挥发、吸收空气中 SO_2 等）、化学变化和生物作用，故采样后应尽快测定，如需要保存，一般不主张添加保存剂，而应密封后放于冰箱内 4℃保存。

三、降水组分的测定

1. 测定项目和测定频次

测定项目应根据监测目的确定，我国环境监测技术规范对降水例行监测要求测定项目如下：

一级测点为：pH 值、电导率、K^+、Na^+、Ca^{2+}、Mg^{2+}、NH_4^+、SO_4^{2-}、NO_2^-、NO_3、F^-、Cl^-；有条件时应加测有机酸（甲酸、乙酸）。对 pH 值和降水量，要做到逢雨必测；连续降水超过 24h 时，每 24h 采集一次降水样品进行分析。在当月有降水的情况下，每月测定不少于一次，可随机选一个或几个降水量较大的样品分析上述项目。省、市监测网络中的二、三级测点视实际需要和可能决定测定项目。

2. 测定方法

12 个项目的测定方法见表 3-3。

表 3-3　大气降水水质指标测定方法一览表

项目	测定方法
pH 值	pH 玻璃电极法
电导率	电导率仪法或电导仪法
K^+、Na^+	原子吸收分光光度法、离子色谱法
Ca^{2+}	原子吸收分光光度法

续表

项目	测定方法
Mg^{2+}	原子吸收分光光度法
NH_4^+	纳氏比色法、离子色谱法
SO_4^{2-}	硫酸钡比浊法、离子色谱法
NO_2^-、NO_3^-	离子色谱法、紫外分光光度法
F^-	离子色谱法、离子选择电极法、氟试剂分光光度法
Cl^-	离子色谱法、硫氰酸汞比色法

第六节　污染源监测

空气污染源包括固定污染源和流动污染源。固定污染源又分为有组织排放源和无组织排放源。有组织排放源指烟道、烟囱及排气筒等。无组织排放源指设在露天环境中的无组织排放设施或无组织排放的车间、工棚等。它们排放的废气中既含有固态的烟尘和粉尘，也含有气态和气溶胶态的多种有害物质。流动污染源指汽车、火车、飞机、轮船等交通运输工具排放的废气，含有一氧化碳、氮氧化物、碳氢化合物、烟尘等。

一、固定污染源监测

（一）监测目的和要求

1. 监测目的

检查排放的废气有害物质含量是否符合国家或地方的排放标准和总量控制标准；评价净化装置及污染防治设施的性能和运行情况，为空气质量评价和管理提供依据。

2. 监测要求

进行有组织排放污染源监测时，要求生产设备处于正常运转状态下，对因生产过程而引起排放情况变化的污染源，应根据其变化特点和周期进行系统监测。进行无组织排放污染源监测时，通常在监控点采集空气样品，捕捉污染物的最高浓度。监测内容包括排放废气中有害物质的浓度（mg/m^3）、有害物质的排放量（kg/h）、废气排放量（m^3/h）。

在计算废气排放量和污染物质排放浓度时，都使用标准状况下（温度为 0℃，大气压力为 101.325kPa 或 760mmHg）的干气体体积。

（二）采样点布设

正确地选择采样位置，确定适当的采样点数目，是决定能否获得代表性的废气样品和尽可能地节约人力、物力的一项很重要的工作。

1. 采样位置

采样位置应选在气流分布均匀稳定的平直管段上，避开弯头、变径管、三通管及阀门等易产生涡流的阻力构件。一般原则是按照废气流向，将采样断面设在阻力构件下游方向大于 6 倍管道直径处或上游方向大于 3 倍管道直径处。即使客观条件难于满足要求，采样断面与阻力构件的距离也不应小于管道直径的 1.5 倍，并适当增加测点数目。采样断面气流流速最好在 5m/s 以下。此外，由于水平管道中的气流速度与污染物的浓度分布不如垂直管道中均匀，所以应优先考虑垂直管道。还要考虑方便、安全等因素。

2. 采样点数目

因烟道内同一断面上各点的气流速度和烟尘浓度分布通常是不均匀的，因此，必须按照一定原则进行多点采样。采样点的位置和数目主要根据烟道断面的形状、尺寸大小和流速分布情况确定。

（1）矩形（或方形）烟道

将烟道断面分成一定数目的等面积矩形小块，各小块中心为采样点的位置，如图 3–3 所示。小矩形的数目可根据烟道断面的面积确定，按照表 3–4 所列数据确定。小矩形面积一般不超过 $0.6m^2$。

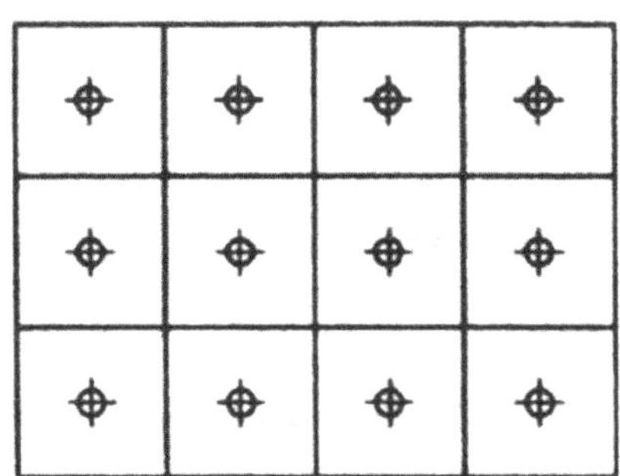

图 3–3　矩形烟道采样点布设

表 3–4　矩（方）形烟道的分块和测点数

烟道断面积 / m^2	等面积小块长边长 / m	测点数
0.1 ～ 0.5	< 0.35	1 ～ 4
0.5 ～ 1.0	< 0.50	4 ～ 6
1.0 ～ 4.0	< 0.67	6 ～ 9
4.0 ～ 9.0	< 0.75	9 ～ 16
> 9.0	≤ 1.0	≤ 20

当水平烟道内积灰时，应从总断面面积中扣除积灰断面面积，按有效面积设置采样点。

（2）圆形烟道

在选定的采样断面上设两个相互垂直的采样孔。如图 3–4 所示将烟道断面分成一定数量的同心等面积圆环，沿两个采样孔中心线设四个采样点。若采样断面上气流流速均匀，可设一个采样孔，采样点数目减半。当烟道直径小于 0.3m，且流速均匀时，可在烟道中心设一个采样点。不同直径圆形烟道的等面积环数、采样点数及采样点距烟道内壁的距离见表 3–5。

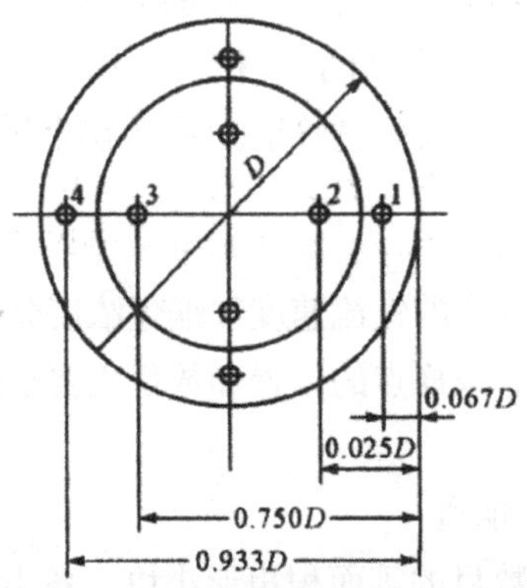

图 3–4　圆形烟道采样点布设

表 3–5　圆形烟道的分环和各点距烟道内壁的距离

烟道直径 / m	分环数 / 个	各测点距烟道内壁的距离（以烟道直径为单位）									
		1	2	3	4	5	6	7	8	9	10
< 0.6	1	0.146	0.856								
0.6 ~ 1.0	2	0.067	0.250	0.750	0.933						
1.0 ~ 2.0	3	0.044	0.146	0.296	0.704	0.854	0.956				
2.0 ~ 4.0	4	0.033	0.105	0.194	0.323	0.677	0.806	0.895	0.967		
> 4.0	5	0.026	0.082	0.146	0.226	0.342	0.658	0.774	0.854	0.918	0.974

（三）基本状态参数的测定

烟道排气的体积、温度和压力是烟气的基本状态常数，也是计算烟气流速、颗粒物及有害物质浓度的依据。

1. 温度的测量

对于直径小、温度不高的烟道，可使用长杆水银温度计。测量时，应将温度计球部放在靠近烟道中心位置，封闭测孔，待温度稳定后（5min）读数，读数时不要将温度计抽出烟道外。

对于直径大、温度高的烟道，要用热电偶测温毫伏计测量。测温原理是将两根不同的金属导线连成闭合回路，当两接点处于不同温度环境时，便产生热电势，两接点温差越大，热电势越大。如果热电偶一个接点温度保持恒定（称为自由端），则热电偶的热电势大小便完全决定于另一个接点的温度（称为工作端），用毫伏计测出热电偶的热电势，可得知工作端所处的环境温度。根据测温高低，选用不同材料的热电偶。测量 800℃以下的烟气用镍铬－康铜热电偶；测量 1300℃以下烟气用镍铬－镍铝热电偶；测量 1600℃以下的烟气用铂－铂铑热电偶。

2. 压力的测量

烟气的压力分为全压（P_t）、静压（P_s）和动压（P_v）。静压是单位体积气体所具有的势能，表现为气体在各个方向上作用于器壁的压力。动压是单位体积气体具有的动能，是使气体流动的压力。全压是气体在管道中流动具有的总能量。在管道中任意一点上，三者的关系为：$P_t = P_s + P_v$，所以只要测出三项中任意两项，即可求出第三项。

测量烟气压力常用测压管和压力计。

（1）测压管

常用的测压管有标准皮托管和 S 形皮托管。

标准皮托管是一根弯成 90 度的双层同心圆管，前端呈半圆形，前方有一开孔与内管相通，用来测量全压；在靠近前端的外管壁上开有一圈小孔，通至后端的侧出口，用来测量静压。标准皮托管具有较高的测量精度，但测孔很小，当烟气中颗粒物浓度大时，易被堵塞，适用于测量含尘量少的烟气。

S 形皮托管由两根相同的金属管并联组成，其测量端有两个大小相等、方向相反的开口，测量烟气压力时，一个开口面向气流，接受气流的全压，另一个开口背向气流，接受气流的静压。由于气体绕流的影响，测得的静压比实际值小，因此，在使用前必须用标准皮托管进行校正。因开口较大，适用于测颗粒物含量较高的烟气。

（2）压力计

常用的压力计有 U 形压力计和斜管式微压计。

U 形压力计是一个内装工作液体的 U 形玻璃管。常用的工作液体有水、乙醇、汞，视被测压力范围选用。一般用于测量烟气的全压和静压。

斜管式微压计由一截面积较大的容器和一截面积很小的玻璃管组成，内装工作溶液，玻璃管上有刻度，以指示压力读数。测压时，将微压计容器开口与测压系统压力较高的一端连接，斜管与压力较低的一端连接，则作用在两液面上的压力差使液柱沿斜管上升，指示出所测压力。斜管上的压力刻度是由斜管内液柱长度、斜管截面积、斜管与水平面夹角及容器截面积、工作溶液密度等参数计算得知的。这种微压计用于测量烟气的动压。

（3）测量方法

先检查压力计液柱内有无气泡，微压计和皮托管是否漏气，然后分别测量烟气的动压和静压。其中，使用 S 形皮托管测量静压时，只用一路测压管，将其测量口插入测点，使测口平面平行于气流方向，出口端与 U 形压力计一端连接。

3. 流速和流量的计算

（1）烟气流速

在测出烟气的温度、压力等参数后，按下式计算各测点的烟气流速 V_s

$$V_s = K_p\sqrt{2P_v}\sqrt{R_sT_sB_s}$$

式中，V_s 为烟气流速，m/s；K_p 为皮托管校正系数；Pv 为烟气动压，Pa；R_s 为烟气气体常数，J/（kg·K）；T_s 为烟气热力学温度，K；B_s 为烟气绝对压力，Pa。

烟道断面上各采样点烟气平均流速公式为：

$$V_s = (V_1+V_2\cdots+V_n)$$

式中，V_s 为烟气平均流速，m/s；V_1、V_2、V_n 为断面上各测点烟气流速，m/s；n 为测点数。

（2）烟气流量

$$Q_s = 3600V_sS$$

式中，Q_s 为烟气流量，m^3/h；S 为测点烟道横截面面积，m^2。

标准状态下干烟气流量按下式计算：

$$Q_{Nd} = Q\cdot(1-X_W)\cdot\frac{B_a+P_s}{101325}\cdot\frac{273}{273+t_s}$$

式中，Q_{Nd} 为标准状态下干烟气流量，m^3/h；P_s 为烟气静压，Pa；B_a 为大气压力，Pa；X_w 为湿烟气中水蒸气的体积分数，%；t_s 为烟气温度，℃。

烟气的体积由采样流量和采样时间的乘积求得。

（四）含湿量的测定

与大气相比，烟气中的水蒸气含量较高，变化范围较大，为了便于比较，监测方法规定以除去水蒸气后标准状态下的干烟气表示。含湿量的测定方法有冷凝法、重量法和干湿球温度计法。

1. 冷凝法

抽取一定体积的烟气，通过冷凝器，根据冷凝出的水量及从冷凝器排出的烟气中的饱和水蒸气量计算烟气的含湿量。含湿量按下式计算：

$$X_w = \frac{1.24G_w + V_s\cdot\frac{P_a}{B_a+P_r}\cdot\frac{273}{273+t_r}\cdot\frac{B_a+P_r}{101325}}{1.24G_w + V_s\cdot\frac{273}{273+t_r}\cdot\frac{B_a+P_r}{101325}}\times 100\%$$

$$X_w = \frac{461.4(273+t_r)G_w + P_zv_s}{461.4(273+t_r)G_w+(B_a+P_r)}\times 100\%$$

式中，X_w 为烟气中水蒸气的体积分数，%；G_w 为冷凝器中的冷凝水量，g；V_s 为测量状态下抽取烟气体积，L；P_z 为冷凝器出口烟气中饱和水蒸气压，kPa；B_a 为大气压力，kPa；P_r 为流量计前烟气表压，kPa；T_r 为流量计前烟气温度，℃ ；1.24 为标准状态下 1g 水蒸气的体积，L。

2. 重量法

从烟道中抽取一定体积的烟气，使之通过装有吸收剂的吸收管，则烟气中的水蒸气被吸收剂吸收，吸收管的增重即为所采烟气中的水蒸气重量。

烟气中的含湿量按下式计算：

$$X_w=\frac{1.24G_w}{V_d\cdot\frac{273}{273+t_r}\cdot\frac{Ba+Pr}{101325}+1.24G_w}\times100\%$$

式中，G_w 为吸湿管采样后增加的质量，g；V_d 为测量状态下抽取干烟气体积，L。其他项含义同上式。

3. 干湿球温度计法

气体在一定流速下流经干湿温度计，根据干湿球温度计读数及有关压力，计算烟气中的含湿量。

（五）烟尘浓度的测定

1. 原理

抽取一定体积烟气通过已知质量的捕尘装置，根据捕尘装置采样前后的质量差和采样体积计算烟尘的浓度。将采样体积转化为标准状态下的采样体积，按下式计算烟尘浓度：

$$C=\frac{m}{V_{nd}}\times10^6$$

式中，C 为烟气中烟尘浓度，mg/m^3；m 为测得烟尘质量，g；V_{nd} 为标准状态下干烟气体积，L。

2. 等速采样

测定排气烟尘浓度必须采用等速采样法，即烟气进入采样嘴的速度应与采样点烟气流速相等。采气流速大于或小于采样点烟气流速都将造成测定误差。当采样速度（v_n）大于采样点的烟气流速（v_s）时，由于气体分子的惯性小，容易改变方向，而尘粒惯性大，不容易改变方向，所以采样嘴边缘以外的部分气流被抽入采样嘴，而其中的尘粒按原方向前进，不进入采样嘴，从而导致测量结果偏低；当采样速度(v_n)小于采样点的烟气流速(v_s)时，情况正好相反，使测定结果偏高；只有 $v_n=v_s$ 时，气体和烟尘才会按照它们在采样点的实际比例进入采样嘴，采集的烟气样品中烟尘浓度才与烟气实际浓度相同。

3. 等速采样方法

（1）预测流速（或普通采样管）法

该方法在采样前先测出采样点的烟气温度、压力、含湿量，计算出流速，再结合采样嘴直径计算出等速采样条件下各采样点的采样流量。采样时，通过调节流量调节阀按照计算出的流量采样。由于预测流速法测定烟气流速与采样不是同时进行，故仅适用于烟气流速比较稳定的污染源。

（2）皮托管平行测速采样法

该方法将采样管、S 形皮托管和热电偶温度计固定在一起插入同一采样点，根据预先测得的烟气静压、含湿量和当时测得的动压、温度等参数，结合选用的采样嘴直径，由编有程序的计算器及时算出等速采样流量，迅速调节转子流量计至所要求的读数。此法与预测流速采样法不同之处在于测定流量和采样几乎同时进行，适用于工况易发生变化的烟气。

（3）动态平衡型等速管采样法

该方法利用装置在采样管中的孔板在采样抽气时产生的压差与采样管平行放置的皮托管所测出的烟气动压相等来实现等速采样。当工况发生变化时，通过双联斜管微压计的指示，可及时调整采样流量，随时保持等速采样条件。

4. 采样类型

分为移动采样、定点采样和间断采样。移动采样是用一个捕集器在已确定的采样点上移动采样，各点采样时间相同，计算出断面上烟尘的平均浓度。定点采样是在每个测点上采一个样，求出断面上烟尘平均浓度，并可了解断面上烟尘浓度变化情况。间断采样适用于有周期性变化的排放源，即根据工况变化情况，分时段采样，求出时间加权平均浓度。

二、流动污染源监测

污染大气环境的主要流动污染源是汽车，汽车排气是石油体系燃料在内燃机内燃烧后的产物，含有氮氧化物、碳氢化合物、CO 等有害组分。

汽车排气中污染物含量与其运转工况（怠速、加速、定速、减速）有关，因为怠速法试验工况简单，可使用便携式仪器测定一氧化碳和碳氢化合物，故应用广泛。

（一）汽油车怠速排气中一氧化碳、碳氢化合物的测定

1. 怠速工况条件

发动机运转，离合器处于接合位置，油门踏板与手油门处于松开位置，变速器处于空挡位置；采用化油器的供油系统，其阻风门处于全开位置。

2. 测定方法

一般采用非分散红外气体分析仪进行测定。专用分析仪有国产 MEXA–324F 型汽车排气分析仪，可直接显示测定结果。测定时，先将汽车发动机由怠速加速至中等转速，保持 5s 以上，再降至怠速状态，插入采样管（深度不少于 500mm）测定，读取最大值。若为多个排气管，应取各排气管测定值的算术平均值。

（二）汽油车排气中氮氧化物的测定

在汽车尾气排气管处用取样管将废气引出（用采样泵），经冰浴（冷凝除水）、玻璃棉过滤器（除油尘），抽取到 100mL 注射器中，然后将抽取的气样经氧化管注入冰乙酸－对氨基苯磺酸－盐酸萘乙二胺吸收显色液，显色后用分光光度法测定，测定方法同大气中 NO_x 的测定。

（三）柴油车排气烟度的测定

由汽车柴油机或柴油车排出的黑烟含有多种颗粒物，其组分复杂，但主要是炭的聚合体（占 85% 以上），还有少量氧、氢、灰分和多环芳烃化合物等。为防止烟尘对环境的污染，国家制定出一系列排气烟度的排放标准。

汽车排气烟度常用滤纸式烟度计测定，以波许单位（Rb）或滤纸烟度单位（FSN）表示。

1. 测定原理

用一只活塞式抽气泵在规定的时间内从柴油机排气管中抽取一定体积的排气，让其通过一定面积的白色滤纸，排气中的炭粒就附着在滤纸上，将滤纸染黑，然后用光电测量装置测量染黑滤纸的吸光度，以吸光度大小表示烟度大小。规定洁白滤纸的烟度为零，全黑滤纸的烟度为 10。滤纸式烟度计烟度刻度计算式为：

$$R_b = 10 \times (1 - I / I_0)$$

式中，R_b 为波许烟度单位；I 为被测烟样滤纸反射光强度；I_0 为洁白滤纸反射光强度。

由于滤纸的质量会直接影响烟度测定结果，所以要求滤纸色泽洁白，纤维及微孔均匀，机械强度和通气性良好，以保证烟气中的炭粒能均匀地分布在滤纸上，提高测定精度。

2. 波许烟度计

当抽气泵活塞受脚踏开关的控制而上行时，排气管中的排气依次通过取样探头、取样软管及一定面积的滤纸被抽入抽气泵，排气中的黑烟被阻留在滤纸上，然后用步进电机（或手控）将已抽取黑烟的滤纸送到光电检测系统测量，由仪表直接指示烟度值。规程中要求按照一定时间间隔测量三次，取其平均值。

采集烟样后的滤纸经光源照射，则部分光被滤纸上的炭粒吸收，另一部分被滤纸反射给环形硒光电池，产生相应的光电流，送入测量仪表测量。

第七节　室内空气监测

室内环境是指人们工作、生活、社交及其他活动所处的相对封闭的空间，包括住宅、办公室、教室、医院、候车（机）室及交通工具等室内活动场所。随着生活水平的提高和生活方式的改变，人们在室内生活的时间越来越长，室内空气质量的优劣直接影响到人们的工作和生活。室内空气污染是指由于引入污染源或通风不足而导致室内空气有害物质含量升高，并引发人群不适（如注意力分散，工作效率下降，严重时还会使人产生头痛、恶心、疲劳、皮肤红肿等）症状的现象。

一、室内空气污染的主要来源

（一）人体呼吸、烟气

研究结果表明，人体在新陈代谢过程中，会产生500多种化学物质，经呼吸道排出的有149种，人体呼吸散发出的病原菌及多种气味，其中混有多种有毒成分，绝不可忽视。人体通过皮肤汗腺排出的体内废物多达17种，例如尿素、氨等。此外，人体皮肤脱落的细胞，大约占空气尘埃的90%。若浓度过高，将形成室内生物污染，影响人体健康，甚至诱发多种疾病。

吸烟是室内空气污染的主要来源之一。烟雾成分复杂，有固相和气相之分。经国际癌症研究所专家小组鉴定，并通过动物致癌实验证明，烟草烟气中的致癌物多达40多种。吸烟可明显增加心血管疾病的发病概率，是人类健康的“头号杀手”。

（二）装修材料、日常用品

室内装修使用各种涂料、油漆、墙布、胶黏剂、人造板材、大理石地板以及新购买的家具等，都会散发出酚、甲醛、石棉粉尘、放射性物质等，它们可导致人们头疼、失眠、皮炎和过敏等反应，使人体免疫功能下降，因而国际癌症研究所将其列为可疑致癌物质。

（三）微生物、病毒、细菌

微生物及微尘多存在于温暖潮湿及不干净的环境中，随灰尘颗粒一起在空气中飘散，成为过敏原及疾病传播的途径。特别是尘螨，是人体支气管哮喘病的一种过敏原。尘螨喜欢栖息在房间的灰尘中，春秋两季是尘螨生长、繁殖最旺盛的时期。

（四）厨房油烟

过去，厨房油烟对室内空气的污染很少被人们重视。据研究表明，城市女性中肺癌患者增多，经医院诊断大部分患者为腺癌，它是一种与吸烟极少有联系的肺癌病例。进一步的调研发现，致癌途径与厨房油烟导致突变性和高温食用油氧化分解的致变物有关。厨房内的另一主要污染源为燃料的燃烧。在通风差的情况下，燃具产生的一氧化碳和氮氧化物的浓度远远超过空气质量标准规定的极限值，这样的浓度必然会造成对人体的危害。

（五）空调综合征

长期在空调环境中工作的人，往往会感到烦闷、乏力、嗜睡、肌肉痛，感冒的发生概率也较高，工作效率和健康状况明显下降，这些症状统称为“空调综合征”。造成这些不良反应的主要原因是在密闭的空间内停留过久，CO_2、CO、可吸入颗粒物、挥发性有机化合物以及一些致病微生物等的逐渐聚集而使污染加重。上述种种原因造成室内空气质量不佳，导致人们出现很多疾病，继而影响了工作效率。

二、室内空气污染的特点

（一）累积性

室内环境是一个相对密闭的空间，其空气流动性远不如室外大气，因而大气扩散稀释作用受到诸多因素限制。污染物进入室内空间后，其浓度在较长时间内不降低，甚至短期内升高，即时常表现为污染物累积效应。

（二）长期性

甲醛、苯等许多室内污染物来自大芯板和油漆涂料等永久性室内装修材料，这些装修材料只要存在于室内就会不断释放污染物质，直至材料报废移出。污染源的长期存在是室内污染具有长期性的最主要原因，因而即使开窗通风换气，也只能是通风换气期间污染物浓度降低，通风换气结束，污染物浓度又会逐渐升高。

（三）多样性

引发室内空气污染的污染源多种多样，释放污染物的种类多种多样，因而室内空气污染的表现也是多种多样。再者，同类型同强度的室内空气污染程度，因居住者身体健康状况不同，其受害症状及危害程度也多种多样。

三、主要室内空气污染物

（一）甲醛

甲醛是一种无色、极易溶于水、具有刺激性气味的气体。甲醛具有凝固蛋白质的作用，其 35% ~ 40% 的水溶液被称作福尔马林，常用作浸渍标本和室内消毒。室内甲醛的主要污染源是复合木制品（刨花板、密度板、胶合板等人造板材制作的家具）、胶黏剂、墙纸、化纤地毯、油漆、炊事燃气和吸烟等。甲醛对人体的危害具长期性、潜伏性、隐蔽性的特点。长期吸入低浓度的甲醛可引发鼻咽癌等疾病。短时间吸入高浓度的甲醛，首先会感到眼睛、鼻子和咽喉不舒服，进而会引发咳嗽、哮喘、恶心、呕吐和头痛，甚至导致鼻出血。

（二）苯

苯是一种无色、具有特殊芳香气味的气体。苯及苯系物被人体吸入后，可出现中枢神经系统麻醉作用；可抑制人体造血功能，使红细胞、白细胞和血小板减少，再生障碍性贫血患病率增大；可导致女性月经异常和胎儿先天性缺陷等危害症状。化学胶、油漆、涂料和黏合剂是室内空气中苯的主要来源。

（三）挥发性有机物

挥发性有机物是指沸点在 50 ~ 260℃之间、室温下饱和蒸气压大于 133.322Pa 的易挥发性有机化合物。室内空气中常见的 VOCs 有甲醛、苯、甲苯、二甲苯、乙苯、苯乙烯、三氯乙烯、四氯乙烯和四氯化碳等。由于 VOCs 成分复杂、种类繁多，故一般不予以逐个分别表示，而以总挥发性有机物 TVOC 表示其总量。VOCs 多表现出毒性、刺激性和致癌性，对人体健康造成现实或潜在的危害。VOCs 能引起机体免疫水平失调，影响中枢神经系统功能，出现头晕、头痛、嗜睡、无力、胸闷等症状；也能影响消化系统，出现食欲不振、恶心等，严重时甚至损伤肝脏和造血系统。室内空气中 VOCs 的来源主要是复合板、涂料、黏结剂等建筑装修材料；其次是消毒剂、清洁剂和空气清新剂等化学合成生活用品。此外，还有香烟、装饰植物等生活用品。

（四）氨

氨是一种无色、极易溶于水、具有刺激性气味的气体。氨可通过皮肤及呼吸道进入机体引起中毒，又因其极易溶于水而对眼、喉和上呼吸道作用快、刺激性强。短时间接触氨，轻者引发鼻充血和分泌物增多，重者可导致肺水肿。长时间接触低浓度氨可引起咽喉炎，使患者声音嘶哑。长时间接触高浓度氨可引发咽喉水肿、痉挛而导致窒息，也可能出现呼吸困难、肺水肿和昏迷休克。室内空气中氨的主要来源是混凝土中的防冻剂、防火板中的阻燃剂和化工涂料中的增白剂。

（五）氡

氡是一种无色、无味、无法觉察的放射性气体。氡及其子体随空气进入人体附着于气管薄膜及肺部表面，或溶入体液进入细胞组织形成体内辐射，诱发肺癌、白血病和呼吸道病变。世界卫生组织认为氡是仅次于吸烟引起肺癌的第二大致癌物质。水泥、砖块、沙石、花岗岩、大理石和陶瓷砖等建筑材料，以及地质断裂带处的土壤都会有氡及其子体析出。

四、室内环境有害物质监测方案的制订

（一）样品采集

1. 采样点位及数目

采样点位数量应根据室内面积大小和现场情况确定，要能正确反映室内空气污染物的污染程度。公共场所原则上小于 $50m^2$ 的房间应设 1 ~ 3 个点；50 ~ $100m^2$ 设 3 ~ 5 个点；$100m^2$ 以上至少设 5 个点。居室面积小于 $10m^2$ 的设 1 个点；10 ~ $25m^2$ 设 2 个点；25 ~ $50m^2$ 设 3 ~ 4 个点。两点之间的距离相距 5m 左右。

多点采样时应按对角线或梅花式布点法均匀布点，应避开通风口，离墙壁及室内器物外壁距离应大于 0.5m，离门窗距离应大于 1m。采样点的高度原则上与人的呼吸带高度一致，一般相对高度 1.0 ~ 1.5m 之间。也可根据房间的使用功能，室内人群高低以及在房间立、坐或卧时间长短来选择采样高度。有特殊要求的可根据具体情况而定。

2. 采样时间及频次

新装修房间的室内空气监测应在装修完成7d以后进行，一般建议在使用前采样监测。监测时采样应在对外门窗关闭 12h 后进行，装有中央空调的室内环境采样时空调应正常运转，有特殊要求的可根据现场情况及要求而定。一般年平均浓度至少连续或间隔采样 3 个月，日平均浓度至少连续或间隔采样 18h；8h 平均浓度至少连续或间隔采样 6h；1h 平均浓度至少连续或间隔采样 45min。

3. 采样方法

采样应按照欲测污染物检验方法中规定的操作步骤进行。要求年平均、日平均、8h 平均值参数的，可以先做筛选采样检验。检验结果符合标准值要求即为达标，若筛选采样检验结果达不到室内空气质量标准值要求，必须按年平均、日平均、8h 平均值的要求，用累积采样检验结果重新评价。

筛选法采样，要求采样前先关闭对外门窗 12h，再在门窗关闭条件下至少采样 45min；或者采用瞬时采样，采样间隔时间为 10 ~ 15min。每个点位应至少采集 3 次样品，每次的采样量大致相同，以监测结果的平均值作为该采样点位的小时均值。

4. 采样仪器

室内空气污染监测常用的采样装置及用法与室外大气监测基本相同。主要采样装置有玻璃注射器（100mL）、空气采样袋、气泡吸收管、U形多孔玻板吸收管、滤膜、固体吸附管（内径3.5 ~ 4.0mm、长80 ~ 180mm的玻璃吸附管，或内径5mm、长90mm内壁抛光的不锈钢管）和不锈钢采样罐。

5. 采样记录

采样时要使用墨水笔或签字笔对采样情况做出详细的现场记录。每个样品上要贴上标签，标明点位编号、采样日期和时间、测定项目等，字迹应端正、清晰。采样记录随样品一同报到实验室。

（二）检测方法

1. 监测项目的确定原则

①选择室内空气质量标准中要求控制的监测项目；②选择室内装饰装修材料有害物质限量标准中要求控制的监测项目；③选择人们日常活动可能产生的污染物；④依据室内装饰装修情况选择可能产生的污染物；⑤所选监测项目应有国家或行业标准分析方法、行业推荐的分析方法。

2. 监测方法

室内环境中主要污染物质的监测方法及其来源见表3–6。

表3–6　室内环境中主要污染物质监测方法及来源

监测项目	监测方法	方法来源
温度	①玻璃液体温度计法 ②数显式温度计法	GB / T 18204.13—2000
相对湿度	①通风干湿表法 ②氯化锂湿度计法 ③电容式数字湿度计法	GH / T 18204.14—2000
空气流速	①热球式电风速计法 ②数字式风速表法	GB / T 18204.15—2000
新风量	示踪气体法	GB / T 18204.18—2000
二氧化硫（SO_2）	甲醛溶液吸收 – 盐酸副玫瑰苯胺分光光度法	GB / T 16128—1995 GB / T 15262
二氧化氮（NO_2）	改进的Saltzman法	GB 12372—1990 GB / T 15435—1995

续表

监测项目	监测方法	方法来源
一氧化碳（CO）	①非分散红外法 ②不分光红外线气体分析法 ③气相色谱法 ④汞置换法	GB 9801 GB／T 18204.23—2000
二氧化碳（CO_2）	①不分光红外线气体分析法 ②气相色谱法 ③容量滴定法	CB／T 18204.24—2000
甲醛（HCH0）	① AHMT 分光光度法 ②酚试剂分光光度法 ③气相色谱法 ④乙酰丙酮分光光度法	GBT 16129-1995 GE／T 18204.26—2000 GB／T 15516—1995

第四章　噪声监测

在工业生产过程中，噪声污染和水污染、空气污染等一样是当代主要的环境污染之一。但噪声污染与后两者不同，它是物理污染（或称能量污染）。一般情况下它并不致命，且与声源同时产生同时消失，噪声污染源分布很广。由于噪声渗透到人们生产和生活的各个领域，且能够直接感觉到它的干扰，所以噪声污染已经成为广泛的社会危害。

第一节　噪声及声学基础

一、声音与噪声

（一）声音

人类生活在声音的环境中，通过声音进行交谈、表达思想感情以及开展各种活动。而各种各样的声音都起源于物体的振动，凡能发生振动的物体统称为声源。从物体的形态来分，声源可分为固体声源、液体声源和气体声源。声源的振动通过空气介质作用于人耳鼓膜而产生的感觉称为声音。声音的传播介质有空气、水和固体，它们分别称为空气声、水声和固体声等。噪声监测主要讨论空气声。

（二）噪声

从物理现象判断，一切无规律的或随机的声信号叫噪声。例如，震耳欲聋的机器声、呼啸而过的飞机声等。另外，噪声的判断还与人们的主观感觉和心理因素有关，即一切不希望存在的干扰声都叫噪声，例如，音乐之声对正在欣赏音乐的人来说，是一种美的享受，是需要的声音，而对正在思考或睡眠的人来说，则是不需要的声音，是噪声。

1. 噪声的危害

噪声污染对人群的危害程度取决于噪声的强度和暴露时间的长短。噪声的危害是多方面的，主要表现在以下几点：

①干扰睡眠。噪声会影响人的熟睡或使人从睡眠中惊醒，使体力和疲劳得不到应有的恢复和消除，从而影响工作效率和安全生产。②损伤听力。长期在噪声环境中工作和生活，将造成人的听力下降，产生噪声性耳聋。在噪声级为90dB条件下长期工作的人，20%会

发生耳聋；在 85dB 时，10% 的人有可能会耳聋。③干扰语言交谈和通信联络。④影响视力。长时间处于高噪声环境中的人，很容易发生眼疲劳、眼病、眼花和视物流泪等眼损伤现象。⑤能诱发多种疾病。噪声会引起紧张的反应，使肾上腺素增加，因而引起心率改变和血压上升；强噪声会刺激耳腔前庭，使人眩晕、恶心、呕吐，症状和晕船一样；在神经系统方面，能够引起失眠、疲劳、头晕、头痛和记忆力减退；噪声还能影响人的心理。

2. 噪声的分类

环境噪声按来源分类有四种：交通噪声，指机动车辆、船舶、航空器（如汽车、火车和飞机等）所产生的噪声；工业噪声，指工矿企业在生产活动中各种机械设备（如鼓风机、汽轮机、织布机和冲床等）所产生的噪声；建筑施工噪声，指建筑施工机械（如打桩机、挖土机和混凝土搅拌机等）发出的声音；社会生活噪声，指人类社会活动和家庭活动所产生的（如高音喇叭、电视机等）发出的过强声音。

3. 噪声的特征

（1）可感受性

就公害的性质而言，噪声是一种感觉性公害，许多公害是无感觉公害，如放射性污染和某些有毒化学品的污染，人们在不知不觉中受污染及危害，而噪声则是通过感觉对人产生危害的。一般的公害可以根据污染物排放量来评价，而噪声公害则取决于受污染者心理和生理因素。一般来说，不同的人对相同的噪声可能有不同的反应，因此在噪声评价中，应考虑对不同人群的影响。

（2）即时性

与大气、水体和固体废弃物等物质污染不一样，噪声污染是一种能量污染，仅仅是由于空气中的物理变化而产生的。无论多么强的噪声，还是持续了多么久的噪声，一旦产生噪声的声源停止辐射能量，噪声污染立即消失，不存在任何残存物质。

（3）局部性

与其他公害相比，噪声污染是局部和多发性的。一般情况下，噪声源辐射出的噪声随着传播距离的增加，或受到障碍物的吸收，噪声能量被很快地减弱，因而噪声污染主要局限在声源附近不大的区域内。此外，噪声又是多发的，城市中噪声源分布既多又散，使得噪声的测量和治理工作很困难。

二、声音的物理特性和量度

（一）声音的发生、频率、波长和声速

物体在空气中振动，使周围空气发生疏、密交替变化并向外传递，当这种振动频率在 20 ~ 20000Hz 之间，人耳可以感觉，称为可听声，简称声音。频率低于 20 Hz 的叫次声，高于 20000Hz 的叫超声，它们作用到人的听觉器官时不引起声音的感觉，所以不能听到。

声音是波的一种，叫声波。通常情况下的声音是由许多不同频率、不同幅值的声波构

成的，称为复音，而最简单的仅有一个频率的声音称为纯音。

声源在 1s 内振动的次数叫频率，记作 f，单位为赫兹（Hz）。振动一次所经历的时间叫周期，记作 T，单位为秒（s）。$T = 1/f$，即频率和周期互为倒数。可听声的周期为 50ms ~ 50μs。

沿声波传播方向，振动一个周期所传播的距离，或在波形上相位相同的相邻两点间的距离称作波长，记为 λ，单位为米（m）。可听声的波长范围为 0.017 ~ 17m。

单位时间内声波传播的距离叫声波速度，简称声速，记作 c，单位为 m/s。频率 f、波长 λ 和声速 c 三者的关系是：

$$c = \lambda f$$

声速与传播声音的媒质和温度有关。在空气中，声速（c）和温度（t）的关系可简写为：

$$c = 331.45+0.607t$$

常温下，声速约为 345m/s。

（二）声功率、声强和声压

1. 声功率（W）

在声源振动时，总有一定的能量随声波的传播向外发射。声功率是指声源在单位时间内向周围空间所发出的总声能，用 W 表示，其常用单位为瓦（W）。

2. 声强（I）

声强是指单位时间内，与声波传播方向垂直的单位面积上所通过的声能量。声强用 I 表示，其常用单位为瓦 / 平方米（W/m^2）。如果是点声源，声音以球面波向外传播，那么距声源 r 处的声强 I 与声功率 W 有如下关系：

$$I=\frac{W}{4\pi r^2}$$

可见，在声功率一定的条件下，某点的声强与该点离声源的距离的平方成反比。这就是离声源越远，人们所听到的声音就越弱的原因。

3. 声压（p）

表征声波的另一个物理量是声压。当声源振动时，它所辐射出的能量会引起空气介质的压力变化，这种压力变化称为声压，用 p 表示，其常用单位是牛顿 / 平方米（N/m^2）或帕（Pa）。人耳听声音的感觉直接与声压有关，一般声学仪器直接测量的也是声压。可以引起人耳感觉的声压值（又称听阈）为 2×10^{-5}Pa，人耳最大承受（引起鼓膜破裂）的声压值（又称痛阈）为 20Pa，两者相差 100 万倍。

声压与声强有密切的关系，在离声源较远而且不发生波的反射作用时，该处的声波可近似地看作是平面波，平面波的声压（p）与声强（I）有如下关系：

$$I=\frac{p^2}{\rho c}$$

式中，p 为声压，N/m^2；ρ 为空气密度，kg/m^3；c 为声速，m/s。

在声功率、声强和声压三个物理量中，声功率和声强都不容易直接测定。所以在噪声监测中，一般都是测定声压，就可算出声强，进而算得声功率。

（三）声压级、声强级、声功率级

能够引起人们听觉的噪声不仅要有一定的频率范围（20 ~ 20 000Hz），而且还要有一定的声压范围（2×10^{-5} ~ 20Pa）。声压太小，不能引起听觉；声压太大，只能引起痛觉，而不能引起听觉。从听阈声压 2×10^{-5}Pa 到痛阈声压 20Pa，声压的绝对值数量级相差 100 万倍，声强之比则达 1 万亿倍。因此，在实践中使用声压的绝对值描述噪声的强弱是很不方便的。另外，人耳对声音强度的感觉并不正比于强度（如声压）的绝对值，而更接近正比于其对数值。出于这两个原因，在声学中普遍采用对数标度。

1. 分贝的定义

由于取对数后是无量纲的，因此用对数标度时必须先选定基准量（或称参考量），然后对被量度量与基准量的比值求对数，这个对数称为被量度量的“级”，如果所取对数是以 10 为底，那么级的单位称为贝尔（B）。由于 B 过大，故常将 1B 分为 10 挡，每一挡的单位称为分贝（dB）。

2. 声压级

当用“级”来衡量声压时，就称为声压级。这与人们常用级来表示风力大小、地震强度的意义是一样的。声压级用 S 表示，单位是 dB，其定义式为：

$$L_p=10\lg\frac{p^2}{p_0{}^2}=20\lg\frac{p}{p_0}$$

式中，p 为声压，Pa；p_0 为基准声压，即 2×10^{-5}Pa。

显然，采用 dB 标度的声压级后，将动态范围 2×10^{-5} ~ 2×10Pa 声压转变为动态范围为 0 ~ 120dB 的声压级，因而使用方便，也符合人的听觉的实际情况，一般人耳对声音强弱的分辨能力约为 0.5dB。

分贝标度法不仅用于声压，同样用于声强和声功率的标度，当用分贝标度声强或声功率的大小时，就是声强级或声功率级。

3. 声强级

声强级常用 L_I 表示，单位是 dB，其定义式为：

$$L_{\mathrm{I}}=10\lg\frac{I}{\mathrm{I}_0}$$

式中，I 为声强，$\mathrm{W/m^2}$；I_0 为基准声强，$10^{-2}\mathrm{W/m^2}$。

4. 声功率级

声功率级用 L_{W} 表示，单位是 dB，其定义式为：

$$L_{\mathrm{W}}=10\lg\frac{W}{W_0}$$

式中，W 为声功率，W；W_0 为基准声功率，即 $10^{-12}\mathrm{W}$。

三、噪声的叠加和相减

（一）噪声的叠加

两个或两个以上的独立声源作用于声场中某一点时，就产生了声音的叠加。声能量是可以进行代数相加的物理量度，而声级由于是对数关系，不能代数相加。假设两个声源的声功率分别是 W_1 和 W_2，那么总声功率 $W_{总}=W_1+W_2$；同样两个声源在同一点的声强为 I_1 和 I_2，则它的总声强 $I_{总}=I_1+I_2$。但是声压是不能直接进行代数相加的物理量度。根据前面公式可以推导总声压与各声压的关系式。

$$I_1=\frac{\mathrm{p}_1^{\,2}}{\rho \mathrm{c}}\quad I_2=\frac{\mathrm{p}_2^{\,2}}{\rho \mathrm{c}}$$

$$I_{总}=\frac{\mathrm{p}_{总}^{\,2}}{\rho \mathrm{c}}=\frac{\mathrm{p}_1^{\,2}+\mathrm{p}_2^{\,2}}{\rho \mathrm{c}}$$

几个独立声源在空间某点的总声压级可由下式求出：

$$L_{pi}=10\lg\sum_{\mathrm{i}=1}^{\mathrm{n}}\frac{\mathrm{p}_{\mathrm{i}}^{\,2}}{\mathrm{p}_0^{\,2}}$$

式中，$\mathrm{p_i}$ 为第 i 个声源在此点处的声压；p_0 为基准声压。

因为 $L_{\mathrm{pi}}=10\lg\sum_{\mathrm{i}=1}^{\mathrm{n}}\frac{\mathrm{p}_{\mathrm{i}}^{\,2}}{\mathrm{p}_0^{\,2}}$，所以有 $\frac{\mathrm{p}_{\mathrm{i}}^{\,2}}{\mathrm{p}_0^{\,2}}=10^{\frac{L_{\mathrm{pi}}}{10}}$

$$L_{总}=10\lg\sum_{i=1}^{n}10^{\frac{L_{pi}}{10}}$$

如果各声源的声压级相等，那么所产生的总声压级可用下式表示：

变化称为声压，用 p 表示，其常用 $L_{p_{总}}=L_p+10\lg N$

式中，L_p 为 1 个噪声源的声压级，dB；N 为噪声源的数目。

如果两个噪声级不同的噪声源（如 L_{p1} 和 L_{p2}，且 L_{p1} 大于 L_{p2}）叠加在一起，按上式计算较麻烦。可利用表 4–1 查值来计算，以 $L_{p1}-L_{p2}$ 值按表查得 ΔL_p，则总声压级 $L_{p总}=L_{p1}+L_{p2}$。

表 4–1　声源声压级叠加增值参数单位：（dB）

$L_{p1}-L_{p2}$	0	1	2	3	4	5	6	7	8	9	10
ΔL_p	3	2.5	2.1	1.8	1.5	1.2	1.0	0.8	0.6	0.5	0.4
	11	12	13	14	15						
	0.3	0.3	0.2	0.1	0.1						

由表 4–1 可见，当声压级相同时，叠加后总声压级增加 3dB，当声压级相差 15dB 时，叠加后的总声压级增加 0.1dB。因此，两个声压级叠加，若两者相差 15dB 以上，其中较小的声压级对总声压级的影响可以忽略。

多个噪声源的叠加与叠加次序无关，叠加时，一般选择两个声压级相近的依次进行，因为两个声压级数值相差较大，则增加值 ΔL_p 很小（有时忽略），影响准确性。当两个声压级相差很大时，即 $L_{p1}-L_{p2}$ 大于 15dB，总的声压级的增加值 ΔL_p 可以忽略，因此，在噪声控制中，抓住噪声源中有主要影响的，将这些主要噪声源降下来，才能取得良好的降噪效果。

（二）噪声的相减

在某些实际工作中，常遇到从总的被测噪声级中减去背景或环境噪声级，来确定由单独噪声源产生的噪声级。如某加工车间内的一台机床，在它开动时，辐射的噪声级是不能单独测量的。但是，机床未开动前的背景或环境噪声是可以测量的，机床开动后，机床噪声与背景或环境噪声的总噪声级也是可以测量的，那么，计算机床本身的噪声级就必须采用噪声级的减法。其推导与上面叠加计算一样，可用下式表示：

$$L_I=L_t-\Delta L$$

式中，L_I 为机器本身的噪声级，dB；L_t 为总噪声级，dB；ΔL 为增加值，dB，其值可由图 4–1 查得。

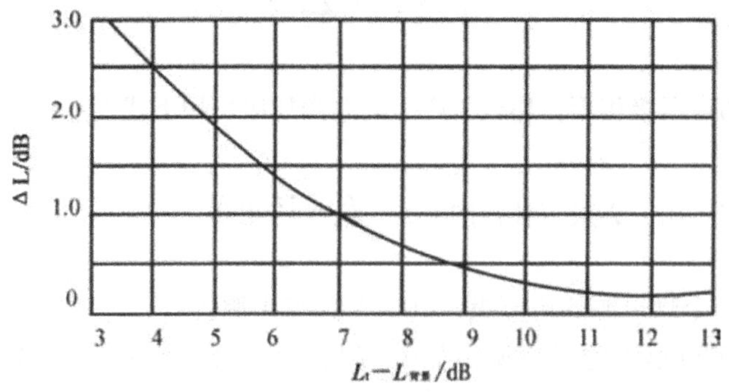

图 4-1　声压级分贝差值曲线

第二节　噪声标准

噪声对人的影响与声源的物理特性、暴露时间和个体差异等因素有关。所以噪声标准的制定是在大量实验基础上进行统计分析的，主要考虑因素是保护听力、噪声对人体健康的影响、人们对噪声的主观烦恼度和目前的经济、技术条件等方面，对不同的场所和时间分别加以限制。即同时考虑标准的科学性、先进性和现实性。

从保护听力而言，一般认为每天 8h 长期工作在 80dB 以下听力不会损失，而声级分别为 85dB 和 90dB 环境中工作 30 年，根据国际标准化组织（ISO）的调查，耳聋的可能性分别为 8% 和 18%。在声级 70dB 环境中，谈话就感到困难。而干扰睡眠和休息的噪声级阈值白天为 50dB，夜间为 45dB，我国提出环境噪声允许范围见表 4-2。

表 4-2　我国环境噪声允许范围（单位：dB）

人的活动	最高值	理想值
体力劳动（保护听力）	90	70
脑力劳动（保证语言清晰度）	60	40
睡眠	50	30

环境噪声标准制定的依据是环境基本噪声。各国大多参考 ISO 推荐的基数（如睡眠为 30dB）作为基准，根据不同时间、不同地区和室内噪声受室外噪声影响的修正值，以及本国具体情况来制定（见表 4-3 ~ 表 4-5）。我国声环境质量标准（GB 3096—2008）环境噪声限值见表 4-6。

表 4-3　一天不同时间对基数的修正值（单位：dB）

时间	修正值
白天	0
晚上	–5
夜间	–10 ~ –15

表 4-4　不同地区对基数的修正值（单位：dB）

地区	修正值
农村、医院、休养区	0
市郊、交通量很少的地区	5
城市居住区	10
居住、工商业、交通混合区	15
城市中心（商业区）	20
工业区（重工业）	25

表 4-5　室内噪声受室外噪声影响的修正值（单位：dB）

窗户状况	修正值
开窗	–10
关闭的单层窗	–15
关闭的双层窗或不能开的窗	–20

表 4-6　城市各类区域环境噪声标准值［单位：dB（A）］

类别	昼间	夜间
0 类	50	40
1 类	55	45
2 类	60	50
3 类	65	55
4 类（4a）	70	55
4 类（4b）	70	60

表中“0 类声环境功能区”指康复疗养区等特别需要安静的区域；“1 类声环境功能区”指以居民住宅、医疗卫生、文化教育、科研设计、行政办公为主要功能，需要保持安静的区域；“2 类声环境功能区”指以商业金融、集市贸易为主要功能，或者居住、商业、工业混杂，需要维护住宅安静的区域；“3 类声环境功能区”指以工业生产、仓储物流为主要功能，需要防止工业噪声对周围环境产生严重影响的区域；“4 类声环境功能区”指交通干线两侧一定区域之内，需要防止交通噪声对周围环境产生严重影响的区域，包括 4a 类和 4b 类两种类型。4a 类为高速公路、一级公路、二级公路、城市快速路、城市主干路、城市次干路、城市轨道交通（地面段）、内河航道两侧区域，4b 类为铁路干线两侧区域。

上述标准值指户外允许噪声级，测量点选在居住或工作建筑物外，离任一建筑物的距离不小于 1m 处。传声器距地面的垂直距离不小于 1.2m。若必须在室内测量，则标准值应低于所在区域 10dB（A），测点距墙面和其他主要反射面不小于 1m，距地板 1.2 ~ 1.5m，距窗户约 1.5m，开窗状态下测量。铁路两侧区域环境噪声测量，应避开列车通过的时段。夜间出现的噪声（如风机等），其峰值不准超过标准值 10dB（A），夜间偶尔出现的噪声（如短促鸣笛声）其峰值不准超过标准值 15dB（A）。

我国《工业企业厂界环境噪声排放标准》（GB 12348—2008）限值见表 4–7，现有企业暂行标准见表 4–8。

表 4–7 工业企业厂界环境噪声排放限值［单位：dB（A）］

厂界外声环境功能区类别	时段	
	昼间	夜间
0	50	40
1	55	45
2	60	50
3	65	55
4	70	55

表 4–8 现有企业暂行标准

每个工作日接触噪声时间 / h	允许标准 / dB（A）
8	90
4	93
2	96
1	99
	最高不得超过 115

由于接触噪声时间与允许声级相联系，故而定义实际噪声暴露时间（$T_{实}$）除以容许暴露时间（T）之比为噪声剂量（D）：

$$D=\frac{T_{实}}{T}$$

如果噪声剂量大于 1，那么在场工作人员所接受的噪声已超过安全标准。通常每天所接受的噪声往往不是某一固定声级，这时噪声剂量应按具体声级和相应的暴露时间进行计算，即

$$D=\frac{T_{实_1}}{T_1}+\frac{T_{实_2}}{T_2}+\cdots$$

我国《机动车辆允许噪声》（GB 1495—79）规定的机动车辆允许噪声限值见表 4–9。

表 4-9　机动车辆允许噪声标准

车辆种类		1985 年以前生产的车辆 / dB（A）	1985 年以后生产的车辆 / dB（A）
载重汽车	8t ≤载重量 <15t	92	89
	3.5t ≤载重量 <8t	90	86
	载重量 <3.5t	89	84
公共汽车	总重量 4t 以上	89	86
	总重量 4t 以下	88	83
轿车		84	82
摩托车		90	84
轮式拖拉机		91	86
注：①各类机动车辆加速行驶时，车外最大噪声级应不超过表 4-9 的标准 ②表中所列各类机动车辆的改型车（消防车除外）也应符合标准，轻型越野车按载重量＜ 3.5t 载重汽车执行标准			

《机场周围飞机噪声环境标准》（GB 9660—88）规定的机场周围飞机噪声标准值见表 4-10。

表 4-10　机场周围飞机噪声标准（单位：dB）

适用区域	标准值
一类区域	≤ 70
二类区域	≤ 75

“一类区域”指特殊住宅区，居住、文教区,“二类区域”指除一类区域以外的生活区。

在测定城市噪声污染分布情况后，可在城市地图上用不同颜色或阴影线表示的噪声带代表噪声等级，每级相差 5dB。各等级的颜色和阴影线规定见表 4-11。

表 4-11　各噪声带颜色和阴影线表示规定

噪声带	颜色	阴影线
＜ 35dB	浅绿色	小点，低密度
36 ~ 40dB	绿色	中点，中密度
41 ~ 45dB	深绿色	大点，高密度
46 ~ 50dB	黄色	垂直线，低密度
51 ~ 55dB	褐色	垂直线，中密度
56 ~ 60dB	橙色	垂直线，高密度
61 ~ 65dB	朱红色	叉线，低密度
66 ~ 70dB	洋红色	叉线，中密度
71 ~ 75dB	紫红色	叉线，高密度
76 ~ 80dB	蓝色	宽条垂直线
81 ~ 85dB	深蓝色	全黑

第三节　噪声污染监测方法

关于噪声的测量方法，目前国际标准化组织和各国都有测量规范，除了一般方法外，对许多机器设备、车辆、船舶和城市环境等均有相应的测量方法。

一、声环境功能区监测方法

（一）声环境功能区分类

按区域的使用功能特点和环境质量要求，声环境功能区分为以下五种类型：

0 类声环境功能区：指康复疗养区等特别需要安静的区域。

1 类声环境功能区：指以居民住宅、医疗卫生、文化教育、科研设计、行政办公为主要功能，需要保持安静的区域。

2 类声环境功能区：指以商业金融、集市贸易为主要功能，或者居住、商业、工业混杂，需要维持住宅安静的区域。

3 类声环境功能区：指以工业生产、仓储物流为主要功能，需要防止工业噪声对周围环境产生严重影响的区域。

4 类声环境功能区：指交通干线两侧一定距离之内，需要防止交通噪声对周围环境产生严重影响的区域，包括 4a类和 4b类两种类型。4a类为高速公路、一级公路、二级公路、城市快速路、城市主干路、城市次干路、城市轨道交通（地面段）、内河航道两侧区域；4b 类为铁路干线两侧区域。

乡村声环境功能的确定：乡村区域一般不划分声环境功能区，根据环境管理的需要，县级以上人民政府环境保护行政主管部门可按以下要求确定乡村区域适用的声环境质量要求。

位于乡村的康复疗养区执行 0 类声环境功能区要求；村庄原则上执行 1 类声环境功能区要求，工业活动较多的村庄以及有交通干线经过的村庄（指执行 4 类声环境功能区要求以外的地区）可局部或全部执行 2 类声环境功能区要求；集镇执行 2 类声环境功能区要求；独立于村庄、集镇之外的工业、仓储集中区执行 3 类声环境功能区要求；位于交通干线两侧一定距离内的噪声敏感建筑物执行 4 类声环境功能区要求。

（二）环境噪声监测的要求

1. 测量仪器

测量仪器为积分平均声级计或环境噪声自动监测仪器，其性能须符合 GB 3785 和 GB/

T 17181 的规定，并定期校验。测量前后使用声校准器校准，测量仪器的示值偏差不得大于 0.5dB，否则测量无效。声校准器应满足 GB/T15173 对 1 级或 2 级声校准器的要求。测量时传声器应加防风罩。

2. 测点选择

根据监测对象和目的，可选择以下三种测点条件（指传声器所置位置）进行环境噪声的测量：

①一般户外。距离任何反射物（地面除外）至少 3.5m 外测量，距离地面高度 1.2m 以上。必要时可置于高层建筑上，以扩大监测受声范围。使用监测车辆测量，传声器应固定在车顶部 1.2m 高度处。

②噪声敏感建筑物户外。在噪声敏感建筑物外，距墙壁或窗户 1m处，距地面高度 1.2m 以上。

③噪声敏感建筑物室内。距离墙面和其他反射面至少 1m，距窗约 1.5m 处，距地面 1.2 ~ 1.5m 高。

3. 气象条件

测量应在无雨雪、无雷电天气，风速 5m/s 以下时进行。

（三）声环境功能区监测方法

1. 定点监测法

选择能反映各类功能区声环境质量特征的监测点 1 个至若干个，进行长期定点监测，每次测量的位置、高度应保持不变。对于 0、1、2、3 类声环境功能区，该监测点应为户外长期稳定、距地面高度为声场空间垂直分布的可能最大值处，其位置应能避开反射面和附近的固定噪声源；4 类声环境功能区监测点设于 4 类区内第一排噪声敏感建筑物户外交通噪声空间垂直分布的可能最大值处。

全国重点环保城市以及其他有条件的城市和地区宜设置环境噪声自动监测系统，进行不同声环境功能区监测点的连续自动监测。

声环境功能区监测每次至少进行一昼夜 24h 的连续监测，得出每小时及白天、夜间的等效声级 L_{eq}、L_d、L_n 和最大声级 L_{max}。用于噪声分析目的，可适当增加监测项目，如累积百分声级 L_{10}、L_{50}、L_{90} 等。监测应避开节假日和非正常工作日。

各监测点位测量结果独立评价，以白天等效声级 L_d 和夜间等效声级 L_n 作为评价各监测点位声环境质量是否达标的基本依据。一个功能区设有多个测点的，应按点次分别统计昼间、夜间的达标率。

2. 普查监测法

① 0 ~ 3 类声环境功能区普查监测。将要普查监测的某一声环境功能区划分成多个等大的正方格，网络要完全覆盖住被普查的区域，且有效网格总数应多于 100 个；测点应

设在每一个网格的中心，测点条件为一般户外条件，监测分别在白天工作时间和夜间22：00—24：00（时间不足可顺延）进行。在上述测量时间内，每次每个测点测量10min的等效声级 L_{eq}，同时记录噪声主要来源。监测应避开节假日和非正常工作日。将全部网格中心测点测得的10min的等效声级 L_{eq} 做算术平均运算，所得到的平均值代表某一声环境功能区的总体环境噪声水平，并计算标准偏差。根据每个网格中心的噪声值及对应的网格面积，统计不同噪声影响水平下的面积百分比，以及白天、夜间的达标面积比例，有条件可估算受影响人口。

②4类声环境功能区普查监测。以自然路场、站场、河段等为基础，考虑交通运行特征和两侧噪声敏感建筑物分布情况，划分典型路段（包括河段）。在每个典型路段对应的4类区边界上（指4类区内无噪声敏感建筑物存在时）或第一排噪声敏感建筑物户外（指4类区内有噪声敏感建筑物存在时）选择1个测点进行噪声监测。这些测点应与站、场、码头、岔路口、河流汇入口等相隔一定的距离，避开这些地点的噪声干扰。监测分昼、夜两个时段进行，分别测量规定时间内的等效声级 L_{eq} 和交通流量，如铁路、城市轨道交通线路（地面段），应同时测量最大声级 L_{max}，对道路交通噪声应同时测量累积百分声级 L_{10}、L_{50}、L_{90}。根据交通类型的差异，规定的测量时间如下：

铁路、城市轨道交通（地面段）、内河航道两侧：昼、夜各测量不低于平均运行密度的1h值，若城市轨道交通（地面段）的运行车次密集，测量时间可缩短至20min。

高速公路、一级公路、二级公路、城市快速路、城市主干路、城市次干路两侧：昼、夜各测量不低于平均运行密度的20min的数值。

监测应避开节假日和非正常工作日。

将某条交通干线各典型路段测得的噪声值，按路段长度进行加权算术平均，以此得出某条交通干线两侧4类声环境功能区的环境噪声平均值；也可对某一区域内的所有铁路、确定为交通干线的道路、城市轨道交通（地面段）、内河航道按前述方法进行长度加权统计，得出针对某一区域某一交通类型的环境噪声平均值；根据每个典型路段的噪声值及对应的路段长度，统计不同噪声影响水平下的路段百分比，以及白天、夜间的达标路段比例，有条件可估算受影响人口；对某条交通干线或某一区域某一交通类型采取抽样测量的，应统计抽样路段比例。

（四）噪声敏感建筑物监测方法

监测点一般位于噪声敏感建筑物户外。不得不在噪声敏感建筑物室内监测时，应在门窗全打开状况下进行室内噪声测量，并采用该噪声敏感建筑物所在声环境功能区对应环境噪声限值低10dB（A）的值作为评价依据。

对敏感建筑物的环境噪声监测应在周围环境噪声源正常工作条件下测量，视噪声源的运行工况，分昼、夜两个时段连续进行。根据环境噪声源的特征，可优化测量时间。

1. 受固定噪声源的噪声影响

稳态噪声测量 1min 的等效声级 L_{eq}；非稳态噪声测量某个正常工作时间（或代表性时段）的等效声级 L_{eq}。

2. 受交通噪声源的噪声影响

对于铁路、城市轨道交通（地面段）、内河航道，昼、夜各测量不低于平均运行密度的 1h 等效声级 L_{eq}，若城市轨道交通（地面段）的运行车次交集，测量时间可缩短至 20min。对于道路交通，昼、夜各测量不低于平均运行密度的 20min 等效声级 L_{eq}。

3. 受突发噪声的影响

以上监测对象夜间存在突发噪声的，应同时监测测量时段内的最大声级 L_{max}。

以白天、夜间环境噪声源正常工作时段的 L_{eq} 和夜间突发噪声 L_{max} 作为评价噪声敏感建筑物户外（或室内）环境噪声水平是否符合所处声环境功能区的环境质量要求的依据。

二、工业企业厂界噪声监测方法

（一）测量仪器

测量仪器为积分平均声级计或环境噪声自动监测仪，其性能应不低于 GB 3785 和 GB/T 17181 对 2 型仪器的要求。测量 35dB 以下的噪声应使用 1 型声级计，测量范围应满足所测量噪声的需要。校准所用仪器应符合 GB/T 15173 对 1 级或 2 级声校准器的要求。当需要进行噪声的频谱分析时，仪器性能应符合 GB/T3241 中对滤波器的要求。

测量仪器和校准仪器应定期检定合格，并在有效使用期限内使用；每次测量前、后必须在测量现场进行声学校准，其前、后校准示值偏差不得大于 0.5dB，否则测量结果无效。测量时传声器加防风罩，测量仪器时间计权特性设为“F”挡，采样时间间隔不大于 1s。

（二）测量条件

①气象条件。测量应在无雨雪、无雷电天气，风速为 5m/s 以下时进行。不得不在特殊气象条件下测量时，应采取必要措施保证测量准确性，同时注明当时所采取的措施及气象。②测量工况。测量应在被测声源正常工作时间进行，同时注明当时的工况。

（三）测点位置

①测点布设。根据工业企业声源、周围噪声敏感建筑物的布局以及毗邻的区域类别，在工业企业厂界布设多个测点，其中包括距噪声敏感建筑物较近以及受被测声源影响大的位置。②测点位置一般规定。一般情况下，测点选在工业企业厂界外 1m、高度 1.2m 以

上。③测点位置其他规定。当厂界有围墙且周围有受影响的噪声敏感建筑物时，测点应选在厂界外 1m、高于围墙 0.5m 以上的位置；当厂界无法测量到声源的实际排放状况时（如声源位于高空、厂界设有声屏障等），应按测点位置一般规定设置测点，同时在受影响的噪声敏感建筑物户外 1m 处另设测点；室内噪声测量，室内测量点位设在距任一反射面至少 0.5m 以上、距地面 1.2m 高度处，在受噪声影响方向的窗户开启状态下测量；固定设备结构传声至噪声敏感建筑物室内，在噪声敏感建筑物室内测量时，测点应距任一反射面至少 0.5m 以上、距地面 1.2m、距外窗 1m 以上，窗户关闭状态下测量。被测房间内的其他可能干扰测量的声源（如电视机、空调机、排气扇以及镇流器较响的日光灯、运转时出声的时针）应关闭。

（四）测量时段

分别在白天、夜间两个时段测量。夜间有频发、偶发噪声影响时同时测量最大声级。被测声源是稳态噪声，采用 1min 的等效声级。被测声源是非稳态噪声，测量被测声源有代表性时段的等效声级，必要时测量被测声源整个正常工作时段的等效声级。

（五）背景噪声测量

①测量环境。不受被测声源影响且其他声环境与测量被测声源时保持一致。②测量时段。与被测声源测量的时间长度相同。

（六）测量结果

修正噪声测量值与背景噪声值相差大于 10dB（A）时，噪声测量值不做修正；噪声测量值与背景噪声值相差在 3 ~ 10dB(A)之间时，噪声测量值与背景噪声值的差值取整后，按修正表中的数值进行修正；噪声测量值与背景噪声值相差小于 3dB（A）时，应在采取措施降低背景噪声后，视情况按前面两条的规定执行，仍无法满足这两条要求的，应按环境噪声监测技术规范的有关规定执行。

（七）结果评价

各个测点的测量结果应单独评价。同一测点每天的测量结果按白天、夜间进行评价。最大声级 L_{max} 直接评价。

三、建筑施工场界噪声监测方法

可根据城市建设部门提供的建筑方案和其他与施工现场情况有关的数据确定建筑施工场地边界线，并应在测量表中标出边界线与噪声敏感区域之间的距离；根据被测建筑施工场地的建筑作业方位和活动形式，确定噪声敏感建筑或区域的方位，并在建筑施工场地边界线上选择离敏感建筑物或区域最近的点作为测点。由于敏感建筑物方位不同，对于一个建筑施工场地，可同时有几个测点。

采用环境噪声自动监测仪进行测量时，仪器动态特性为“快”响应，采样时间间隔不大于 1s。白天以 20min 的等效 A 声级表征该点的昼间噪声值，夜间以 8h 的平均等效 A 声级表征该点的夜间噪声值。测量期间，各施工机械应处于正常运行状态，并应包括不断进入或离开场地的车辆，例如卡车、施工机械车辆、搅拌机等以及在施工场地上运转的车辆，这些都属于施工场地范围以内的建筑施工活动。背景噪声应比测量噪声低 10dB（A）以上，若测量值与背景噪声值相差小于 10dB（A），按《建筑施工场界噪声测量方法》（GB 12524—90）所列的修正表进行修正。在测量报告中应包括以下内容：建筑施工场地及边界线示意图；敏感建筑物的方位、距离及相应边界线处测点；各测点的等效连续 A 声级 L_{eq}。

四、机场周围飞机噪声监测方法

在规定的测量条件下（无雪、无雨，地面上 10m 高处风速不大于 5m/s，30% ≤相对湿度≤ 90%，传声器离地面 1.2m，用 2 型声级计或机场噪声监测系统进行测量。机场周围飞机噪声测量方法（GB9661—88）包括精密测量和简易测量。精密测量是通过声级计将飞机噪声信号送到测量录音机记录在磁带上，然后在实验室按原速回放录音信号并对信号进行频谱分析。简易测量是只须经频率计权的测量。

第四节　噪声测量仪器与噪声监测

为了测量噪声的强度、大小是否超过标准，了解噪声对人体健康的危害，研究或降低噪声等，都需要噪声测量仪器。噪声测量技术的一个重要组成部分就是对测量仪器的操作使用。了解噪声测量仪器的基本结构和工作原理，掌握仪器的功能和适用场合，学会仪器的正确使用方法，并能判别和排除仪器的常见故障，应是监测人员所具备的最基本技能。随着现代电子技术的飞速发展，噪声测量仪器的发展也很快。在噪声测量中，人们可根据不同的测量与分析目的，选用不同的仪器，采用相应的测量方法。常用的测量仪器有声级计、声级频谱仪、噪声级分析仪。

一、声级计

声级计也称噪声计，它是用来测量噪声的声压级和计权声级的最基本的测量仪器，它适用于环境噪声和各种机器（如风机、空压机、内燃机、电动机）噪声的测量，也可用于建筑声学、电声学的测量。

（一）声级计的种类

声级计按其用途可分为普通声级计、精密声级计、脉冲声级计、积分声级计和噪声剂量计等。按其精度可分为四种类型：O 型声级计、Ⅰ型声级计、Ⅱ型声级计和Ⅲ型声级计，它们的精度分别为 ±0.4dB、±0.7dB、±1.0dB、±1.5dB。按其体积大小可分为便携式声级计和袖珍式声级计。国产声级计有 ND–2 型精密声级计和 PSJ–2 普通声级计。国际标准化组织（ISO）及国际电工委员会（IEC）规定普通声级计的频率范围是 20 ~ 8000Hz，精密声级计的频率范围为 20 ~ 12 500Hz。

（二）声级计的基本构造

声级计主要由传声器、放大器、衰减器、计权网络、电表电路及电源等部分组成。

声级计的工作原理是：声压经传声器后转换成电压信号，此信号经前置放大器放大后，最后从显示仪表上指示出声压级的分贝数值。

1. 传声器

也称话筒或麦克风，它是将声能转换成电能的元件。声压由传声器膜片接收后，将声压信号转换成电信号。传声器的质量是影响声级计性能和测量准确度的关键。优质的传声器应满足以下要求：灵敏度高、工作稳定；频率范围宽、频率响应特性平直、失真小；受外界环境（如温度、湿度、振动、电磁波等）影响小；动态范围大。

在噪声测量中，根据换能原理和结构的不同，常用的传声器分为晶体传声器、电动式传声器、电容传声器和驻极体传声器。晶体和电动式传声器一般是用于普通声级计；电容和驻极体传声器多用于精密声级计。

电容传声器灵敏度高，一般为 10 ~ 50mV/Pa；在很宽的频率范围内（10 ~ 20 000Hz）频率响应平直；稳定性良好，可在 50 ~ 150℃、相对湿度为 0 ~ 100% 的范围内使用。所以电容传声器是目前较理想的传声器。

传声器对整个声级计的稳定性和灵敏度影响很大，因此，使用声级计要合理选择传声器。

2. 放大器和衰减器

放大器和衰减器是声级计和频谱分析仪内部放大和衰减电信号的电子线路。传声器把声音信号变成电信号，此电信号一般很微弱，既达不到计权网络分离信号所需的能量，也不能在电表上直接显示，所以需要将信号加以放大，这个工作由前置放大器来完成；当输入信号较强时，为避免表头过载，需要对信号加以衰减，这就需要用输入衰减器进行衰减。经过前边处理后的信号必须再由输入放大器进行定量的放大才能进入计权网络。用于声级测量的放大器和衰减器应满足下面几个条件：要有足够大的增益而且稳定；频率响应特性要平直；在声频范围（20 ~ 20 000Hz）内要有足够的动态范围；放大器和衰减器的固有噪声要低；耗电量小。

3. 计权网络

它是由电阻和电容组成的、具有特定频率响应的滤波器，能使欲测定的频带顺利地通过，而把其他频率的波尽可能地除去。为了使声级计测出的声压级的大小接近人耳对声音的响应，用于声级计的计权网络是根据等响曲线设计的，即 A、B、C 三种计权网络。

4. 电表、电路和电源

经过计权网络后的信号由输出衰减器衰减到额定值，随即送到输出放大器放大，使信号达到响应的功率输出，输出的信号被送到电表电路进行有效值检波（RMS 检波），送出有效电压，推动电表，显示所测得声压级分贝值。声级计上有阻尼开关能反映人耳听觉动态特性，“F”表示表头为“快”的阻尼状态，它表示信号输入 0.2s 后，表头上就迅速达到其最大读数，一般用于测量起伏不大的稳定噪声。如果噪声起伏变化超过 4dB，应使用慢挡“S”，它表示信号输入 0.5s 后，表头指针就达到它的最大读数。

为了适用于野外测量，声级计电源一般要求电池供电。为了保证测量精度，仪器应进行校准。声级计类型不同其性能也不一样，普通声级计的测量误差约为 ±3dB，精密声级计的误差约为 ±1dB。

（三）PSJ-2 型声级计使用方法

①按下电源按键（ON），接通电源，预热 0.5min，使整机进入稳定的工作状态。②电池校准。分贝拨盘可在任意位置，按下电池（BAT）按键，当表针指示超过表面所标的“BAT”刻度时，表示机内电池电能充足，整机可正常工作，否则需要更换电池。③整机灵敏度校准。先将分贝拨盘置于 90dB 位置，然后按下校准“CAL”和“A”（或“C”）按键，这时指针应有指示，用螺丝刀放入灵敏度校准孔进行调节，使表针指在“CAL”刻度上，此时整机灵敏度正常，可进行测量使用。④分贝拨盘的使用与读数法。转动分贝拨盘选择测量量程，读数时应将量程数加上表针指示数。如当分贝拨盘选择在 90 挡，而表针指示为 4dB 时，则实际读数为 90+4 ＝ 94（dB）；若指针指示为 –5dB 时，则读数应为 90–5 ＝ 85（dB）。⑤ +10dB 按钮的使用。在测试中当有瞬时信号出现时，为了能快速正确地进行读数，可按下 +10dB 按钮，此时应按分贝拨盘和表针指示的读数再加上 10dB 作为读数。如在按下 +10dB 按钮后，表针指示仍超过满刻度，则应将分贝拨盘转动至更高一挡再进行读数。⑥表面刻度。有 0.5dB 与 1dB 两种分度刻度。0 刻度以上指示值为正值，长刻度为 1dB 的分度，短刻度为 0.5dB 的分度；0 刻度以下为负值，长刻度为 5dB 的分度，短刻度为 1dB 的分度。⑦计权网络。本机的计权网络有 A 和 C 两挡，当按下 A 或 C 时，则表示测量的计权网络为 A 或 C；当不按键时，整机不反映测试结果。⑧表头阻尼开关。当开关处于“F”位置时，表示表头为“快”的阻尼状态；当开关在“S”位置时，表示表头为“慢”的阻尼状态。⑨输出插口。可将测出的电信号送至示波器、记录仪等仪器。

二、其他噪声测量仪器

由于测量对象和测量目的的不同，需要了解声源和声场的声学特性和声源的性能参数、环境状况等，光用声级计是不行的，还需要其他测量仪器。本节再介绍一下声级频谱仪和噪声级分析仪。

（一）声级频谱仪

频谱仪是测量噪声频谱的仪器，它的基本组成大致与声级计相似。但是频谱分析仪中，设置了完整的计权网络（滤波器），借助滤波器，可以将声频范围内的频率分成不同的频带进行测量。例如做倍频程划分时，若将滤波器置于中心频率 500Hz，通过频谱分析仪的，则是 335 ~ 710Hz 的噪声，其他频率就不能通过，因此在频谱分析仪上所显示的就是频率为 355 ~ 710Hz 噪声的声压级，其他类推。由于频谱分析仪能分别测量噪声中所包含的各种（带的声压级，所以它是进行噪声频谱分析不可缺少的仪器。一般情况下，进行频谱分析时，都采用倍频程划分频带。如果要对噪声进行更详细的频谱分析，就要用窄频带分析仪，例如用 1/3 频程划分频带。在没有专用的频谱分析仪时，也可以把适当的滤波器接在声级计上进行频谱测定。

（二）噪声级分析仪

在声级计的基础上配以自动信号存储、处理系统和打印系统，便成为噪声级分析仪。噪声级分析仪的工作原理是噪声信号经传声器转换为交变的电压信号，经放大、计权、检波后，利用微机和单板机存储并处理，处理后的结果由数字显示，测量结束后，由打印机打出计算结果，微机和单板机还将控制仪器的取样间隔、取样时间和量程进行切换。一般噪声级分析仪均可测量声压级、A 计权声级、累计百分声级、等效声级、标准偏差、概率分布和累积分布。更进一步可测量 L_d、声暴露级 LAE、车流量、脉冲噪声等，外接滤波器可做频谱分析。噪声分析仪与声级计相比，有显著优点：一是完成取样和数据处理的自动化；二是高密度取样，提高了测量精度。

三、噪声的监测

环境噪声监测是整个环境监测体系中的一个分支。通过对环境中各类噪声源的调查、声级水平的测定、频谱特性的分析、传播规律的研究，得出噪声环境质量的结论。环境噪声监测的目的和意义是及时、准确地掌握城市噪声现状，分析其变化趋势和规律；了解各类噪声源的污染程度和范围，为城市噪声管理、治理和科学研究提供系统的监测资料。

（一）城市区域环境噪声的监测

1. 布点

将要监测的城市划分为（500×500）m^2 的网格，测量点选择在每个网格的中心，若中心点的位置不易测量，如在房顶、污沟、禁区等，可移到旁边能够测量的位置。测量的网格数目不应少于 100 个格。若城市较小，可按（250×250）m^2 的网格划分。

2. 测量

测量时应选在无雨、无雪天气。白天一般选在上午 8：00—12：00，下午 2：00—6：

续表

00；夜间一般选在 22：00—5：00。根据南北方地区的不同、季节的不同，时间可稍有变化。声级计安装调试好后置于慢挡，每隔 5s 读取一个瞬时 A 声级数值，每个测点连续读取 100 个数据（当噪声涨落较大时，应读取 200 个数据）作为该点的白天或夜间噪声分布情况。在规定时间内每个测点测量 10min，白天和夜间分别测量，测量的同时要判断测点附近的主要噪声源（如交通噪声、工厂噪声、施工噪声、居民噪声或其他噪声源等），并记录下周围的声学环境。

3. 数据处理

因为城市环境噪声是随时间而起伏变化的非稳态噪声，所以测量结果一般用统计噪声级或等效连续 A 声级进行处理，即测定数据按本章有关公式计算出 L_{10}、L_{50}、L_{90}、L_{eq} 标准偏差 s 数值，确定城市区域环境噪声污染情况。如果测量数据符合正态分布，那么可用下述两个近似公式来计算 L_{eq} 和 s：

$$L_{eq}\approx L_{50}+d^2/60d = L_{10} - L_{90}$$

$$s\approx (L_{16} - L_{84})/2$$

所测数据均按由大到小顺序排列，第 10 个数据即为 L_{10}，第 16 个数据即为 L_{16}，其他依此类推。

4. 评价方法

（1）数据平均法

将全部网络中心测点测得的连续等效 A 声级做算术平均运算，所得到的算术平均值就代表某一区域或全市的总噪声水平。

（2）图示法

城市区域环境噪声的测量结果，除了用上面有关的数据表示外，还可用城市噪声污染图表示。为了便于绘图，将全市各测点的测量结果以 5dB 为一等级，划分为若干等级（如 56 ~ 60，61 ~ 65，66 ~ 70……分别为一个等级），然后用不同的颜色或阴影线表示每一等级，绘制在城市区域的网格上，用于表示城市区域的噪声污染分布。因为一般环境噪声标准多以 dB 来表示，为便于同标准相比较，所以建议以 dB 为环境噪声评价量，来绘制噪声污染图。等级的颜色和阴影线规定用表 4–12 中所列的方式表示。

表 4–12　等级颜色和阴影线表示方式

噪声带 /dB（A）	颜色	阴影线
35 以下	浅绿色	小点，低密度
36 ~ 40	绿色	中点，中密度
41 ~ 45	深绿色	大点，大密度
46 ~ 50	黄色	垂直线，低密度

续表

噪声带 /dB（A）	颜色	阴影线
51 ~ 55	褐色	垂直线，中密度
噪声带 /dB（A）	颜色	阴影线
56 ~ 60	橙色	垂直线，高密度
61 ~ 65	朱红色	交叉线，低密度
66 ~ 70	洋红色	交叉线，中密度
71 ~ 75	紫红色	交叉线，高密度
76 ~ 80	蓝色	宽条垂直线
81 ~ 85	深蓝色	全黑

（二）道路交通噪声监测

1. 布点

在每两个交通路口之间的交通线上选一个测点，测点设在马路旁的人行道上，一般距马路边沿 20cm，这样选点的好处是该点的噪声可以代表两个路口之间的该段马路的交通噪声。

2. 测量

测量时应选在无雨、无雪的天气进行，以减免气候条件的影响，因为风力大小等都直接影响噪声测量结果。测量时间同城市区域环境噪声要求一样，一般在白天正常工作时间内进行测量。将声级计置于慢挡，安装调试好仪器，每隔 5s 读取一个瞬时 A 声级，连续读取 200 个数据，同时记录车流量（辆 /h）。

3. 数据处理

测量结果一般用统计噪声级和等效连续 A 声级来表示。将每个测点所测得的 200 个数据按从大到小顺序排列，第 20 个数即为 L_{10}，第 100 个数即为 L_{50}，第 180 个数即为 L_{90}。经验证明城市交通噪声测量值基本符合正态分布，因此，可直接用近似公式计算等效连续 A 声级和标准偏差值。

$$L_{eq} = L_{50}+d^2/60，d = L_{10} - L_{90}$$

$$s \approx (L_{16} - L_{84})/2$$

L_{16} 和 L_{84} 分别是测量的 200 个数据按由大到小排列后，第 32 个数和第 168 个数对应的声级值。

4. 评价方法

①数据平均法

若要对全市的交通干线的噪声进行比较和评价，必须把全市各干线测点对应的 $L10$、

L_{50}、L_{90}、L_{eq} 的各自平均值、最大值和标准偏差列出。平均值的计算公式是：

$$\overline{L}=\frac{1}{l}\sum_{i=1}^{n}\left(L_i\cdot I_i\right)$$

式中，l 为全市干线总长度，$l=\sum l_i$，km；I_i 为所测 i 段干线的等效连续 A 声级 L_{eq} 或统计百分声级 L_{10}，dB（A）；I_i 为所测第 i 段干线的长度，km。

②图示法

城市交通噪声测量结果除了可用上面的数值表示外，还可用噪声污染图表示。当用噪声污染图表示时，评价量为 L_{eq} 或 L_{10}，将每个测点的 L_{eq} 或 L_{10} 按 5dB 一等级（划分方法同城市区域环境噪声），以不同颜色或不同阴影线划分出每段马路的噪声值，即得到全市交通噪声污染分布图。

（三）工业企业外环境噪声监测

测量工业企业外环境噪声，应在工业企业边界线 1m 处进行。根据初测结果声级每涨落 3dB 布一个测点。若边界模糊，以城建部门划定的建筑红线为准；若与居民住宅毗邻时，应取该室内中心点的测量数据为准，此时标准值应比室外标准值低 10dB（A）；若边界设有围墙、房屋等建筑物时，应避免建筑物的屏障作用对测量的影响。

测量应在工业企业的正常生产时间内进行。必要时，适当增加测量次数。

计权特性选择 A 声级，动态特性选择慢响应。稳态噪声，取一次测量结果。非稳态噪声，声级涨落在 3 ~ 10dB 范围。每隔 5s 连续读取 100 个数据；声级涨落在 10dB 以上，连续读取 200 个数据，求取各个测点等效声级值。

（四）功能区噪声的监测

当需要了解城市环境噪声随时间的变化时，应选择具有代表性的测点，进行长期监测。测点的选择，可根据可能的条件决定，一般不少于 6 个点，这 6 个测点的位置应这样选择：0 类区、1 类区、2 类区、3 类区各一点，4 类区两点。

功能区 24h 测量以每小时取一段时间，在此时间内每隔 5s 读一瞬时声级，连续取 100 个数据 [当声级涨落大于 10dB（A）时，应读取 200 个数据]，代表该小时的噪声分布。测量时段可任意选择，但两次测量的时间间隔必须为 1h。测量时，读取的数据写入环境噪声测量数据表。读数时还应判断影响该测点的主要噪声来源（如交通噪声、生活噪声、工业噪声、施工噪声等），并记录周围的环境特征，如地形地貌、建筑布局、绿化状况等。测点若落在交通干线旁，还应同时记录车流量。

采用噪声分析仪进行测量时，取样间隔为 5s，测量时间不得少于 10min。评价参数选用各个测点每小时的如 L_{10}、L_{50}、L_{90}、L_{eq}。

第五章 水环境质量评价

第一节 水环境质量概述

水环境是河流、湖泊（水库、池塘）、海洋、地下水等各种水体的总称，水环境是一个统一的整体。河流和湖泊等地表水体与地下水是相互补充、相互影响的，海洋是内陆水的受体。

水体与人们的生活和生产活动密切相关，水体按其用途可分为饮用水、渔业用水、农田灌溉水、工业用水等。对不同的用水制定了相应的水质标准，作为控制水质的依据。

人类的开发行为常影响水体的水量和水质并引起水生生态系统的变化，破坏水资源的正常功能。一个水体的环境质量是由水质（悬浮物、溶解物质）、底部沉积物和水生生物三部分的状况决定的。这三部分通过相互依赖和相互影响组成水体的统一整体。在进行水环境评价时，一定要注意水体之间和水体内各组成部分之间的相互关系。

一、水体污染的概念

人类活动和自然过程的影响可使水的感官性状（色、嗅、味、透明度等）、物理化学性质（温度、氧化还原电位、电导率、放射性、有机和无机物质组分等）、水生物组成（种类、数量、形态和品质等），以及底部沉积物的数量和组分发生恶化，破坏水体原有的功能，这种现象称为水体污染。

水体污染分为两类：一类是人为污染，另一类是自然污染。如某地区由于地球化学条件特殊，某种化学元素大量富集于地层中，地面径流使这种元素溶解于水或夹杂在水流中被带入水体，造成水体自然污染。水体自然污染难以控制，它是引起某些地方病的发病原因之一。与自然过程比较，人类活动（如人类的生产和生活活动）向水体排放各类污染物才是造成水体污染的主要原因。

地下水污染指在人类活动的影响下，地下水水质朝着恶化方向发展变化的现象。无论这种现象是否使水质恶化达到影响使用的程度，只要这种现象发生，就应该认为地下水已经受到了污染。而在天然环境中，在含矿体地层或某种水文地球化学条件影响下，地下水的某些组分相对富集或贫化而造成地下水水质变差的现象，不应视为污染，而应称为“天然异常”。也就是说，地下水污染应具备三个条件：①水质朝着恶化的方向发展；②这种恶化现象是人类活动引起的；③地下水背景值或对照值是判断地下水污染的基本依据。

二、水体污染源

产生排入水体中物理的（热、放射性）、化学的（有机物、无机物）、生物的（霉素、病菌）有害物质和因素的设备、装置和场所等，称为水体污染源。

按水污染性质可分为持久性污染物、非持久性污染物、酸和碱、热效应四类。在水环境影响评价工作中，弄清水体污染物的来源具有十分重要的意义，不同来源的废水具有不同的物理、化学和生物学特征，它们对水体的危害也各不相同。

另外，按排放形式的不同，可将水体污染源分为点源和面源两大类。

点污染源是指由城市、乡镇生活污水和工矿企业通过管道和沟渠收集排入水体的废水。居住区生活污水量 Q_s 计算式为：

$$Q_s = \frac{qNK_s}{86400}$$

式中，Q_s 为居住区生活污水量，L/s；q 为每人每日的排水定额，L/（人·d）；N 为设计人口数，人；K_s 为总变化系数，在 1.5 ~ 1.7 之间取值。

工业废水 Q_s 按下式估算：

$$Q_s = \frac{mMK_i}{3600t}$$

式中，m 为单位产品废水量，L/t；M 为该产品的日产量，t；K_i 为总变化系数，根据工艺或经验决定；t 为工厂每日工作时数，h。

面污染源是指分散或均匀地通过岸线进入水体的废水和自然降水通过沟渠进入水体的废水。主要包括城市雨水、农田排水、矿山废水等。情况往往比较复杂，需要根据具体情况来确定。在粗略估算时，可按单位面积的排污系数乘以排污面积来估算面源的污水排放量。

三、水体污染危害

（一）有机耗氧性污染

有机物对水体污染的特征表现在消耗水中的溶解氧。在好氧条件下，好氧微生物把有机物分解为简单的无机物，同时由于微生物的增殖或呼吸作用消耗了水中的溶解氧。例如，每分解 1mol 碳水化合物（$C_6H_{10}O_5$）消耗 6mol 氧气。当有大量易生物分解的有机物进入水体时，势必引起水中溶解氧急剧下降，从而影响鱼类和其他水生生物的正常生长。一般认为，渔业水中的溶解氧不得低于 3mg/L。此外，溶解氧低于 3mg/L 时，厌氧微生物大量繁殖，使有机物的好氧分解过程转为厌氧分解，所产生的甲烷、硫化氢等不但对鱼类有毒，而且使水体发臭，影响水体的使用。

（二）化学毒物污染

已发现的化学物质约有600万种，在环境中分布的约6万种。排入水体危害严重而受到人们特别关注的主要化学毒物是重金属、有机农药、无机毒物、氰化物、酚类化合物、多氯联苯和稠环芳烃等。常见的重金属毒物如汞、铅、镉、铬、镍等，它们具有毒性大，在环境中稳定以及能在生物体中富集和在人体中积累的共同特点；有机农药包括有机氯、有机汞、有机磷等；无机毒物中有代表性的是氟和亚硝酸盐；有机毒物中的酚类和氧化物，是我国许多河流的主要污染物之一。水俣病就是渔民长期吃了富含甲基汞的鱼造成的，而骨痛病是吃了被镉污染的土壤生产的稻米所致。酚作为一种原生质毒物，可使蛋白质凝固，主要作用于神经系统。水体受酚污染后，会严重影响水中生物的生长和繁殖，使水产品产量和质量降低。

（三）石油污染

由于石油开采、运输过程的泄漏以及排出压舱水等，引起水体的石油污染。特别是海上石油开采、油船泄漏等引起的海洋石油污染日趋严重。漂浮于海水水面上的油膜阻断了空气中的氧气扩散到水体，对海洋生物的生长产生不良影响。受石油膜、块的玷污，鱼卵不能成活，幼鱼和海鸟等死亡。

（四）放射性污染

放射性污染是指人类活动排放出的放射性污染物，使水环境的放射性水平高于天然水体本底或超过国家规定的标准。核工业、核电站、核燃料后处理、核试验以及放射性同位素应用等，都会释放出放射性物质。例如锶–90、铯–137、碘–131、钚–239、镭–228等核素半衰期长、毒性大，它们会损伤机体的功能，引起白血病、癌症和缩短寿命，或作用于人类生殖细胞的染色体DNA或RNA等，引起遗传影响。

（五）富营养化污染

在人类活动的影响下，大量含氮、磷等营养物质的污水不断排入湖泊、河口、海湾等缓流水体，引起藻类及其他浮游生物迅速繁殖，水体溶解氧下降，水质恶化，严重时鱼类及其他生物大量死亡的现象称为富营养化。水体营养条件不同，生物群也随之发生变化，水面往往呈现蓝色、红色、白色等，以占优势的浮游生物的颜色为主。

（六）病原微生物污染

生活污水、饲养场污水以及制药、洗毛、屠宰等工厂和医院排出的废水常含有病菌、病毒和寄生虫等各种病原体，会造成水体污染并传播疾病。

（七）酸、碱污染

某些工业废水或酸雨pH值小于6.5或大于8.5时，都会使水生生物受到不良影响，严重时造成鱼虾绝迹。

（八）热污染

工厂向水体排放大量温度较高的废水使水体温度上升，造成热污染。热污染的主要来源是各类发电厂排出的冷却水。热污染导致水体温度升高，溶解氧减少，水中生物的生存和繁殖受到影响和破坏，有的还加剧水中污染物的毒性。许多鱼类对0.1℃的温差都有反应，持续35℃的水温导致大多数鱼类不能生存。

第二节　地表水环境质量现状

一、评价因子的选择

（一）选择评价因子的原则

①根据水环境质量现状评价的目的选择符合要求的评价因子；②根据被评价水体的功能，如饮用水、渔业用水、公共娱乐用水等选择评价因子；③根据水体污染源评价结果得出的评价区主要污染物选择评价因子；④根据水环境评价标准选择评价因子；⑤根据水环境监测条件和测试条件选择评价因子。

（二）评价因子的类别

根据国家水环境质量标准把水质指标（参数）分为：①物理参数：包括温度、嗅、味、色、浊度、固体（悬浮性固体、溶解性固体等）；②化学参数：分无机成分和有机成分，无机指标有含盐量、硬度、pH值、强度、碱度、铁、锰及氯化物、硫酸盐、重金属类、氮、磷等，有机指标有BOD_5、COD、高锰酸盐指数、溶解氧、油类等；③生化参数：大肠杆菌等。

根据水质指标的功能分为：①感官因子：如味、色、嗅、透明度、悬浮物等；②氧平衡因子：如溶解氧、BOD、COD、TOC等；③营养因子：如硝酸盐、磷酸盐、氨盐等；④毒性因子：如Cr、As、Hg、Cu、Pb、Zn、Cd等重金属因子和挥发酚、氧化物等；⑤微生物因子：如总大肠菌群、细菌总数。

二、河流水环境质量现状评价

污染物从不同途径进入水环境后，随着水体介质的迁移运动、污染物的分散作用以及污染物的衰减转化作用，污染物在水体中会得到稀释和扩散，从而降低污染物在水体中的浓度。对不同地区、不同水域而言，污染物在水体中的运动形式和运动规律是不同的，如污染物在河流、湖泊、海洋等水体中具有各自不同的运动形式和运动规律。因此，在进行水环境质量评价时，就必须了解污染物在评价范围水体中的运动形式和运动规律，掌握污染物在水体中的时空变化规律。

（一）一般型水环境指数

1. 内梅罗污染指数

计算水质指标的参数有温度、颜色、透明度、pH 值、大肠杆菌数、总溶解固体、悬浮固体、总氮、碱度、氯、铁和锰、硫酸盐、硬度、溶解氧。并将水的用途划分为三类，根据水的不同用途，拟定了相应的水质标准，即：①人类直接接触使用：包括饮用、游泳、制造饮料等；②间接接触使用：包括养鱼、工业食品制造、农业用等；③不接触使用：包括工业冷却水、公共娱乐及航运等。

根据划分的水的用途，内梅罗先建立了分指数，即

$$PI_j = \sqrt{\frac{1}{2}\left\{\left[\max\left(\frac{C_i}{S_{ij}}\right)\right]^2 + \left(\frac{1}{n}\sum_{i=1}^{n}\frac{C_i}{S_{ij}}\right)^2\right\}}$$

式中，PI_j 为第 j 类水用途内梅罗水污染指数；C_i 为第 i 种污染物的实测浓度；S_{ij} 为第 i 种污染物第 j 类水用途的水质标准；n 为污染物种类。

此处在计算各 C_i/S_{ij} 值时，认为该 C_i/S_0 值指的是相对污染情况，它反映 j 类用途的水受到污染的情况，而这种污染可表现在处理设施的必要花费上。但不同的 C_i/S_{ij} 值，给水质带来的污染和所需要的处理费用是不同的，往往并不和它们在 C_i/S_{ij}，值中的比例一致。为了使指数能够反映水体的污染程度，在计算 C_i/S_{ij} 值的方法中应加以修正：

当 $C_i/S_{ij} \leqslant 1.0$ 时，C_i/S_{ij} 为实测值；

当 $C_i/S_{ij} > 1.0$ 时，$C_i/S_{ij} = 1.0+P\lg C_i/S_{ij}$，其中 P 当为常数，一般取 5.0。

总的水污染指数 PI。内梅罗认为上述算出的只是某一种水用途 j 类水，而在分析污染控制问题的区域利益方面，则必须考虑目前该区中水的一切用途，算出总的水污染指数 PI。他建议用一个区域中所计算出的各种用途的 PI_j 来计算 PI，即须将一个区域各种水用途的相对重要性确定出来。综合水污染指标形式如下：

$$PI = W_1 \cdot PI_1 + W_2 \cdot PI_2 + W_3 \cdot PI_3$$

式中，W_1、W_2、W_3 为水体的三种用途的权重；其余符号意义同前。

内梅罗指数法有两个明显的特点：一是兼顾考虑最高值与平均值；二是不同类的水用途对整个评价区域水体的影响。

评价结果分析：根据PI确定水质状况，当$PI \leqslant 1$时，表明水体未污染；当$PI > 1$时，表明水体受到污染。

2. 北京西郊水质质量系数

北京市西郊河流水质质量系数评价模型见下式：

$$P = \sum C_i / S_i$$

式中，C_i 为各种污染物实测质量浓度，mg/L；S_i 为各种污染物的地面水卫生标准，mg/L。根据北京市西郊河流具体情况，用 P 值将地面水分为七个等级，见表 5–1。

表 5–1　北京西郊水质质量系数分级表

级别	P 值
清洁	< 0.2
微污染	0.2 ～ 0.5
轻污染	0.5 ～ 1.0
轻度污染	1.0 ～ 5.0
中度污染	5.0 ～ 10.0
严重污染	10.0 ～ 100
极严重污染	> 100

3. 南京水域质量综合指标

在南京城区环境质量综合评价中提出了水域质量综合指标：

$$I_{水} = \frac{1}{n} \cdot \sum W_i \cdot P_i$$

$$P_i = C_i / S_i$$

式中，$I_{水}$为各污染物综合指数；P_i 为污染物的实测浓度；W_i 为污染物的权重（$\sum W_i = 1$）；n 为污染物种类。

共选了砷、酚、氰、铬、汞作为评价参数，按表 5–2 定出水域的水质分级标准。

表 5–2　南京水域质量综合指标分级

$I_{水}$值	级别	分类依据
< 0.2	清洁	多数项目未检出，个别项目检出，也在标准值内
0.2 ～ 0.4	尚清洁	检出值均在标准值内，个别值接近标准值
0.4 ～ 0.7	轻污染	有 1 项检出值超过标准值
0.7 ～ 1.0	中污染	有 1 ～ 2 项检出值超过标准值
1.0 ～ 2.0	重污染	全部或相当部分监测项目检出值超过标准值
> 2.0	严重污染	相当部分项目检出值超过标准值 1 倍到数倍

4. 有机污染综合评价值

我国环境科学工作者鉴于上海地区黄浦江等河流的水质受有机污染突出的问题，综合出氨氮与溶解氧饱和百分率之间的相互关系，在此基础上提出了有机污染综合评价值 A，其定义为

$$A = BOD_i / BOD_0 + COD_i / COD_0 + (NH_3—N)_i / (NH_3—N)_0 - DO_i/DO_0$$

式中，A 为综合污染评价值指数；BOD_i、BOD_0 为 BOD 的实测值和评价标准；COD_i、COD_0 为 COD 的实测值和评价标准；$(NH_3\text{-N})_i$、$(NH_3\text{-N})_0$ 为 NH_3-N 的实测值和评价标准；DO_i、DO_0 为溶解氧的实测值和评价标准。

可以根据有机污染物为主的情况，评价因子只选择了代表有机污染状况的四项，其中溶解氧项前面的负号表示它对水质的影响与上述三项污染物相反。

上式也可以改写成：

$$A = BOD_i / BOD_0 + COD_i / COD_0 + (NH_3\text{-}N)_i / (NH_3\text{-}N)_0 + (DO_{饱} - DO_i) / (DO_{饱} - DO_0)$$

式中，$DO_{饱}$为实测水文条件下饱和溶解氧的浓度。

5. 我国环境影响评价技术导则推荐的指数法

（1）评价标准

地表水的评价标准采用《地表水环境质量标准》（GB 3838—2002）或相应的地方标准。

（2）水质参数的取值

某单项水质参数的数值可以采用多次监测的平均值，但如果该水质参数数值变化很大，实际工作中，为了突出高值的影响，可以采用内梅罗平均值或其他计入高值影响的平均值。即

$$C = \sqrt{\frac{C^2_{max} + \overline{C}^2}{2}}$$

式中，C 为某参数的评价浓度值；$\overline{C}$为某参数监测数据的平均值；C_{max} 为某参数监测数据集中的最大值。

（3）单项水质参数评价

采用标准型指数法：

$$I_{ij} = \frac{C_{ij}}{C_{si}}$$

式中，I_{ij} 为第 i 项水质参数在第 j 点的标准指数；C_{ij} 为第 i 项水质参数在第 j 点的实测统计代表值；C_{si} 为第 i 项水质参数的评价标准值。

（4）溶解氧的标准指数

由于溶解氧和 pH 值与其他水质参数的性质不同，所以用不同的指数：

$$I_{DO_j}=\frac{|DO_f-DO_j|}{DO_f-DO_s} \quad DO_j \geqslant DO_s$$

$$I_{DO_j}=10-9\frac{DO_j}{DO_s} \quad DO_j < DO_s$$

式中，I_{DO_j} 为 j 点的溶解氧标准指数；DO_f 为饱和溶解氧浓度，mg/L；DO_j 为 j 点的溶解氧实测浓度代表值，mg/L；DO_s 为溶解氧的评价标准值，mg/L。

（二）分级型水环境指数

环境质量分级一般是按一定的指标对环境质量指数范围进行分级。环境质量分级是根据环境质量指数按照一定的数学方法，将表征环境质量的各种数值综合归类，确定环境质量所属的等级。在单一指数或较简单的指数系统中，指数和环境的关系密切，分级也较容易。但当参数选择较多时，综合指数复杂，则环境质量分级也越困难。在实际工作中，首先要掌握污染状况变化的历史资料，弄清指数变化与污染状况变化的相关性，先确定污染、重污染（质量差）、严重污染（危险）等几个突出的污染级别与相应的指数范围，然后再根据评价结果进行具体分级。要做好环境质量分级，必须从实际出发，掌握大量的历史观测资料，并可借助其他地区已有的分级经验。

1. 罗斯水质指数

（1）评价参数：选用悬浮固体、BOD_5、DO、氨氮和磷酸盐。其中 DO 分别以浓度（mg/L）和饱和度（%）参与计算。在工作过程中又发现磷酸盐影响较小而舍去，最后为四个参数。

（2）将上述参数依据不同的浓度进行评分分级，分级结果见表 5–3，以此作为水质指数各参数的评分尺度。

表 5–3　水质指数各参数的取值范围与评分分级

悬浮固体		BOD_5		氨氮		DO		DO	
质量浓度 mg·L⁻¹	分级	质量浓度 mg·L⁻¹	分级	质量浓度 mg·L⁻¹	分级	饱和度 / %	分级	质量浓度 mg·L⁻¹	分级
0 ~ 10	20	0 ~ 2	30	0 ~ 0.2	30	90 ~ 105	10	9	10
10 ~ 20	18	2 ~ 4	27	0.2 ~ 0.5	24	80 ~ 90	8	8 ~ 9	8
20 ~ 40	14	4 ~ 6	24	0.5 ~ 1.0	18	105 ~ 120	8	6 ~ 8	6
40 ~ 80	10	6 ~ 10	18	1.0 ~ 2.0	12	60 ~ 80	6	4 ~ 6	1
0 ~ 150	6	10 ~ 15	12	2.0 ~ 5.0	6	> 120	6	1 ~ 4	2
150 ~ 300	2	15 ~ 25	6	5.0 ~ 10.0	3	40 ~ 60	4	0 ~ 1	0
> 300	0	25 ~ 50	3	> 10.0	0	10 ~ 40	2		
		> 50	0			0 ~ 10	0		

（3）不同参数权重系数见表 5–4。

表 5–4　各评价参数权重

参数	BOD_5	氨氮	悬浮固体	DO
权重系数	3	3	2	2

表 5–4 中 DO 可用浓度和饱和度表示，各取权值为 1，所有权值的加和为 10。

（4）水质指数计算公式：在计算水质指数时，不直接用各参数的测定值或相对污染值来统计，而是先把它们分成等级，然后按等级进行计算，其计算式为：

$$WQI=\frac{\sum P_i}{\sum W_i}$$

式中，WQI 为水质指数；P_i 为各参数的评分；W_i 为各参数的权重。

（5）各级水质指数分级如下：罗斯将河流水质依据 WQI 值分为 11 个等级。数值越大，水质越好。同时规定了 WQI 值的概括描述：10 为无污染天然纯净状态水；8 为轻度污染；6 为污染；3 为严重污染；0 为水质腐败。

2. 布朗水质指数

布朗等发表了评价水质污染的水质指数（WQI）。他们对 35 种水质参数征求 142 位水质管理专家的意见，选取了 11 种重要水质参数，即溶解氧、BOD_5、浑浊度、总固体、硝酸盐、磷酸盐、pH 值、温度、大肠杆菌、杀虫剂、有毒元素，然后由专家进行不记名投票，确定每个参数的相对重要权重系数，见表 5–5。

水质指数 WQI 按下式计算：

$$WQI=\sum W_i P_i \quad \sum W_i=1$$

式中，WQI 为水质指数，其数值在 0 ~ 100 之间；P_i 为第 i 个参数的质量，在 0 ~ 100 之间；W_i 为第 i 个参数的权重值，在 0 ~ 1 之间。

表 5–5　9 个参数的重要性评价及权重系数

水质参数	重要性评价值	中介权重	最后的权重 W_i
溶解氧	1.4	1.0	0.17
大肠菌密度	1.5	0.9	0.15
pH 值	2.1	0.7	0.12
BOD_5	2.3	0.6	0.10
硝酸盐	2.4	0.6	0.10
磷酸盐	2.4	0.6	0.10
温度	2.4	0.6	0.10
浑浊度	2.9	0.5	0.08
总固体	3.2	0.4	0.08
合计		5.9	1.00

3.W 值水质评价方法

W 值法充分考虑主要污染物的影响。W 值水质评价方法的评价顺序是：为各项监测值赋评分数，将评分数转换成数学模式，再对水质进行污染分级，写出污染表达式。最后，计算各河流（或河段、水域）的综合污染系数。

（1）监测项目与评分标准

为了全面评价地表水体，原则上讲，所有项目都应监测。一般情况下，BOD_5、DO、挥发性酚、氰化物、Cu、As、Hg、Cd、Cr（Ⅵ）、氨氮、阳离子合成洗涤剂（ABS）、石油是必须监测的。

对地面水质的单一项目或污染物的评分用“地表水质单一项目或毒物的分级评分标准”（表 5-6），Ⅰ级除 BOD_5、DO、Cu，其他为饮用水标准；Ⅱ级除 ABS 外，等于或小于水产用水标准；Ⅲ级为地面水标准；Ⅳ级为农田灌溉用水标准；大于农田灌溉用水标准的数值为Ⅴ级。

表 5-6　地表水质单一项目或毒物的分级评分标准

分级	Ⅰ		Ⅱ		Ⅲ		Ⅳ		Ⅴ	
	质量浓度 $mg \cdot L^{-1}$	评分	质量浓度 $mg \cdot L^{-1}$	评分	质量浓度 $mg \cdot L^{-1}$	评分	质量浓度 $mg \cdot L^{-1}$	评分	质量浓度 $mg \cdot L^{-1}$	评分
DO	5	10	5	10	4	8	3	4	3	2
BOD_5	2	10	3	8	4	6	10	4	10	2
酚	0.002	10	0.01	8	0.01	8	1	4	1	2
CN	0.01	10	0.02	8	0.05	6	0.5	4	0.5	2
Cu	0.01	10	0.01	10	0.1	6	1.0	4	1.0	2
As	0.02	10	0.03	8	0.04	6	0.1	4	0.1	2
Hg	0.00	10	0.001	10	0.001	10	0.005	4	0.005	2
Cd	0.01	10	0.01	10	0.01	10	0.1	4	0.1	2
Cr	0.05	10	0.05	10	0.05	10	0.1	4	0.1	2
石油	0	10	0.05	8	0.3	6	10	4	10	2
NH_4-N	0.2	10	0.5	8	1.0	6	30	4	30	2
ABS	0.3	10	0.4	8	0.5	6	5	4	5	2

规定凡符合Ⅰ、Ⅱ、Ⅲ、Ⅳ、Ⅴ类（级）的环境质量标准的环境因子分别可以评为 10 分、8 分、6 分、4 分、2 分，对不能满足最低一级环境质量的因子，评为 0 分。

（2）数学模式

为了概括地表示水质监测的总项数和各级别的项数，采用数学模式，其写法为：

$$SN_{10}{}^{n}N_{8}{}^{n}N_{6}{}^{n}N_{4}{}^{n}N_{2}{}^{n}N_{0}{}^{n}$$

式中，S 为参与评价因子的总数目；N 为与上、下标共同表示某类因子评价结果；n 为被评为 10 分、8 分、6 分、4 分、2 分和 0 分的因子数目。

（3）污染分级

地面水质的综合评价分五级，即 W1 级为第一级（优秀级），也叫饮用级；W2 级为第二级（良好级），也叫水产级；W3 级为第三级（标准级），也叫地表级；W4 级为第四级（污染级），也叫污灌级；W5 级为第五级（重污染级），也叫弃水级。

（4）污染表达式

为了一目了然地表示监测项数、污染级别和超标项数，采用“污染表达式”，其写法是：

$$SWJ-C$$

式中，S 为监测总项数；WJ 为污染级别；C 为超标项数。

如 13W2–1 这一污染表达式，表示监测项数为 13 项，水质属中 2 级，有一项超过地面水标准。

（5）评价结果分析

表 5–7 给出了按 W 值法进行环境质量分级的标准，以污染最严重的两个因子的评分值作为依据，突出了主要污染因子的作用。

表 5–7　W 值法环境质量分级

环境质量分级	理想（W_1）	良好（W_2）	污染（W_3）	重污染（W_4）	严重污染（W_5）
最低两因子评分值之和	18 或 20	14 或 16	10 或 12	6 或 8	≤ 4

三、湖泊水环境质量现状评价

湖泊水环境质量的现状评价主要包括以下四方面：水质评价、底质评价、生物评价和综合评价。湖泊的水质评价同于河流，这里只介绍湖泊水环境质量底质评价、生物评价和综合评价方法。

（一）底质评价

采用污染指数法评价底质污染状况时，通常缺乏底质的评价标准。对湖泊来说，通常是湖区土壤中有害物质自然含量作为标准值，污染指数法公式如下：

$$I_i=\frac{C_i}{S_i}$$

式中，I_i 为底泥中第 i 种污染物的污染指数；C_i 为底质中第 i 种污染物的实测值，mg/kg；S_i 为湖区土壤中第 i 种污染物的自然含量，mg/kg。

计算出各参数的污染指数后，再按内梅罗公式计算底泥的综合污染指数：

$$P=\sqrt{\frac{{I_{max}}^2+{I_{avg}}^2}{2}}$$

式中，I_{max} 为底泥的综合污染指数 I_i 的最大值；I_{avg} 为底泥中污染指数 I_i 的平均值。

将计算得到的 P 值按表 5-8 对底泥污染状况进行分级。其他水体底质的评价可参考上述评价方法。

表 5-8　底泥污染状况分级

底泥综合污染指数	底泥污染程度分级
< 1.0	清洁
1.0 ~ 2.0	轻污染
> 2.0	污染

（二）生物评价

湖泊的生物学评价方法很多，如一般描述对比法、指示生物法、种的多样性指数法、生产力法、残留量法、酶活性法、生物指数法等。下面介绍生物指数法中的三种方法。

1.Beck 指数

按底栖大型无脊椎动物对有机污染的耐性分成两类，Ⅰ类是不耐有机污染的种类，Ⅱ类是能忍受中等程度的污染，但非完全缺氧条件的种类。将一个调查地点内Ⅰ类和Ⅱ类动物种类数分别为 N_{I} 和 N_{II}，生物指数按下式计算：

$$I=2N_{\mathrm{I}}+N_{\mathrm{II}}$$

这种生物指数值，在净水中一般为 10 以上，中等污染时为 1 ~ 10，重污染时为 0。要求对比的生物指数，其环境条件大体相同，例如水深、流速、底质、水生植物等，即有可比性。

2. 硅藻类生物指数

它是用硅藻类的种类数计算生物指数的。如果用 I 表示硅藻类中不耐污染的种类，B 表示耐污染的种类数，C 表示在调查区内独有的种类数，则硅藻生物指数按下式计算：

$$I=\frac{2A+B-2C}{A+B-C}$$

3.King 和 Ball 的生物指数

这种方法是称量水昆虫和寡毛类的湿重，按下式计算生物指数：

$$I=\frac{\text{水昆虫湿重}}{\text{寡毛类湿重}}$$

此指数值越小，表示污染越严重；指数值越大，表示水质越清洁。这种方法比较简单，不需要对生物鉴别到物种，仅将底栖动物中昆虫和寡毛类检出即可，使工作量大为减少。

（三）综合评价

在进行湖泊水质评价、底质评价和生物评价的基础上，可进行湖泊环境质量的综合评价。综合评价方法有三种：算术平均值法、选择最大值法和加权法。加权法各监测点的综合污染指数和综合分级数可按下式计算：

$$I=\sum I_{\mathrm{i}}W_{\mathrm{i}}$$

$$M=\sum M_{\mathrm{i}}W_{\mathrm{i}}$$

式中，W_{i} 为水质、底质和生物评价分别在综合评价中的权重；I_{i} 为水质、底质和生物的污染指数；M_{i} 为水质、底质和生物评价的分级值；M 为监测点的综合分级值；I 为监测点的综合污染指数。

把各监测点的综合污染指数和综合分级值心点绘在采样点分布图上，作等值线图，然后按面积加权求出湖泊的总污染指数和总分级值。

第三节　地表水环境影响评价

一、地表水环境影响评价的目的

地表水环境影响评价的目的是通过调查分析、评估，定量地预测未来的开发行动或建设项目向受纳水体的污染物排放量，弄清污染物在水体中的迁移、转化规律，提出建设项目和区域环境污染物的控制和防治对策，以实现环境保护的目标。特定环境目标的实现须对污染源采取各种优化分配和控制削减措施，合理分配环境资源。资源的优化分配是建立在水环境容量的定量化、水质模拟程序化的基础上的，是对建设项目生产工艺、污水处理技术的全面评估，是在成本、效益分析定量化的前提下，对社会—环境—经济效益的综合分析。

二、评价等级

依据《环境影响评价技术导则》的规定，地表水环境影响评价工作分为三级，一级评价最详细，二级次之，三级较简略。水环境质量评价等级的划分原则是：建设项目的污水排放量、污水水质的复杂程度、受纳水体的规模和受纳水体对水质的具体要求。根据上述原则，进行水环境影响评价时，按照以下四项指标来衡量地表水环境影响评价的级别。

（一）建设项目污水排放量

通常将企业污水排放量分为五个级别：①大于 20000m^3/d；② 10000 ~ 20000m^3/d；③ 5000 ~ 10000m^3/d；④ 1000 ~ 5000m^3/d；⑤小于 1000m^3/d。

（二）建设项目污水水质的复杂程度

①复杂：污染物类型数大于或等于 3，或者只有 2 类污染物，但需要预测其浓度的水质参数数目 ≥ 10；②中等：污染物类型数等于 2，且需要预测其浓度的水质参数数目小于 10，或者只有 1 种污染物类型，但需要预测的水质参数数目大于或等于 7；③简单：污染物类型数目等于 1，需要预测浓度的水质参数数目小于 7。

（三）地表水域规模

1. 河流或河口规模的划分

对水环境影响评价时最好以枯水期的平均流量作为河流（河口）大小规模的判据。但由于这种资料往往难以获得，所以《环境影响评价技术导则》规定地表水以多年平均流量为划分依据。如果没有多年平均流量，则用平水期平均流量。根据技术导则规定，拟建项目排污口附近河流断面的多年平均流量大于 150m^3/s 的为大河，小于 15m^3/s 的为小河，介于二者之间的为中河。

2. 湖泊和水库规模的划分

与河流的情况类似，应以湖泊和水库枯水期蓄水量和蓄水面积作为划分依据。但此时期的资料不易获得，因此以多年平均情况作为划分依据。没有多年平均资料的，用平水期的平均资料。湖泊和水库规模大小的划分规定如下：

当平均水深 ≤ 10m 时，大湖（水库）> 50km^2，中湖（水库）5 ~ 50km^2，小湖（水库）< 5km^2；当平均水深 > 10m 时，大湖（水库）> 25km^2，中湖（水库）2.5 ~ 25km^2，小湖（水库）< 2.5km^2。

（四）地表水水质要求

以《地表水环境质量标准》划分地表水的水域功能，如果受纳水体的实际功能与该标准的水质分类不一致时，可根据项目所在地人民政府规定的水环境功能区划来确定受纳水体的功能，然后确定对地表水水质的要求。

三、预测条件的确定和预测方法

（一）预测条件的确定

1. 评价因子的筛选

评价因子的筛选应根据评价项目的特点和评价范围内水环境污染的特点而定。一般按下列原则筛选：①按等标排放量大小排序，选择排位在前的因子，但对那些毒性较大、持久性的污染物应慎重取舍；②在受项目影响的水体中已经造成严重污染的污染物或已无负荷容量的污染物；③经环境调查已经超标或接近超标的污染物；④地方环保部门要求预测的敏感污染物。

2. 预测范围与预测点位

地表水环境的预测范围一般与地表水环境现状调查的范围相同或略小。其确定原则与现状调查相同。在预测范围内布设适当的预测点，预测点的数量和位置应根据受纳水体和建设项目的特点、评价等级以及当地的环保要求确定。一般选择以下地点为预测点：①已确定的环境敏感点；②环境现状监测点；③水文特征和水质突变处、现有水文站、河流分汊或汇合处等；④在河流混合过程段选择几个代表性断面；⑤排污口下游可能出现超标的点位附近。

3. 预测阶段

一般分建设期、运营期和服务期满后三个阶段。所有建设项目均应预测生产运行阶段对地表水环境的影响。按正常排放和不正常排放两种情况进行预测。对于建设期超过一年的大型建设项目，如可能进入地面水环境的堆积物较多或土方量较大，且受纳水体的水质要求较高（Ⅲ类以上）时，应进行建设期的环境影响预测。个别建设项目（如矿山开发）应根据其性质、评价等级、水环境的特点和当地的环保要求，预测服务期满后的水环境影响。

4. 预测时段

地表水预测时段分为丰水期、平水期和枯水期三个时期。一般说，枯水期河水的自净能力最小，平水期次之，丰水期最大。评价等级为一、二级时，应分别预测建设项目在枯水期和平水期两个时段的环境影响。对冰封期较长的水域，当其水体功能为生活饮用水、食品工业用水水源或渔业用水时，还应预测此时段的影响。评价等级为三级或评价等级为二级但评价时间较短时，可只预测枯水期的环境影响。

另外，在进行水环境影响预测前，还需要明确排污状况、水文条件、水质模型参数及边界条件。

（二）预测方法的选择

1. 数学模型法

数学模型法是利用适合的水质模型预测建设项目引起的水体水质变化，从而预测建设项目的水环境影响的定量方法，已经在许多水域获得了成功应用。该方法比较简单，应首先考虑应用。但这种方法需要一定的计算条件和输入必要的参数，而且污染物在水中的净化机制有的很难用数学模型来表达，影响了预测的准确性。

2. 物理模型法

该法根据相似理论，在按一定比例缩小的环境模型上进行水质模拟实验，以预测由建设项目引起的水体水质变化。不过该方法需要相应的实验条件，制作实验模型需要花费大量的人力、物力和时间。如果平均级别较高，对预测结果要求很严，又无法利用数学模型进行预测时，可以采用这种方法。但是，模拟实验的条件毕竟不能完全和实际水体一致，水中的化学、生物净化过程难以在实验中模拟，因此，环境影响评价时应留有一定的安全系数。

3. 类比分析法

类比分析法是参照现有相似工程对水体的影响来预测拟建项目对水环境的影响。该法要求建设项目和类比项目污染物来源、性质相似，并在数量上有比例关系。此种预测属于定性或半定量性质。类比法得到的结果往往比较粗糙，一般在评价工作级别较低，且评价时间较短，无法取得足够的参数和数据时采用。

四、地表水环境影响评价中常用的水质模型

（一）河流和河口水质模型

从理论上说，污染物在水中的迁移、转化过程要用到三维水质模型预测描述，但实际应用的是一维和二维模型。一维模型常用于污染物浓度在断面上比较均匀分布的中小型河流水质预测；二维模型常用于污染物浓度在垂向比较均匀，而在纵向（X轴）和横向（Y轴）分布不均匀的大河。对于小型湖泊还可采用更简化的零维模型，即在该水体内污染物浓度是均匀分布的。

1. 河流中污染物的混合和衰减模型

（1）零维水质模式（河流完全混合模式）

含持久性污染物的废水排入河流，该河流无支流或其他排污口废水进入，在下游某点，如果废水和河水能在整个断面上达到均匀混合，设该点的污染物浓度（C）为

$$C=\frac{Q_{p}C_{p}+Q_{h}C_{h}}{Q_{p}+Q_{h}}$$

式中，C 为该点的污染物质量浓度，mg/L；Q_h 为河流的流量，m^3/s；C_h 为排污口上游河流中污染物质量浓度，mg/L；Q_p 为排入河流的废水流量，m^3/s；C_p 为废水中污染物质量浓度，mg/L。

（2）一维模型

在河流的流量以及其他水文条件不变的稳态条件下，用一维模型进行预测。根据物质平衡原理，一维模型可写作：

$$D_{x}\frac{\partial^{2}C}{\partial x^{2}}-u_{x}\frac{\partial C}{\partial x}-KC=1$$

式中，D_x 为纵向弥散系数，m^2/s；C 为预测点的污染物质量浓度，mg/L；K 为污染物的衰减系数。

对于非持久性或可降解污染物，若给定 $x=0$ 时，$C=C_0$，上式的解为：

$$C=C_{0}\exp\left[\frac{u_{x}x}{2D_{x}}\left(1-\sqrt{1+\frac{4KD_{x}}{86400u_{x}^{2}}}\right)\right]$$

x y

对于一般条件下的河流，推流形成的污染物迁移作用要比弥散作用大很多，在稳态条件下，弥散作用可以忽略，则有：

$$C=C_{0}\exp\left(-\frac{Kx}{86400u_{x}}\right)$$

式中，C_0 为起始点（$x=0$）河水的污染物质量浓度，mg/L；u_x 为河流的平均流速，m/s；K 为污染物的衰减系数，1/s；x 为河水（从排放口）向下游流经的距离，m；Dx 为纵向弥散系数，m^2/s。

当污染物排入小型河流中时，可认为混合过程瞬间完成，非持久性污染物的预测计算可采用一维模型。

（3）污染物与河水完全混合所需距离

污染物从排放口排出后要与河水完全混合需一定的纵向距离，这段距离称为混合过程段，其长度为当某一断面上任意点的浓度与断面平均浓度之比介于 0.95 ~ 1.05 之间时，称该断面已达到横向混合，由排放点至完成横向断面混合的距离称为完全横向混合所需的距离。

一般混合段长度可由下式进行估算：

$$1=\frac{(0.4B-0.6a)Bu_x}{(0.058H+0.0065B)(gHI)^{\frac{1}{2}}}$$

式中，B 为河流宽度，m；a 为排放口到岸边的距离，m；u_x 为河流断面平均流速，m/s；H 为平均水深，m；I 为河流坡度，m/m；g 为重力加速度，$g=9.81\mathrm{m/s^2}$。

当采用河中心排放时，

$$1=\frac{0.1u_xB^2}{M_x}$$

当在岸边排放时，

$$1=\frac{0.4u_xB^2}{M_x}$$

式中，M_x 为废水与河水的纵向混合系数，$\mathrm{m^2/s}$。

（4）二维稳态混合模式

当受纳河流较大，断面宽深比大于或等于 20 时，入河流后会形成一个明显的污染带，应选用二维稳态混合模式进行预测计算。

持久性污染物岸边排放时，

$$C(x,\ y)=\left\{C_h+\frac{C_pQ_p}{H(\pi M_y xu)^{\frac{1}{2}}}\left\{\exp\left(-\frac{uy^2}{4M_yx}\right)+\exp\left[-\frac{u(2B-y)^2}{4M_yx}\right]\right\}\right\}$$

非持久性污染物非岸边排放时，

$$C(x,\ y)=\exp\left(-\frac{Kx}{86400u}\right)$$

$$\left\{C_h+\frac{C_pQ_p}{H(\pi M_y xu)^{\frac{1}{2}}}\left\{\exp\left(-\frac{uy^2}{4M_yx}\right)+\exp\left[-\frac{u(2a+y)^2}{4M_yx}\right]\exp\left[-\frac{u(2B-y)^2}{4M_yx}\right]\right\}\right\}$$

式中，$C(x,\ y)$ 为河流中（x，y）点污染物预测质量浓度，mg/L；C_h 为河流上游污染物质量浓度，mg/L；C_p 为污染物排放质量浓度，mg/L；Q_p 为污水排放量，$\mathrm{m^3/s}$；H 为水深，m；x 为从起始断面到预测断面的距离，m；y 为横向距离，m；u 为河水的平均流速，m/s；B 为河道宽度，m；a 为排放口距岸边距离，m；K 为污染物的一级降解速率常数，d－1，

持久性污染物 $K=0$；M_y 为横向混合系数，m^2/s，其计算公式为：

$$M_y = \alpha u^* H$$

式中，α 为综合系数，一般取 0.58；u^* 为摩阻流速，$u^* = \sqrt{gH}$；H 为平均水深，m。

2.BOD–DO 耦合模型

斯特里特和费尔普斯提出了描述一维河流中生化耗氧量 BOD 与溶解氧量 DO 的消长变化规律的模型，即 S–P 模型。经过几十年的发展，已经出现了许多修正的模型。

S–P 模型的基本假设：①河流中 BOD 的衰减和 DO 的复氧都是一级反应；②反应速度是恒定的（反应速度为常数）；③河流中的耗氧是由 BOD 衰减引起的，而河流中的溶解氧来源则是大气复氧。

S–P 模型是关于 BOD 和 DO 的耦合模型，可以写作：

$$\frac{dL}{dt} = -k_1 L$$

$$\frac{dD}{dt} = -k_1 L - k_2 D$$

式中，L 为河水中的 BOD 值，mg/L；D 为河水中的氧亏值，mg/L；K_1 为河水中 BOD 衰减（耗氧）系数，d^{-1}；K_2 为河流复氧系数，d^{-1}；t 为河水的流动时间。

其解析式为：

$$L = L_0 \exp(-k_1 t)$$

$$D = \frac{k_1 L_0}{k_2 - k_1}\left(e^{-k_1 t} - e^{-k_2 t}\right) + D_0 e^{-k_2 t}$$

式中，L_0 为河流起始点的 BOD 值；D_0 为河流起始点的氧亏值。

$\frac{dL}{dt} = -k_1 L$ 表示河流的氧亏变化规律。如果以河流的溶解氧来表示，则

$$DO = DO_f - D = DO_f - \frac{k_1 L_0}{k_2 - k_1}\left(e^{-k1t} - e^{-k2t}\right) - D_0 e^{-k2t}$$

式中，DO 为河流中的溶解氧浓度；DO_f 为饱和溶解氧浓度。

上式称为 S–P 氧垂公式，根据上式绘制的溶解氧沿程变化曲线，又称氧垂曲线（图 5–1）。

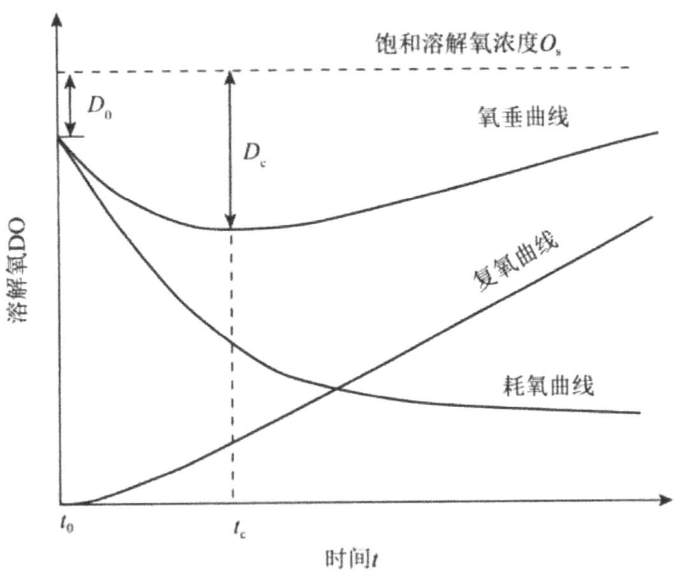

图 5-1 溶解氧氧垂曲线

在工程上，最关心的是溶解氧浓度最低点——临界点。在临界点，河水的氧亏值最大，且变化速率为零，即

$$\frac{\mathrm{d}D}{dt}=\mathrm{k}_1L-\mathrm{k}_2D=0$$

则得到临界点的氧亏值 D_c 为：

$$D_c=\frac{\mathrm{k}_1}{\mathrm{k}_2}L_0\mathrm{e}^{-\mathrm{k}_1\mathrm{t}_c}$$

式中，D_c 为临界点的氧亏值；t_c 为由起始点到达临界点的流动时间。

临界氧亏发生的时间 t_c 可以由下式计算：

$$\mathrm{t}_c=\frac{1}{\mathrm{k}_1-\mathrm{k}_2}\mathrm{h}\ \frac{\mathrm{k}_2}{\mathrm{k}_1}\left[1-\frac{D_0\left(\mathrm{k}_2-\mathrm{k}_1\right)}{L_0\mathrm{k}_1}\right]$$

S–P 模型在水质影响预测中应用最广，该模型适用于污染物连续稳定排放、恒定流动河流的充分混合段耗氧有机污染物和河流溶解氧状态的预测，也可以用于计算河段的最大容许排污量。在该模型基础上，结合河流自净过程中的不同影响因素，提出了不少修正模型。

（1）托马斯模型

该模型是在 S–P 模型的基础上，增加了因悬浮物沉降作用对 BOD 去除的影响，模型方程为：

$$\frac{dL}{dt}=-(k_1+k_3)L$$

$$\frac{dD}{dt}=k_1L-k_2D$$

式中，k_3 表示沉淀作用去除 BOD 的速率系数，d^{-1}。

该模型的解为：

$$L=L_0\exp[-(k_1+k_3)t]$$

$$\frac{dD}{dt} \qquad \frac{dL}{dt}$$

$$D=\frac{k_1L_0}{k_2-(k_1+k_3)}\left[e^{(k_1+k_3)t}-e^{-k2t}\right]+D_0e^{-k_2t}$$

托马斯模型适用于沉降作用明显的河段。

（2）多宾斯 - 康布模型

该模型是在 S–P 模型的基础上，提出了考虑底泥耗氧和光合作用复氧的模型。

$$\frac{dL}{dt}=-(k_1+k_3)L+B$$

$$\frac{dD}{dt}=-k_2D+k_1L-P$$

式中，B 为底泥的耗氧速率，mg/（L·d）；P 为河流中光合作用的产氧速率，mg/（L·d）。

该模型的解为：

$$L=\left(L_0-\frac{B}{k_1+k_3}\right)\exp[-(k_1+k_3)t]+\frac{B}{k_1+k_3}$$

$$D=\frac{k_1(L_0-B/k_3)}{k_2-(k_1+k_3)}\left[e^{-(k_1+k_3)t}-e^{-k_2t}\right]+\frac{k_1}{k_2}\left(\frac{B}{k_1+k_3}-\frac{P}{k_1}\right)\left(1-e^{-k_2t}\right)+D_0e^{-k2t}$$

如果 k_3、P、B 都为零，则上边两式就简化为 S–P 模型。

3. 河流 pH 模型

河水的碳酸盐和重碳酸盐对受纳的酸性废水或碱性废水起中和作用，故废水的 pH 值会发生变化。在 pH ≤ 9 的情况下，可按下列公式计算河水的 pH 值。

（1）充分混合段

如果废水能够与河水较快地混合，在充分混合的断面上，则排放酸性废水：

$$\mathrm{pH}=\mathrm{p}H_{\mathrm{h}}+\lg\left[\frac{C_{\mathrm{h}}\left(Q_{\mathrm{p}}+Q_{\mathrm{h}}\right)+C_{ap}Q_{\mathrm{p}}}{C_{bh}\left(Q_{\mathrm{p}}+Q_{\mathrm{h}}\right)+10\,Q_{\mathrm{p}}C_{bp}K_{a1}\mathrm{p}H_{\mathrm{h}}}\right]$$

排放碱性废水：

$$\mathrm{pH}=\mathrm{p}H_{\mathrm{h}}+\lg\left[\frac{C_{bh}\left(Q_{\mathrm{p}}+Q_{\mathrm{h}}\right)+C_{bp}Q_{\mathrm{p}}}{C_{bh}\left(Q_{\mathrm{p}}+Q_{\mathrm{h}}\right)-10Q_{\mathrm{p}}C_{bp}K_{a1}\mathrm{p}H_{\mathrm{h}}}\right]$$

式中，pH_{h} 为河流上游水的 pH 值；C_{bh} 为河流的碱度，meq/L；C_{ap} 为排放废水的酸度，meq/L；C_{bp} 为排放废水的碱度，meq/L；Q_{p} 为废水排放量，m^3/s；Q_{h} 为河流流量，m^3/s；K_{al} 为碳酸一级平衡常数（表 5–9）。

表 5–9　碳酸一级平衡常数 K_{al}

温度 /℃	0	5	10	15	20	25	30	40
K_{al}	2.65	3.04	3.43	3.80	4.15	4.45	4.71	5.06

（2）混合过渡段

对于尚未完全混合的过渡段，目前还没有现成的预测模型可利用，可以采取下列近似方法解决，即先按照污染物的浓度模型计算出混合过渡段各点的污染物浓度，然后根据污染物浓度与 pH 值的相关关系（实验测出），近似求出各点的 pH 值。

4. 河口和河网水质模型

河口是指入海河流进入海洋的口门及其受到潮汐影响的一段水体。潮汐对河口水质具有双重影响，表现出明显的时变特征。一方面，由海潮带来的大量溶解氧，与上游下泄的水流相汇，形成强烈的混合作用，使污染物的分布趋于均匀；另一方面，由于潮流的顶托作用，延长了污染物在河口的停留时间，有机物的降解会进一步消耗水中的溶解氧，使水质下降。此外，潮汐也可使河口的含盐量增加。

河口模型比河流模型复杂，求解也比较困难。采用水力学中的非恒定流的数值模型，以差分法计算流场，再采用动态水质模型，预测河口任意时刻的水质。当排放口的废水能在断面上与河水迅速充分混合，则也可用一维非恒定流数值模型计算流场，再用一维动态水质模型预测任意时刻的水质。对河口水质有重大影响，但只须预测污染在一个潮汐周期内的平均浓度，这时可以用一维潮周平均模型预测。其计算方法如下：

$$E_{x}\frac{\mathrm{d}}{\mathrm{dx}}\left(\frac{\mathrm{d}C}{\mathrm{dx}}\right)-\frac{\mathrm{d}}{\mathrm{dx}}\left(\mathrm{u}_{x}C\right)+\gamma+\mathrm{s}=0$$

式中，γ 为污染物的衰减速率，g/（$m^3 \cdot d$）;s 为系统外输入污染物的速率，g/（$m^3 \cdot d$）;u_x 为不考虑潮汐作用，由上游来水（净泄量）产生的流速，m/s；E_x 为污染物横向扩散系数，m^2/s。

假定 $s = 0$，$\gamma = -K_1C$，解得

对排放点上游（$x < 0$）：

$$\frac{C}{C_0} = \exp\left(j_1, \ x\right)$$

对排放点下 游（$x < 0$）：

$$\frac{C}{C_0} = \exp\left(j_2, \ x\right)$$

式中，

$$j_1 = \frac{ux}{2E_x}\left(1+\sqrt{1+\frac{4K_1E_x}{u_x^{\ 2}}}\right)$$

$$j_2 = \frac{u_x}{2E_x}\left(1-\sqrt{1+\frac{4K_1E_x}{u_x^{\ 2}}}\right)$$

C_0 是 $x = 0$ 处的污染物浓度，可用下式计算：

$$C_0 = \frac{w}{Q\sqrt{1+\frac{4K_1E_x}{u_x^{\ 2}}}}$$

式中，w 为单位时间内排放的污染物质量，g；K_1 为耗氧系数，d^{-1}；Q 为河口上游来的平均流量净泄量，m^3/d。

我国南方河口地区的冲积平原上常形成河网，河网流态受自然水文因素和人工调节的双重作用。模拟和预测河网的水质一般的计算原则是将环状河网中过水量很小的河流忽略，将环状河网简化为树枝状河网，然后用水力学模型和水质模型耦合的计算模型进行动态模拟。

（二）湖泊（水库）水质数学模型

绝大部分湖泊（水库）水域开阔，水流状况分为前进和振动两类，前者是湖流和混合作用，后者指波动和波漾。

由于湖泊和水库属于静水环境，进入湖泊和水库中的营养物质在其中容易不断积累，致使湖、库中的水质发生富营养化。在水深较大的湖、库中，还存在水质和水温的竖向分层现象。目前用于描述湖、库水质变化的模型分为描述湖、库营养状况的箱式模型、分层

箱式模型和描述温度与水质竖向分布的分层模型等。

1. 完全混合模型

完全混合模型属于箱式模型。对于停留时间很长、水质基本处于稳定状态的中小型湖泊和水库，可以简化为一个均匀混合的水体。即假定湖泊中某种营养物的浓度随时间的变化率是输入、输出和在湖泊内沉积的该种营养物数量的函数。可以用质量平衡方程表示：

$$V\frac{\mathrm{d}C}{\mathrm{d}t}=\bar{W}-QC-\mathrm{k}_1CV$$

式中，V为湖泊（水库）的容积，m^3；C为污染物或水质参数的质量浓度，mg/L；t为时间，s；Q为出入湖、库流量，m^3/s；k_1为污染物或水质参数浓度衰减速率系数；$\bar{W}$为污染物或水质参数的平均排入量，mg/s，可计算为：

$$\bar{W}=\bar{W}_0+C_\mathrm{p}\mathrm{q}$$

式中，$\bar{W}_0$为现有污染物排入量，mg/s；$\mathrm{C_p}$为拟建项目废水中污染物质量浓度，mg/L；q为废水排放量，m^3/s。

由方程$V\frac{\mathrm{d}C}{\mathrm{d}t}=\bar{W}-QC-\mathrm{k}_1CV$得到：

$$C=\frac{\varphi}{Q+k_1V}\left\{\frac{\bar{W}}{\varphi}-\exp\left[-\left(\frac{Q}{V}-k_1\right)t\right]\right\}$$

式中，$\varphi=\bar{W}-\left(Q+\mathrm{k}_1V\right)C_0$，$C_0$为湖库中污染物起始浓度。
令

$$\alpha=\frac{Q}{V}+\mathrm{k}_1$$

假定湖库中起始污染物浓度为$\mathrm{C_0}$，对$C=\frac{\varphi}{Q+k_1V}\left\{\frac{\bar{W}}{\varphi}-\exp\left[-\left(\frac{Q}{V}-k_1\right)t\right]\right\}$

积分可得

$$C=\frac{\bar{W}}{\alpha V}\left(1-\mathrm{e}^{-\alpha t}\right)+C_0\mathrm{e}^{-\alpha t}$$

$$\alpha=\frac{Q}{V}+\mathrm{k}_1$$

当时间足够长，湖中污染物（营养物）浓度达到平衡时，$\frac{\mathrm{d}C}{\mathrm{d}t}=0$时，则平衡时浓度为

$$Ce=\frac{\bar{W}}{Q+k_1 V}$$

湖库中污染物达到某一指定浓度 C_1，所需时间 t_0 为

$$t_0=\frac{V}{Q+k_1 V}\ln\left(1-\frac{C_1}{C_p}\right)$$

2. 卡拉乌舍夫扩散模型

水域宽阔的大湖，当其污染来自沿湖厂矿或入湖河道时，污染往往出现在入湖口附近水域，此时应考虑废水在湖中的稀释扩散现象。假设污染物在湖中呈圆锥形扩散，采用极坐标表示较为方便。根据湖水中的平流和扩散过程，用质量平衡原理可得：

$$\frac{\partial C_r}{\partial t}=\left(E-\frac{q}{\phi H}\right)\frac{1}{r}\frac{\partial C_r}{\partial r}+E\frac{\partial^2 C_r}{\partial r^2}$$

式中，q 为排入湖中的废水量，m^3/s；r 为湖内某计算点离排出口距离，m；E 为径向湍流混合系数，m^2/s；C_r 为所求计算点的污染物质量浓度，mg/L；H 为废水扩散区污染物平均水深，m；ϕ 为废水在湖中的扩散角（由排放口处地形确定，如在开阔、平直和与岸垂直时，ϕ = 180°；而在湖心排放时，ϕ = 360°）。

$$q\frac{dD}{dr}=\left(k_1 L-k_2 D\right)\phi Hr$$

式中，D 为离排污口距离为 r 处的氧亏值（$D = O_s-O$，其中 O_s 为水中的饱和溶解氧质量浓度，mg/L；O 为水中的溶解氧质量浓度，mg/L），其解为：

$$D=\frac{k_1 L_0}{k_2-k_1}\left[\exp\left(-nr^2\right)-\exp\left(-mr^2\right)\right]+D_0\exp\left(-mr^2\right)$$

式中，D 为排污口的氧亏量，$m=\frac{k_2\phi H}{2q},n=\frac{k_1\phi H}{2q}$。

（三）水质模型的标定

1. 混合系数的经验公式

（1）单独估值法

一个流量恒定、无河湾的顺直河段，如果河宽很大，而水深相对较浅，其垂向、横向

和纵向混合系数 M_z、M_y、M_x 可按下式估算：

$$M_z = \alpha_z H u^*$$

$$M_y = \alpha_y H u^*$$

$$M_x = \alpha_x H u^*$$

式中，H 为平均水深；m；u^* 为摩阻流速（剪切流速），m/s，$u^* = \sqrt{gHI}$；I 为水力坡度；g 为重力加速度。

一般河流，α_z 在 0.067 左右，$\alpha_y = 0.1 \sim 0.2$，平均为 0.15，根据我国的一些史册数据，可得 $\alpha_y = (0.058H + 0.00653)H$，式中 H、B 为河流断面的平均水深和水面宽度，$B/H \leq 100$，对于河宽 15 ~ 60m 的河流，多数 $\alpha_x = 140 \sim 300$。

泰勒公式（可用于河流与河口）：

$$M_y = (0.058H + 0.0065B)\sqrt{gHI}\,(B/H \leq 100)$$

艾尔德公式（适用于河流）：

$$M_x = 5.93H\sqrt{gHI}$$

爱－兰公式求海湾或大型湖泊、水库的 M_x、M_y：

$$M_x = 18.57\frac{u_x H}{C_z}$$

$$M_y = 18.57\frac{u_y H}{C_z}$$

式中，u_x 为纵向的湖流速度，m/s；u_y 为横向的湖流速度，m/s；H 为预测区域的平均水深 m；C_z 为谢才系数，且

$$C_z = \frac{4.64}{n}H^{\frac{1}{6}}$$

式中，n 为湖底糙率。

（2）示踪试验

示踪物质有无机盐（NaCl、LiCl）、荧光染料和放射性同位素，示踪物质的选择应满足如下要求：测定简单、准确、经济，对环境无害。示踪物质投放的方式有瞬时投放、限

时投放和连续恒定投放。连续恒定投放时，其投放时间（从投放到开始取样的时间）应大于$1.5x_m/u$（x_m为投放点到最远的取样点距离）。瞬时投放具有示踪剂用量少、作业时间短、投放简单、数据整理容易等优点。

如果将示踪剂瞬时投入河流某断面，在投放点下游断面采样测定不同时刻 t_i 时的示踪剂浓度 C_i，则可以根据一维模型求出纵向弥散系数：

$$\ln\left[C(x,t)\sqrt{t}\right]=\ln\left(\frac{M}{A\sqrt{4\pi D_x}}\right)\left[-\frac{1}{D_x}\cdot\frac{\left(x-u_x t\right)^2}{4t}\right]$$

式中，C 为下游断面示踪剂的平均质量浓度，mg/L；M 为瞬时投入的示踪剂质量，g；A 为监测断面面积，m^2；u_x 为平均流速，m/s；t 为时间，s；x 为下游断面距投放点的距离，m；D_x 为 x 方向上的扩散系数，m^2/s。

在距离排放点下游 $x=x_0$ 处测得不同时刻的浓度 $C_i=(i=1,2,\cdots)$，将 $\ln C_i\sqrt{t_i}$ 对$(x-u_x t_i)/4t_i$ 作图，可得一条直线，其斜率则为 $-i/D_x$，从而可求得 D_x。

2. 耗氧系数 k_1 的估值

（1）实验室测定值修正法

利用自动 BOD 测定仪或者培养法，点绘 BOD 过程曲线（图 5-2）。在没有自动测定仪时，可将同一种水样分 10 瓶或更多瓶放入 20℃培养箱培养，分别测定 1 ~ 10d 或更长时间的BOD值。对所得数据用最小二乘法或作图法处理，求取实验室近似耗氧系数如值(此值可以直接用于湖泊、水库水质模式)。

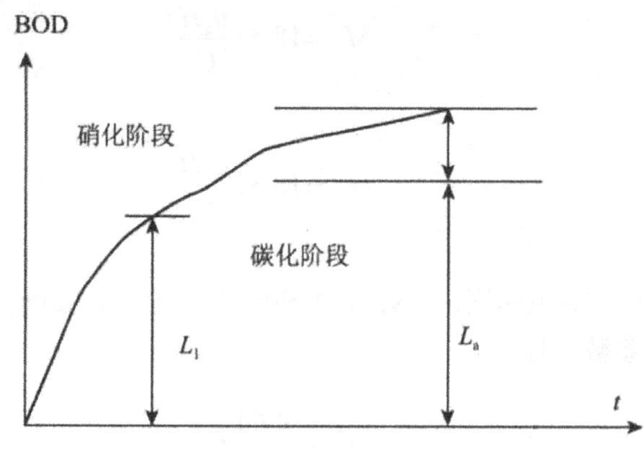

图 5-2　水体中 BOD 的衰减过程

设水中总的碳化 BOD 值为 L_a，任意时刻 t 需氧量为 L_1，那么，

$$L_1=L_a\left(1-e^{-k_1 t}\right)$$

用级数展开，

$$1-e^{-k_1t}=k_1t\left[1-\frac{k_1t}{2}+\frac{(k_1t)^2}{6}-\frac{(k_1t)^3}{24}+\ldots\right]$$

由于

$$k_1t\left(1+e^{k_1t}\right)=k_1t\left[1-\frac{k_1t}{2}+\frac{(k_1t)^2}{6}-\frac{(k_1t)^3}{24}+\ldots\right]$$

上两式很接近，故可以将 L_1 写成：

$$L_1=L_ak_1t\left(1+\frac{k_1t}{6}\right)^{-3} \text{或} \left(\frac{t}{L_1}\right)^{\frac{1}{3}}=\left(L_ak_1\right)^{-\frac{1}{3}}+\left(\frac{k_1^{\frac{2}{3}}}{6L_a^{\frac{1}{3}}}\right)t$$

$$k_1=6\frac{b}{a},L_a=\frac{1}{k_1a^3}$$

那么，上式可改写成

$$\left(\frac{t}{L_1}\right)^{\frac{1}{3}}=a+bt$$

根据实验资料，点绘（t/L_1）1/3 – t 关系线，就可以得到 a 和 b 值，代入

$k_1=6\frac{b}{a},L_a=\frac{1}{k_1a^3}$ 便可求得 k_1 和 L_a 值。

实验室测定值的修正：实验室测定的如值一般可以直接用于湖库水质模拟，由于河流在紊流条件下的生化降解能力大于实验室，若用于河流必须按下式修正：

$$k_1=k_1+(0.11+54I)\frac{u}{H}$$

式中，I 为河流的水力坡度；u 为平均流速，H 为水深。

（2）两点法

通过测定河流上、下游两断面的 C_{BOD} 值求 k_1，中间没有支流和废水排入的条件下：

$$k_1 = \frac{86400u}{\Delta x} \ln \frac{C_{BOD,A}}{C_{BOD,B}}$$

式中，u 为水流 x 方向流速，m/s；C_{BOD}，A、C_{BOD}，B 为河流上游断面 A、下游段面 B 处的 BOD 质量浓度，mg/L；Δx 为相邻两个断面间的距离，m。

对湖、库等水体有：

$$k_1 = \frac{172800Q_p}{\phi H\left(r_b^2 - r_a^2\right)} \ln \frac{C_A}{C_B}$$

式中，C_A 为断面 A 或 $r = r_a$ 时的污染物平均质量浓度，mg/L；C_B 为断面 B 或 $r = r_b$ 时的污染物平均质量浓度，mg/L；Q_p 为废水排放量，m^3/s；ϕ 为混合角度，rad；r_a 为湖（库）中 A 点到排放口的距离，m；r_b 为湖（库）中 B 点到排放口的距离，m；H 为水深，m。

虽然此法简单，但误差较大。实际应用时应取多次实验 k_1 的平均值。

3. 大气复氧系数 k_2 的估值

流动的水体从大气中吸收氧气的过程称为复氧过程，也称再曝气过程。这种空气中的氧气溶解到水体中的现象，是一种气—液之间的对流扩散过程，也是气体的传输过程。大气复氧速率系数 k_2 是水流流态和温度等因素的函数，k_2 的实测法费时、费工，亦不易确定，故常用经验公式法。其基本形式为

$$k_2 = \lambda_1 \frac{U^{\lambda_2}}{h^{\lambda_3}}$$

式中，U、h 分别为平均流速和平均水深；λ_1、λ_2、λ_3 都是经验常数。

实际上，大气复氧速率系数 k_2 与氧分子迁移速率系数 k_1 成正比，即

$$k_2 = \frac{k_1}{h}$$

大气复氧速率系数处的经验公式有：

（1）欧康纳—多宾斯公式：

$$k_2 = \begin{cases} 294\dfrac{\left(D_m U\right)^{0.5}}{h^{1.5}} & \left(C_x \geqslant 17\right) \\ 824\dfrac{D_m^{\ 0.5} J_b^{\ 0.25}}{h^{1.5}} & \left(C_z < 17\right) \end{cases}$$

式中，C_x 为谢才系数，其计算式为 C_z =（1/n）$h^{1/6}$；D_m 为分子扩散系数，其计算式为 $D_m = 1.774 \times 10^{-} \times 1.037^{T-20}$，T 为水温，℃；$J_b$ 为河流底坡坡降；n 为河床粗糙率；u 为

水的平均流速，m/s；

（2）欧文斯等人公式：

$$k_2 = 5.34\frac{U^{0.67}}{h^{1.85}}$$

该式适用条件是：0.1m ≤ h ≤ 0.6m，U ≤ 1.5m/s。

（3）丘吉尔公式：

$$k_2 = 5.03\frac{U^{0.696}}{h^{1.673}}$$

该式适用条件是：0.6m ≤ h ≤ 8m，0.6m/s ≤ U ≤ 1.8m/s。

（4）水温对大气复氧速率的影响

水温对大气复氧具有一定影响，以上有关大气复氧速率系数计算式都是在水温为20℃条件下得到的。当水温不是20℃时，可采用下式进行修正：

$$k_{2(T)}=k_{2.20}\,\theta_r^{T-20}$$

式中，$k_{2(T)}$为在水温 T（℃）时的大气复氧速率系数；θ_r为温度修正系数，其值介于1.015 ~ 1.047之间，通常取值1.024；$k_{2.20}$为在20℃时的大气复氧速率系数。

4. 水质模型参数估算的多参数优化法

多参数优化法是根据实测的水文、水质数据，利用优化方法同时确定多个环境水力学参数和模型系数的方法，此方法也可以只确定一个参数。利用多参数优化法确定的环境水力学参数是局部最优解，当要确定的参数较多时，优化的结果可能与其物理意义差别较大，为了提高解的合理性，可以采取如下措施：

①根据经验限制各环境水力学参数的取值范围，确定初值。②降低维数，可用其他方法确定的参数尽量用其他方法确定。

多参数优化法所需要的数据，因被估算的环境模型系数、水力学参数及采用的数学模型不同而异，一般需要几方面的数据：①各测点的位置、各排放口的位置、河流分段的断面位置；②水文和水力学方面：流速、流量、水深、河宽、水力坡度等；③水质方面：拟预测水质参数在各测点的浓度以及数学模型中所涉及的其他参数；④各测点的取样时间；⑤各排放口的排放量、排放浓度；⑥支流的流量及其水质。

采用多系数同时估算时，如果基础的监测数据不足，则所获得结果的可靠性往往较差。

（四）地表水环境影响的评价

水环境影响评价是在工程分析和影响预测的基础上，以法规、标准为依据解释拟建项目引起水环境变化的重大性，同时辨识敏感对象对污染物排放的反应；对拟建项目的生产工艺、水污染防治与废水排放方案等提出意见；提出避免、消除和减少水体影响的措施和对策建议；最后提出评价结论。

1. 评价重点和依据的基本资料

①应结合建设、运行和服务期满三个阶段的不同情况对所有预测点和所有预测的水质参数进行环境影响重大性的评价，但应抓住重点。如空间方面，水文要素和水质急剧变化处、水域功能改变处、取水口附近等应作为重点；水质方面，影响较大的水质参数应作为重点。②进行评价的水质参数浓度应是其预测的浓度与基线浓度之和。③了解水域的功能，包括现状功能和规划功能。④评价建设项目的地面水环境影响所采用的水质标准应与环境现状评价相同。⑤向已超标的水体排污时，应结合环境规划酌情处理或由环保部门事先规定排污要求。

2. 判断影响重大性的方法

规划中有几个建设项目在一定时期（如 5 年）内兴建并且向同一地表水环境排污的情况，可以采用自净利用指数法进行单项评价。

$$P_{i,j}=\frac{C_{i,j}-C_{hi,j}}{\lambda\left(C_{si}-C_{hi,j}\right)}$$

式中，$P_{i,j}$ 为 i 污染物在 j 点的自净利用指数；λ 为自净能力允许利用率。$C_{i,j}$，$C_{hi,j}$，C_{si} 分别为 j 预测点 i 污染物的质量浓度，j 点上游 i 的浓度和 i 的水质标准；

溶解氧的自净利用指数为：

$$P_{DO,j}=\frac{DO_{hj}-DO_{j}}{\lambda\left(DO_{hj}-DO_{s}\right)}$$

式中，$P_{DO,j}$ 为溶解氧在 j 预测点的自净利用指数；DO_{hj}，DO_{j}，DO_{s} 分别为河流在 j 点的溶解氧现状值、预测浓度和溶解氧的标准。

自净能力允许利用率 λ 应根据当地水环境自净能力的大小、现在和将来的排污状况以及建设项目的重要性等因素决定，并应征得主管部门和有关单位同意。

pH 的自净利用指数为

排入酸性物质时，

$$P_{pH,j}=\frac{pH_{hj}-pH_j}{\lambda\left(pH_{hj}-pH_{sa}\right)}$$

排入碱性物质时，

$$P_{pH,j}=\frac{pH_j-pH_{hj}}{\lambda\left(pH_{sb}-pH_{hj}\right)}$$

式中，为 $P_{pH,j}$ 为 pH 在 j 点的自净利用指数；pH_{hj}，pH_j，pH_{sa} 和 pH_{sb} 分别为河流在 j 点的 pH 现状值、预测值、排入的酸性污染物 pH 标准和排入的碱性污染物 pH 标准。

当 $P_{pH,j}\leqslant 1$ 时，说明污染物 i 在 j 点利用的自净能力没有超过允许的比例；否则说明超过允许利用的比例，这时的 $P_{pH,j}$ 值即为超过允许利用的倍数，表明影响重大。

当水环境现状已经超标时，可以采用指数单元法或综合指数法进行评价。具体方法为：将由拟建项目时预测数据计算得到的指数单元或综合评价指数值与现状值（基线值）求得的指数单元或综合指数值进行比较，根据比值大小，采用专家咨询法并征求公众与管理部门意见确定影响的重大性。

3. 对拟建项目选址、生产工艺和废水排放方案的评价

生产工艺主要是通过工程分析发现问题，如有条件，应采用清洁生产审计进行评价。

4. 消除和减轻负面影响的对策

①对环保措施的建议一般包括污染削减措施和环境管理措施两部分。②常用削减措施。③提出拟建项目建设和投入运行后的环境监测的规划方案与管理措施。

5. 项目可行性结论

项目可行性结论是评价的核心，要在全面分析计算的基础上，客观反映建设项目对水环境的影响，对建设项目的环保可行性做出明确的回答。

（1）满足要求，可以立项

建设项目对受纳水体污染范围较重的范围只局限于排污口附近很小的水域范围或只有个别水质参数超标，但采取相应环保措施后能够达到预定水质要求时，可以得出此结论。

（2）不能满足要求，不能立项

评价水域的水质现状已经超标，或污染负荷须要削减的数量过大，所用削减措施在技术和经济上明显不合理，应做出不能达到预期水质要求的结论。

（3）提出方案建议

在某些情况下（如果不能达到预定水质要求但影响很小且发生概率不大时，或者建设项目对受纳水体有污染的作用，但也有改善的作用时，或者尚有讨论余地的问题时），有些建设项目不宜做出明确结论，可以针对具体问题进行具体分析，提出方案建议或分析意见，并说明原因。

第四节　地下水环境质量评价

一、地下水评价等级的划分

地下水评价等级的划分一般根据下述因素确定：

（一）工程特点

包括工程规模、性质、能源结构、生产工艺，特别是废水排放特征（废水类型、排放量、排放方式及去向、污染物组成及含量、废水的物理化学特征等）。

（二）环境特征

主要是与污染物迁移转化有关的自然环境特征，包括评价区的地层、岩性、含水层埋藏条件、水文地质条件、地球化学特征以及地下水的开发利用情况。

（三）所处地理位置

主要是与大城市、重要名胜古迹或旅游地区、水源地、人口密集区等的远近及相对方位有关。

表 5-10 列出了地下水环境影响评价等级的划分依据。

表 5-10　地下水环境影响评价等级的划分依据

评价等级	工程特点	自然环境特点	地理位置
一级	投资大、废水量大、污染物组成复杂、污染物排放量大、污染物毒性大	地下水污染严重，岩性不易保留污染物，地下水与地表水联系密切	大城市或工业供水水源地上游、旅游风景区、敏感地区
二级	投资中等、废水量中等、污染物组成不太复杂、污染物排放量中等、污染物毒性中等	地下水污染中等，岩性对污染物的保留能力中等，地下水与地表水联系较密切	中等城市上游、工业供水水源地、旅游风景区、较敏感地区
三级	投资少、废水量少、污染物单一且毒性小	地下水水质较好，岩性易于保留污染物，地下水与地表水联系不密切	小城镇或中等城市上游、非敏感地区

二、地下水环境质量评价的内容

地下水环境质量评价的内容主要有以下方面：

（一）地下水环境背景资料收集

在系统准备和初步系统分析之后，首先要广泛收集环境背景资料，如气象、水文、地形地貌、地质、水文地质等资料以及人类工程经济活动情况等，并对这些背景资料进行系统分析。

（二）地下水环境调查

若所收集的环境背景资料尚不能满足地下水环境质量评价的要求，则必须对有关环境背景进行实地勘察或监测。同时对污染源、土壤环境与地下水水量、水质均要进行调查、评价及预测。

（三）与地下水有关的地质环境问题调查

地下水环境质量的变化具体表现在与之相关的各类地质环境问题的出现，对此必须全面调查。调查内容主要有水质污染、水量减少、地面塌陷、地面沉降、地裂缝、海水入侵等。

（四）建立评价指标体系和选择评价标准

在上述工作的基础上，合理选择评价要素与评价因子，并提取相应的性状数据。由于地下水多为饮用水源，故一般都以饮用水的卫生指标作为评价标准。但严格说来，这还是不够的。原因是饮用水卫生指标只能表示人体对地下水中各种元素的适应能力，这个指标本身也会随着环境的变异和病理学研究的深入而改变。再者，地下水从未污染到开始污染再到严重污染而致不能饮用，要经过一个从量变到质变的过程。为此，有人提出以污染起始值作为地下水水质的评价标准，它不仅可以反映地下水水质从量变到质变的污染过程，而且还可以弥补有些组分当前还没有饮用标准的不足。

（五）综合评价与成果分析

对地下水环境质量综合评价之后必须对评价成果进行系统分析，明确评价是否达到了目的，是否符合评价要求（包括精度要求），若是，则进行环境质量分组分区，编绘相关图件，并建立数据库。

（六）环境质量预测，提出环境保护措施，并进行环境质量与人体健康关系研究

根据长期监测资料和数据，收集政府部门对研究区人口及工农业生产发展对地下水开发利用所做的规划，并选择适宜的数字模型，预测未来若干年后地下水环境质量变化状况。由此有针对性地提出保护地下水质量的措施。

（七）编写地下水环境质量评价报告书

根据国家专业部门的有关规定和要求，对研究区地下水环境质量编写文字报告，并将报告书及相关图件提供委托单位组织专家鉴定或评审。

三、地下水环境质量评价方法

（一）评价因子的选择

自然界中影响地下水质量的有害物质很多。无机化合物有几十种，有机化合物有上百种，能溶解于水中的有 70 多种。在不同地区，由于工业布局不同，污染源的差异很大，污染物的种类也不相同。因此，影响地下水质量的因子选择，要根据评价区的具体情况而定，大致可考虑的评价参数可分成以下几类：

第一类是构成地下水化学类型和反映地下水性质的常规水化学组成的一般理化指标，有 K^+、Na^+、Ca^{2+}、Mg^{2+}、SO_4^{2-}、HCO_3^-、NH_4^+、NO_3^-、pH、总溶解固体、总硬度、溶解氧、耗氧量等。

第二类是常见的重金属和非金属物质，有 Hg、Cr、Pb、As、F、CN 等。

第三类是有机污染物，有机酚、有机氯、有机磷以及其他工业排放的有机毒物。

第四类是细菌、寄生虫卵、病毒等。

在评价地下水质量时，除第一类反映地下水质量的一般理化指标必须监测之外，还必须根据各地的污染特点来选择评价因子。其中，地表污染源、表层地质结构、地貌特征、植被、人类开发工程、水文地质条件及地下水开发现状等，都是选择确定评价因子时要考虑的因素。

（二）评价标准

根据评价目的通常用国家标准，如《地下水质量标准》(GB/T 14848-93)，其中的Ⅲ类标准，基本对应了《生活饮用水卫生标准》(GB 5749-2006)。指标不足部分可参照国际公认饮用水卫生标准。

1. 对照值的确定

对照值原则上依据最早的分析资料。在资料比较多、研究程度较高地区建立的地下水质量对照值系列可作为毗邻地区对照值系列参考使用；对缺乏地下水质量资料的地区，可根据该区中无明显污染源部位的补充调查资料统计确定。

对照值的确定方法包括历史水质法、对照区采样法等。对照区应选择在与评价区环境水文地质条件相似、地下水污染轻微或基本未受污染的地区。通过数理统计确定对照值。用下式计算：

$$Y = \bar{X} + 2s$$

式中，Y 为对照值；$\bar{X}$ 为单项测定指标的算术平均值；s 为标准偏差。

2. 背景值的确定

背景值也称污染起始值，可根据一定数量符合相应条件的监测资料的统计分析用下式计算：

$$C_0 = \bar{C}_i \pm 2\sqrt{\sum\left(C_i - \bar{C}_i\right)^2 / (n-1)}$$

式中，C_0 为污染起始值（背景值），即最大区域背景值；C_i 为污染物的监测浓度值；$\bar{C}_i$ 为污染物 i 的区域背景值，即背景值调查的平均值；n 为样品数量。

（三）地下水环境质量评价方法

目前国内地下水质量评价方法较多，概括起来有数理统计法、环境水文地质制图法、水质模型法和综合污染指数法等。各种方法的评价目标、适用范围不同，所满足的评价目的要求亦不同，监测因子数量要求也有很大区别，应根据实际情况和评价要求具体选用。

1. 一般统计法

即以监测点的检出值与背景值或《生活饮用水卫生标准》（GB 5749-2006）比较作为依据，统计监测区监测样、监测井检出数、检出率、超标数、超标率等。此法适用于环境水文地质条件简单、污染物质单一的地区，或在初步评价阶段采用。

2. 环境水文地质制图法

此法是以图件作为环境水文地质评价的主要表达形式，评价图件可分为三种：

①环境水文地质基础图件，这部分图件主要反映地表地质、地下水资源的赋存状态和条件以及地表污染源的分布和污染物的迁移扩散条件等，包括表层地质环境分区图。②单要素的地下水污染现状图，用等值线或符号来表示地下水污染类型、污染范围和污染程度。③环境水文地质评价图。它以多项污染物质、多项指标等综合因素评价水质好坏，划分水质等级，将其用图表示出来，就是环境水文地质评价图。

3. 单因子指数法

地下水质量单项组分评价，按《地下水质量标准》（GB/T 14848-93）所列分类指标，划分为五类，代号与类别代号相同，同一项目不同类别标准值相同时，从优不从劣。

（1）对评价标准为定值的水质参数，其标准指数式为：

$$P_i = \frac{C_i}{C_0}$$

式中，P_i 为污染物的单因子指数，量纲为一；C_i 为污染物的实测质量浓度，mg/L；C_0 为污染物的评价标准，mg/L。

（2）对于评价标准为区间值的水质参数（如 pH），其标准指数式为

$$P_{pH}=\frac{7.0-pH_i}{7.0-pH_{sd}}$$

$$\left(pH_i<7\right)$$

$$P_{pH}=\frac{pH_i-7.0}{pH_{su}-7.0}\quad\left(pH_i>7\right)$$

式中，P_{pH} 为 PH 的标准指数；pH_i 为 i 点实测 pH；pH_{su} 为标准中 pH 的上限值；pH_{sd} 为标准中 pH 下限值。

比较每一个项目的水质级别，取所有监测项目中的最大水质级别作为该监测点位的地下水水质级别：

$$P=\max\left(P_{\mathrm{i}}\right)$$

式中，P 为水质级别；P_i 为污染指标水质级别。

评价时，标准指数大于 1，表明该水质参数已超过了规定的水质标准，指数值越大，超标越严重。

单因子指数法计算评价简单，使用方便，可以明确表示污染因子与标准值的相关情况，在实际工作中，一般评价范围较小，工程评价要求较简单，常采用单因子指数法。但该方法只能就单项指标进行评述，不能综合评价地下水的整体环境质量状况或污染情况。需要进行综合评价时，应采用后面提出的几种方法。

4. 综合指数法

地下水质量评价以地下水水质调查分析资料或水质监测资料为基础，可分为单项组分评价和综合评价两种。这些方法多数是以评价地表水体为目的而提出来的，在对地下水水质进行评价时借用地表水评价方法而来，有 Brown 指数、Nemerow 指数、Ross 指数以及我国北京、南京等地提出的各种水质指数。

（1）综合评分法

具体要求与步骤如下：

①参加评分的项目，应不少于该标准规定的监测项目，但注意不包括细菌学指标。不同类别标准相同时取优不取劣。例如，挥发酚Ⅰ、Ⅱ类标准均为小于或等于 0.001mg/L，如果水质监测结果小于或等于 0.001mg/L，应定为Ⅰ类而不定为Ⅱ类。按本标准所列分类指标，划分为 5 类，代号与类别代号相同，不同类别标准值相同时，从优不从劣。

②首先进行各单项组分评价，划分组分所属质量类别。

③对各类别按表 5-11 分别确定单项组分评价评分值 F_i。

根据单项组分水质级别，查表 5-11，得到 F_i 值。

表 5-11　地下水环境质量评价单项组分评价分类表

类别	Ⅰ	Ⅱ	Ⅲ	Ⅳ	Ⅴ
F_i	0	1	3	6	10

④计算值 F 使用两次以上的水质分析资料进行评价时，可分别进行地下水质量评价，也可根据具体情况，使用全年平均值和多年平均值或分别使用多年的枯水期和丰水期平均值进行评价：

$$F=\sqrt{\frac{\bar{F}^2+F_{\max}{}^2}{2}}$$

其中，

$$\bar{F}=\frac{1}{n}\sum_{i=1}^{n}Fi$$

式中，$\bar{F}$ 为各单项组分评分值 F_i 的平均值；F_{max} 单项组分评分值 F_i 中的最大值；n 为项目数（标准规定的监测项目，不少于 20 项）。

⑤根据 F 值，按表 5-12 划分地下水质量级别，再将细菌学指标评价类型注在级别定名之后。如根据细菌指标判断为Ⅱ类的优良水，表示为："优良（Ⅱ类）"。

表 5-12　地下水水质类别评分表

类别	优良	良好	较好	较差	极差
F	＜ 0.80	0.80 ～ 2.50	2.50 ～ 4.25	4.25 ～ 7.20	≥ 7.20

同时，在进行地下水环境质量评价时，除采用本方法外，也可采用其他评价方法进行对比。

（2）内梅罗指数法

内梅罗指数是标准指数类的一种，该方法选取最大值和平均值的平方和，强调最大值的作用：

$$PI_n=\sqrt{\frac{\left(\frac{C_i}{C_{oi}}\right)_{ave}^2+\left(\frac{C_i}{C_{oi}}\right)_{\max}^2}{2}}$$

考虑到所选择评价项目对人体健康的危害性不同，仅对其做最高限量（评价标准）尚不足以显示出各项组分对地下水整体质量状态的影响，因此，须对各评价因子取一反映其在饮用水质量中所起的作用强弱的数值 ε_i，称为人体健康效应系数：

$$\varepsilon_i=\lg\frac{\sum_{i=1}^{a}C_i}{C_i}$$

以此系数对内梅罗公式进行修正：

$$PI_n = \sqrt{\frac{\left(\varepsilon_i \frac{C_i}{C_{oi}}\right)_{ave}^2 + \left(\varepsilon_i \frac{C_i}{C_{oi}}\right)_{max}^2}{2}}$$

式中，PI_n 为内梅罗指数，量纲为一；C_i 为评价项目实测质量浓度，mg/L；C_{oi} 为评价标准，mg/L；ε_i 为评价因子权重（人体健康效应系数）;ave 表示平均值;max 表示最大值。

根据监测计算结果，按如下指数大小进行分级：

①地下水环境质量较好：$PI_n<3.5$，各项组分均不超标；

②地下水环境质量一般：$3.5 \leqslant PI_n \leqslant 7$，有 1 ~ 2 项组分超标；

③地下水环境质量较差：$PI_n > 7$，有 3 项以上组分超标。

须指出，国家标准中并没有统一的分级标准。以上划分标准是在华北平原多年工作经验的基础上提出来的，只适用于某一特定的区域，在此只注重其评价方法。

（3）有机污染评价方法

①单项指标的污染指数 I_i，可根据单项指标的检测浓度按照表 5–13 划分污染级别。

表 5–13　地下水有机物污染级别分类表

污染分级	未污染	轻污染	中污染	重污染	严重污染
取值范围	小于或等于检出限	大于检出限至小于饮用水标准值的二分之一	大于或等于饮用水标准值的二分之一至小于饮用水标准值	大于或等于饮用水标准值至小于饮用水标准值 5 倍	大于或等于饮用水标准值 5 倍
I	00/00/00/00/01	00/00/00/01/00	00/00/01/00/00	00/01/00/00/00	01/00/00/00/00

②多项有机污染指标的综合污染指数。

根据单项指标的检测浓度按照表 5–13，对不同污染分组的污染指数 I_i 进行赋值。

按照公式计算综合污染指数：

$$PI = \sum_{i=1}^{n} T_i$$

累加时，将相同位数的数字进行加和，斜线分割的两位数在此认为是相同位数。例如：00/01/00/00/00 与 00/00/01/00/00 加和结果为 00/01/01/00/00。这样获得的综合污染指数物理意义明确，例如：00/00/08/03/12，表示共有 23 项组分参与评价，其中有 8 项介于大于或等于饮用水标准值二分之一至小于饮用水标准值范围，有 3 项介于大于检出限至小于饮用水标准值二分之一，有 12 项未检出。

根据 PI 值进行地下水污染分级，见表 5–14。

表 5-14　地下水有机污染分级标准

PI	类别	污染分级
01 ≤ PI < 01/00	Ⅰ	未污染，各项有机物均未检出
01/00 ≤ PI < 01/00/00	Ⅱ	轻污染，有机物至少有一项检出，浓度小于饮用水标准值的二分之一
01/00/00 ≤ PI < 01/00/00/00	Ⅲ	中污染，有机物至少有一项浓度大于或等于饮用水标准值的二分之一，但小于饮用水标准值
01/00/00/00 ≤ PI < 01/00/00/00/00	Ⅳ	重污染，有机物至少有一项浓度大于或等于饮用水标准值，但小于饮用水标准值的 5 倍
PI ≥ 01/00/00/00/00	Ⅴ	严重污染，有机物至少有一项浓度大于或等于饮用水标准值的 5 倍

（四）评价结果分析

评价结果除用图的形式表达以外，应给出文字综述，分析污染原因，并对地下水的污染趋势进行预测，并进一步提出综合防治地下水污染的有效措施。

四、地下水防污性能评价

（一）地下水易污性和防污性能的概念

地下水易污性的概念已经提出 40 多年，但目前还没有一个普遍被大家所认可和接受的定义。现在大多数学者认为：地下水易污性是地下水在自然和人为环境条件下受到污染的可能性。可分为固有易污性和特殊易污性。

固有易污性是指在一定的地质与水文地质条件下，人类活动产生的任意污染物进入地下水的难易程度，它与含水层所处的地质与水文地质条件有关，与污染物性质无关。

特殊易污性是指地下水防止某种或某类污染物的能力，它考虑污染物性质及其在地下环境中的迁移能力。

但是，近年来我国相当大一部分地下水领域的专家学者建议采用“地下水防污性能”这一概念，主要原因是新概念更容易被非专业人士和管理层理解，从而在地质环境管理和保护工作中被采纳。地下水防污性能的含义正好与“易污性”相反。若地下水易污性越大，防污性能越低。反之，地下水易污性越小，则防污性能越好。简而言之，地下水的防污性能是指地下水体处于赋存地质环境的差异而具有的抵抗外来污染的能力大小。

（二）地下水防污性能评价的一般原则

地下水防污性能评价应以固有防污性能评价为主。在主要考虑区域水文地质条件、地下水水质和包气带调查等资料分析的基础上，根据地区特点和评价尺度建立相应的指标体系，突出主要因素。

区域地下水防污性能评价应重点考虑降雨与补给（空间、时间、补给量等）及含水层的分布与地下水径流主要特征等因素。若包气带中存在黏性土层，评价中需要给予考虑。一般重点地区的地下水防污性能评价应考虑包气带岩性、结构、厚度，兼顾地形、地表水与地下水关系、含水层特征等因素。根据相对程度划分为防护性能较好、防护性能中等和防护性能较差三个等级区。

（三）地下水防污性能评价方法

地下水防污性能评价多采用评分指数模型，其主要步骤包含：①选择对地下水防污性能影响最明显的地质与水文地质条件作为评价因子；②对各因子的评分范围进行划分，各评分范围给予不同的分值；③根据各种因子对地下水防污性能影响的大小给予不同的权重，影响大的权重值大，反之则小；④把各单因子的评分值通过某种数学公式变成地下水防污指数，以防污指数的大小评价该地区的地下水防污性能的高与低。

目前国外现有的地下水防污性能评价模型很多，共有三十多种，其中，DRASTIC 模型应用最为广泛，它是美国环保署1985年提出的。除此之外，有些学者还提出GOD模型、Vierhuff 模型、Legrand 模型、SIGA 模型等。

1.GOD 模型

该模型仅选取了 3 个影响因子：地下水类型，盖层岩性，水位埋深。评分范围为 0 ~ 1，各因子不设权重值，防污性能指数 DI 的计算公式为 $DI = G \times O \times D$。DI 值越大，地下水防污性能越高。

此模型同时考虑潜水和承压水是可取的，但是模型太简单，含水层的分类不明确，盖层岩性的复杂性也没有考虑周到。

2.Vierhuff 模型

Vierhuff 模型是德国学者在 20 世纪 70 年代提出的，该方法可对潜水和承压水分别进行评价。潜水只考虑隔水层岩性和厚度两个因素；承压水也只考虑隔水层岩性和厚度两个因素。

该模型没有采用常规的评分法，考虑的因子过于简单，包气带过于简化，没有考虑包气带岩性的复杂性。

3.SIGA 模型

该模型选择土壤介质、包气带介质、地面坡度和含水层介质四个影响因子，比 DRAS-TIC 模型少两个因子，其评分范围与 DRASTIC 模型完全相同。与 DRASTIC 模型不同的是，评分值可按其设置的公式精度计算并绘制曲线，但公式中的参数一般很难准确取得。

4.DRASTIC 模型

DRASTIC 模型是地下水防污性能评价中的典型代表，目前，该方法已被许多国家采用，是地下水防污性能评价中最常用的方法。

评价程序如图 5-3 所示。

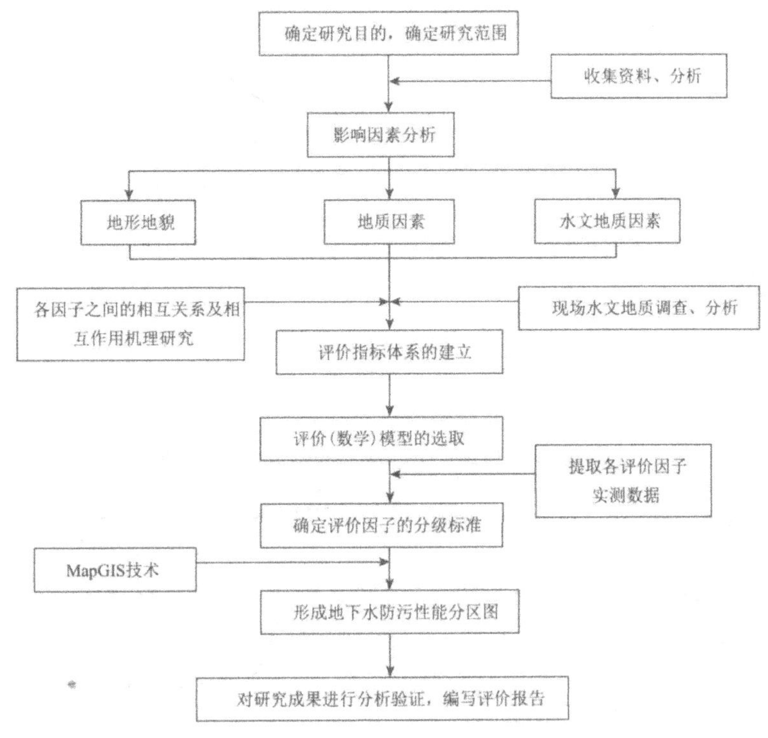

图 5-3　地下水防污性能评价程序框图

在地下水防污性能评价中，选择对地下水防污性能影响最大且容易取得的七个因子：地下水埋深、净补给量、含水层介质、土壤介质、地形、包气带介质及水力传导系数。按每个因子的英文大写第一个字母命名为 DRASTIC 模型。

构建评价单元时采用正方形或长方形网格法进行评价单元划分，根据已有各种图形资料，对一个单元内评价因子状态有突变的单元进行人工调控，以确保单个评价单元内的各评价因子状态具有相对均一性。

在确定各因子评分值的基础上，对于初值为定性评价的因子，分别按照 DRASTIC 进行分级并给出相应的评分值。对于初值为定量评价的因子，首先对其相应的原始数据进行统计分析，根据数据在不同的范围用所占比例来划分等级区间，取评分范围的中间值作为划分等级的标准，再采用分值内插法对给定的评价因子数据进行计算取得其对应的评分值。

按照各因子对地下水防污性能影响的大小分别给予相对权重值，影响最大的权重为 5，影响最小的权重为 1。权重取值区分了两组不同情况，一组适用于一般条件下的脆性评价，分别为 5、4、3、2、1、5、3；另一组是专门为农业活动区防止农药污染而设计的，分别为 5、4、3、5、3、4、2。最后，用防污指数将 7 个因子综合起来，采用加权的方法计算 DRASTIC 指数，即地下水防污指数：

$$DRASTIC指数=\sum_{i=1}^{7}W_i \times R_i$$

式中，W_i 为 i 因子的权重；R_i 为 i 因子的评分值。

根据 DRASTIC 指数，结合防污性能等级划分标准将研究区划分为五个等级，即防污性能好、防污性能较好、防污性能中等、防污性能较差、防污性能差。

第五节　地下水环境影响预测技术

地下水环境影响预测包括水量与水质两部分。地下水环境预测中的水量部分应该注意水资源评价与建设项目对地下水环境影响的结合问题。建设项目对地下水环境的影响，在取水量较大的情况下，应该请有资质的单位编制水资源论证报告。

地下水质量预测是一项较为复杂的工作，它不仅涉及水文地质学、水文地球化学等问题，而且还涉及地下水流体力学、应用数学等。而地下水一旦受到污染，则极难治理，因此应该预测项目建设对地下水环境的可能影响，总结地下水环境的时空变化规律，并在此基础上提出防治对策。

污染物在地下水中的运移会涉及多种作用，包括对流、水动力弥散（分子扩散和机械弥散）、物理和化学吸附、周围固相介质的溶解及水中物质的沉淀等，其中最为重要的是水动力弥散作用。下面我们讨论的水质模型，都是以水动力弥散机理为基础考虑其他各种作用建立起来的。

一、地下水环境影响预测中水质模型的类型

水质模型是地下水水质预测的重要手段，地下水水质模型可分为分布参数型和集中参数型两类。集中参数型是指溶质浓度只依赖于时间而变化的水质模型，处理较为简单；分布参数型是指溶质浓度随空间位置和时间而变化的水质模型，它又可以分为纯对流型和对流－弥散型两种。纯对流型模型忽略弥散作用，不考虑过渡带，认为溶质的运移完全由流速场的分布所控制，这种模型较为简单，在研究大范围的水质变化时经常采用。但要得到溶质浓度的精确分布，必须采用对流－弥散型水质模型。

（一）对流－弥散型水质模型

对流－弥散型水质模型一般由下述方程组成：

对流－弥散方程：

$$\frac{\partial C}{\partial t}=div\left[Dpgrad\left(\frac{C}{p}\right)-div\left(Cv\right)\right]+I$$

连续方程：

$$\frac{\partial p}{\partial t}=-div(pv)$$

运动方程：

$$v_i=\frac{k}{\mu n}(grad\rho+pgradZ)\quad(i=x,y,z)$$

状态方程：

$$\rho=\rho(C,p),\mu=\mu(C,p)$$

式中，p 为水压力；v_x，v_y，v_z 分别为平均流速 v 的三个分量；k 为含水层的渗透率，它与渗透系数 K 的关系为 K = ky/μ，其中，y 为流体的重率，μ 为流体动力黏滞系数；Z 为计算点的位头；I 为源汇项；ρ 为流体的密度；D 为弥散系数。

对于不可压缩流体，上式可用它的一阶近似：

$$\rho=\rho_0+\alpha(C-C_0),\mu=\mu_0+\beta(C-C_0)$$

式中，C_0 为参考浓度；ρ_0、μ_0 分别为浓度为 C_0 时流体密度和黏度；α、β 为由实验确定的参数。

上述方程与它们的定解条件就构成了完整的对流－弥散型水质模型，用此方程组解决实际问题时，必须确定流体是均匀流体还是非均匀流体。

对于均匀流体，如示踪剂注入情景及溶混物质的浓度很低时，ρ、μ 认为是常数，而且流速不取决于浓度，水动力方程不受弥散方程支配。上述方程组的求解可以分为两个独立的问题，先解水动力方程的初边值问题，再解弥散方程的初边值问题。

对于非均匀流体，溶混物质的密度和速度随溶质浓度的变化而变化，在这种情况下 ρ、μ 由状态方程确定，它们受浓度变化的影响，通过连续方程和运动方程影响到瞬时流速，瞬时流速的变化又使对流－弥散方程的弥散系数 D 发生变化，所以这些方程必须联立求解，通常采用迭代法。

由于对流－弥散型水质模型较为复杂，一般情况下只能利用数值方法求解，常用的数值方法有有限单元法和有限差分法。

（二）纯对流型水质模型

水动力弥散作用，表现在污染水和未污染水之间存在一个过渡带，如过渡带的宽度和所研究的污染范围相比甚小，就可以忽略弥散作用，采用纯对流型水质模型。纯对流模型可以分为两类：一类只用水流方程；另一类与对流－弥散方程相似，需要耦合水流方程与水质方程，只是在水质方程中不考虑弥散作用。

可以使用纯对流模型的情况有：大面积的区域性污染、农业污染、海水入侵等。

（三）集中参数型水质模型

集中参数型水质模型常用于溶质运移机理很复杂的大范围的地下水污染情况，该情况下溶质浓度只是时间的函数，与空间位置无关。此情况下可以利用黑箱模型方法进行分析。

黑箱模型是把发生污染物输入和输出的含水层或包气带看作是一个黑箱，箱子内部的结构可以不知道，只要通过研究输入和输出的关系，求得黑箱的综合效应，有了这个综合效应，就可以根据输入信息预报输出结果，或根据输出的观测资料，反推潜在的输入。

黑箱模型的基本原理是把污染物的进入比作输入信息 e（τ），在含水层或包气带中发生的各种机械的、物理化学的作用，用算符 A 来表示，在 A 的作用下产生的污染情况比作输出信息 S（t）。在 A 为线性系统的条件下，可用一卷积表示：

$$S(t)=\int_{-\infty}^{+\infty}A(t-\tau)e(\tau)d\tau$$

A 反映了模型特征，A 称为传递函数，输入 e(τ)为激励函数，输出 S(t)为响应函数。

实际应用时，首先根据输入 e（τ）和输出 S（t）的已有观测资料计算出传递函数 A，这种算法即反卷积。只要求得了传递函数 A，便可利用上式预测不同输入情况下将产生的输出。

二、地下水环境影响预测方法

地下水环境影响预测方法也可分为两类：

（一）类比法

污染物的迁移除取决于污染物本身特征外，还取决于环境水文地质条件和地球化学条件。环境水文地质条件和地球化学条件的相似性决定了其污染影响的可比性。在查明相似工程项目及其所处地区的环境水文地质条件和地球化学条件的基础上，通过量化处理，将开发因素与环境后果概化为数值指标，并确定出类比系数，即可对拟建项目的环境影响范围、大小做出评估。

（二）数学模拟法

在区域水文地质特征调查的基础上，根据污染途径分析，通过建立数学模型，获取计算参数等步骤进行。数学模型包括地下水水量模型和水质模型两大类，水量模型是水质模型的基础。水量模型和水质模型都可以根据实际条件利用数值方法或解析方法求解。

三、简单条件下地下水水质模型

在水文地质条件比较简单的情况下，可根据研究实际，将实际模型进行概化，利用解析模型预测地下水水质。结果的导出都是建立在对流—弥散方程的简化分析基础上，但由于涉及较多的数学知识，仅给出结果。

（一）一维弥散解析模式

此模式适用于污染源为污水沟或被污染了的河流及坝脚侧向渗漏的评价。此情况下假定地下水流场为定场，污染源可近似作为面源，污染物在地下介质场中做一维运动。

①瞬时污染源解析模式（对应于无限长多孔介质柱体，污染物瞬时注入的情景）：

$$C(x,t)=\frac{M_w}{2n\sqrt{\pi D_L t}}\exp\left[-\frac{(x-ut)^2}{4D_L t}\right]$$

式中，C（x，t）为 t 时刻 x 处示踪剂质量浓度，mg/L；D_L 为纵向弥散系数，m^2/d；u 为地下水实际流速，m/d；M_w 为单位面积上的污染源质量，mg/m^2；n 为地下介质场有效孔隙度，量纲为一；x 为距注入点的距离，m；t 为时间，d。

②渗入地下的废水与地下水发生混合时，废水中的非活泼成分的浓度将会下降，下降的程度与地下水混合的量有关，即与混合的深度有关。

在预测计算污水可能流入地下水源地时，只要污水在渗流过程中不能完全自净，便可能对地下水造成污染，其可能出现的最大浓度 C_{max} 可按下式计算：

$$C_{\max}=C_h+\frac{\Delta Q_p}{Q_h}\left(C_p-C_h\right)$$

式中，C_h 为地下水污染背景值，mg/L；C_p 为渗入污水中污染物质量浓度，mg/L；ΔQ_p 为可能进入水源的最大污水量，m^3/d；Q_h 为水源地的开采量，m^3/d。

③连续污染源且污染源浓度不变情况下的解析模式（对应于无限长多孔介质柱体，一端为定浓度边界的情景）：

$$C(x,t)=\frac{C_0}{2}erfc\left(\frac{x-ut}{2\sqrt{D_L t}}\right)+\frac{C_0}{2}\exp\left(\frac{ux}{D_L}\right)erfc\left(\frac{x+ut}{2\sqrt{D_L t}}\right)$$

式中，C（x，t）为 t 时刻 x 处示踪剂质量浓度，mg/L；C_0 为注入的示踪剂质量浓度，mg/L；D_L 为纵向弥散系数，m^2/d；u 为地下水实际流速，m/d；x 为距注入点的距离，m；t 为时间，d；erfc（ ）为余误差函数，可查《水文地质手册》获得。

（二）二维弥散解析模式

适用于平面流场中的点状污染源，不考虑污染源对流场的影响，则

①瞬时污染源解析模式：

$$C(x,y,t)=\frac{M_f/M}{4\pi nt\sqrt{D_L D_T}}\exp\left[-\frac{(x-ut)^2}{4D_L t}-\frac{y^2}{4D_T t}\right]$$

式中，M_f为单位长度污染源源强，mg/m；D_T为横向弥散系数，m^2/d；D_L为纵向弥散系数，m^2/d；M为承压含水层的厚度，m；其余符号含义同前。

②连续污染源解析模式：

$$C(x,y,t)=\frac{C_0 Q}{4\pi nt\sqrt{D_L D_T}}\exp\left(\frac{xu}{2D_L}\right)\left[W\left(0,\sqrt{ab}\right)-W\left(bt,\sqrt{ab}\right)\right]$$

其中，

$$W(u,r)=\int_u^{\infty}\exp\left(-y-r^2/4y\right)\frac{dy}{y}$$ （称为Hantush函数）

$$a=\frac{x^2}{D_L}+\frac{y^2}{K_T},b=\frac{u^2}{4D_L}$$

式中，C_0为污染源质量浓度，mg/L；K_T指横向渗透系数，m/s；Q为污水入渗量，m^3/d；其余符号含义同前。

（三）径向弥散解析模式

径向弥散适用于无天然流速，污染物在水平、等厚、无限展布的均质各向同性承压含水层中的完整井中注入的情况。

①定流量污染源解析模式：

$$C(r,t)=\frac{C_0}{2}erfc\left[\frac{r^2-\frac{Qt}{\pi Hn}}{\sqrt{16/3\alpha_L t^3}}\right]$$

式中，C_0为污染源质量浓度，mg/L；C为示踪剂质量浓度，mg/L；α_L为纵向弥散度，m；H为含水层厚度，m；r为径向距离，m；erfc（ ）为余误差函数，可查《水文地质手册》

获得；其余符号含义同前。

②变流量污染源解析模式：

$$C(r,t)=C_0\left[1-\frac{1-\exp(\overline{r})+r\exp\left(\sqrt{b\tau}\right)}{1-\exp\left(\sqrt{b\tau}\right)+\sqrt{b\tau}\exp(b\tau)}\right]$$

其中，

$$\tau=\frac{1}{{\alpha_L}^2}\int_0^t\frac{Q(t)}{2\pi Hnr}dt;\ \ \overline{r}=\frac{r}{\alpha L}$$

上述模型没有考虑污染物的衰减以及介质对污染物的阻滞效应等，实际工作时需要对模型进行修正。

四、地下水环境质量趋势分析

（一）同一监测井、区域与前一时段和前一年同期比较

假设：评价区域内总的监测井数为 M；Ⅰ～Ⅲ类监测井增加量为 P；Ⅳ～Ⅴ类监测井增加量为 Q。

规定如下：

明显（显著）好转：P － Q ＞ 0，且（P － Q）/M ＞ 0.05；

略有（有所）好转：P － Q ＞ 0，且（P － Q）/M ∈（0，0.05）；

稳定（持平）：P － Q ＝ 0；

略有（有所）恶化：P － Q ＜ 0，且（P － Q）/M ∈（－ 0.05，0）；

明显（显著）恶化：P － Q ＜ 0，且（P － Q）/M ＜ － 0.05。

（二）同一监测井、区域多时段比较

采用秩相关系数法。

衡量污染变化趋势在统计上有无显著性，最常用的技术是 Daniel 的趋势检验法，它使用了 Spearman 秩相关系数。为使用这个方法，要求具备足够的数据，一般至少应采用四个期间的数据，给出时间周期 Y_1，…，Y_N，和它们的相应值 X（即年均值 C_1，C_2，C_3，…，C_N），从大到小排列好，统计检验用的秩相关系数按下式计算：

$$\left|r_j\right|=1-\left(6\sum_{i=1}^{N}{d_i}^2\right)/\left(N^3-N\right)$$

$$d_i = X_i - Y_i$$

式中，r_j 为秩相关系数；N 为水质监测频次，年或月、日；X_i 为周期 i 到周期 N 按浓度值从小到大排列的序号；Y_i 为按实测时间排列的序号；d_i 为变量 X_i 和变量 Y_i 的差值。

为计算 r_j，在表上先按实测值周期，到周期 N（年或月、日）从小到大排列的序数（即第 i 个数据与后面所有的数据比较后按从小到大的顺序排列时，第 i 个数据所在的序数）；后面再列出按实测时间排列的序数，d_i 值为这两列值之差，取每个 d_i 的平方，然后对全部 d_i^2 求和得 $\sum_{i=1}^{N} d_i^2$，再把这个数和 N（时间数）直接代入上式中。

秩相关关系 r_j 大，趋势显著。由 α = 0.05 得到临界值 $W_p = u_{0.975} / \sqrt{N-1}$，$u_{0.975} = 1.96$，当 $|r_j| > W_p$ 时，趋势显著，r_j 为正时是上升趋势，r_j 为负时是下降趋势。

五、地下水水质污染预测中参数的获取

地下水水质污染预测中的主要参数是纵向及横向弥散系数，其获取方法包括野外试验法、室内实验法及经验值法，由于弥散度存在尺度效应，一般在地下水环境影响预测中，利用经验值给出初值，然后利用实际资料进行拟合。评价要求不高的项目，可以直接利用经验值法。

地下水水质污染预测中的另一个主要参数是渗透系数，可以通过野外抽水试验、注水试验等获取。

（一）纵向及横向弥散系数室内试验方法

在室内可以进行一维或二维弥散试验，一维弥散试验用来获得纵向弥散系数，二维弥散试验用来获得纵向及横向弥散系数，实验室进行二维弥散试验有一定困难，故一般只进行一维弥散试验，即土柱试验。

进行土柱试验时应该利用原状土进行，这样可以保持与野外情况的一致性。一般设计一定长度的土柱，假定其为半无限长土柱，利用土柱两端的定水头装置使得土柱中形成稳定流，在一端均匀连续注入示踪剂的情况下，可在示踪剂注入的下游方向测得不同点的浓度随时间变化曲线 ρ（x,t）或不同时刻的浓度分布曲线 ρ（x,t）– t_0。由上述两类曲线，可用下式计算纵向弥散系数：

$$D_L = \frac{1}{8t}\left(x_{0.16} - x_{0.84}\right)^2$$

$$D_L = \frac{v^2}{8t_{0.5}}\left(t_{0.84} - x_{0.16}\right)^2$$

式中，t 为测量时刻；如 $t_{0.16}$、$t_{0.5}$、$t_{0.84}$ 分别为某一固定位置，浓度达到示踪剂注入浓度的 0.16、0.5、0.84 倍的时间；$x_{0.16}$、$x_{0.84}$ 分别为某一固定时刻，浓度达到示踪剂注入浓度的 0.16、0.84 倍的距离；v 为土柱中示踪剂的平均运动速度。

（二）现场弥散试验

现场弥散试验在野外进行，一般需要打若干钻孔，并贯穿拟研究的含水层。在其中一个钻孔中投入示踪剂，其他钻孔作为取样测量孔，根据所测得的浓度分布曲线来求得纵向及横向弥散系数。

所要指出的是，现场弥散试验必须在搞清当地具体的水文地质条件基础上才能进行，现场弥散试验花费较多，其示踪剂投放孔及取样测量孔的布置都是极有讲究的，否则试验不易成功。现有的计算纵向及横向弥散系数的公式也是实际情况的简化，因此本节不再列出对应于简化情况的弥散系数计算公式。

第六章　大气环境影响评价

第一节　大气环境基础知识

一、大气环境基本物理量

大气的物理状态和在其中发生的一切物理现象可以用一些物理量来加以描述。对大气状态和大气物理现象给予描述的物理量叫作气象要素。气象要素的变化揭示了大气中的物理过程。气象要素主要有：气温、气压、气湿、风向、风速、云况、云量、能见度、降水、蒸发量、日照时数、太阳辐射、地面辐射、大气辐射等。

（一）气温

气象学上讲的地面气温一般是指在距离地面 1.5m 高处百叶箱中观测到的空气温度。气温一般用摄氏温度（℃）表示，理论计算常用热力学温度（K）表示。

（二）气压

气压是大气压强的简称，是作用在单位面积上的大气压力，即等于单位面积上向上延伸到大气上界的垂直空气柱的重量。气压的单位，习惯上常用水银柱高度表示。例如，一个标准大气压等于 760mm 高的水银柱的重量，它相当于一平方厘米面积上承受 1.0336kg 重的大气压力。国际上统一规定用“百帕”作为气压单位。经过换算：一个标准大气压 = 1013 百帕。气压大小与高度、温度等条件有关，一般随高度增大而减小，在水平方向上，大气压的差异引起空气的流动。在近地层高度每升高 100m，气压平均降低约 1240 Pa；它们的关系，可用大气静力学方程来描述，即

$$dp=-\rho gdz$$

式中 p 为气压，Pa；ρ 为大气质量密度，kg/m^3；g 为重力加速度，m/s^2。

（三）气湿

在一定的温度下，一定体积的空气里含有的水汽越少，则空气越干燥；水汽越多，则

空气越潮湿。在此意义下，常用绝对湿度、相对湿度、比较湿度、混合比以及露点等物理量来表示；若表示在湿蒸汽中液态水分的重量占蒸汽总重量的百分比，则称之为蒸汽的湿度。

（四）风与升、降气流

气象学上把空气质点的水平运动称为风。空气质点的铅直运动称为升气流、降气流。风是一个矢量，用风向和风速描述其特征。

1. 风向

风向指风的来向。风向的表示方法有两种：一种是方位表示法；另一种是角度表示法。风向的方位表示法可用 8 个方位或 16 个方位来表示。海洋和高空的风向较稳定，常用角度来表示。规定北风为 0°，正东风为 90°。

统计所收集的长期地面气象资料中各风向出现的频率，静风频率单独统计。风频指某风占总观测统计次数的百分比。风频表征下风向受污染的概率。风向玫瑰图是统计所收集的多年地面气象资料中 16 个风向出现的频率，然后在极坐标中按 16 个风向标出其频率的大小如图 6–1 所示。一般应绘制一个地点各季及年平均风向玫瑰图。

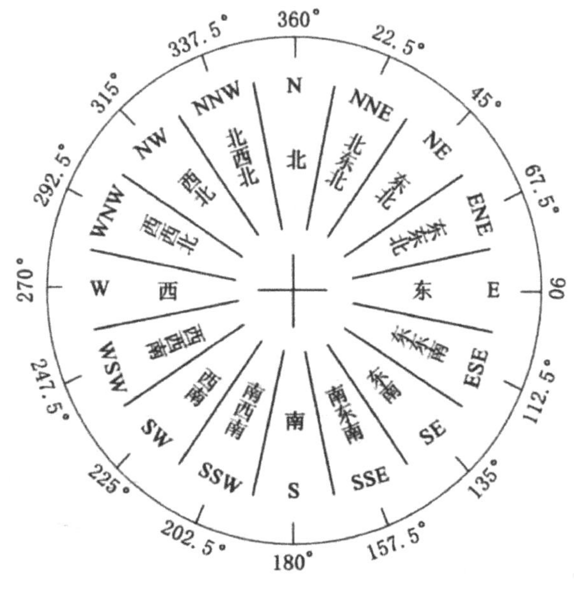

图 6–1　风向方位图（风向的十六方位）

主导风向是指风频最大的风向角的范围。风向角范围一般在连续 45° 左右。对于以 16 方位角表示的风向，主导风向一般是指连续 2 ~ 3 个风向角的范围。

2. 风速

风速是指空气在水平方向上移动的距离与所需时间的比值。风速的单位一般用 m/s 或

km/h 表示。粗略估计风速，可依自然界的现象来判断它的大小，即以风力来表示。

蒲福在 1805 年根据自然现象将风力分为 13 个等级（0 ~ 12 级），见表 6–1。根据蒲福制定的公式，也可以粗略地由风级算出风速，计算公式为

$$u = 3.02\sqrt{F^3}$$

式中：u 为风速，km/h；F 为蒲福风力等级。

表 6–1　蒲福风力等级

风级	名称	风速 /（m/s）	风速 /（km/h）	陆地地面物象
0	无风	0.0 ~ 0.2	< 1	静，烟直上
1	软风	0.3 ~ 1.5	1 ~ 5	烟示风向
2	轻风	1.6 ~ 3.3	6 ~ 11	感觉有风
3	微风	3.4 ~ 5.4	12 ~ 19	旌旗展开
4	和风	5.5 ~ 7.9	20 ~ 28	吹起尘土
5	劲风	8.0 ~ 10.7	29 ~ 38	小树摇摆
6	强风	10.8 ~ 13.8	39 ~ 49	电线有声
7	疾风	13.9 ~ 17.1	50 ~ 61	步行困难
8	大风	17.2 ~ 20.7	62 ~ 74	折毁树枝
9	烈风	20.8 ~ 24.4	75 ~ 88	小损房屋
10	狂风	24.5 ~ 28.4	89 ~ 102	拔起树木
11	暴风	28.5 ~ 32.6	103 ~ 117	损毁重大
12	飓风	32.7 ~ 36.9	118 ~ 133	摧毁极大

中国气象局下发的《台风业务和服务规定》，以蒲福风力等级将 12 级以上台风补充到 17 级，即：12 级台风定为 32.4 ~ 36.9m/s；13 级为 37.0 ~ 41.4m/s；14 级为 41.5 ~ 46.1m/s；15 级为 46.2 ~ 50.9m/s；16 级为 51.0 ~ 56.0m/s；17 级为 56.1 ~ 61.2m/s。

在大气边界层中，由于摩擦力随着高度的增加而减小，风速将随高度的增加而增加。表示平均风速的值随高度变化的曲线称为风速廓线。风速廓线的数学表达式称为风速廓线模式。

在大气扩散计算中，需要知道烟囱和有效烟囱高度处的平均风速，但一般气象站只会观测地面风（10m 高处的风速）。因此，需要建立起风速廓线模式，用现有的地面风资料，计算出不同高度的风速。根据《环境影响评价技术导则大气环境》（HJ 2.2–2018），一般情况下选用幂指数风速廓线模式来估算高空风速，即

$$u_2 = u_1\left(\frac{z_2}{z_1}\right)^p$$

式中：u_1，u_2 为距地面 z_1 和 z_2 高度处的 10min 平均风速，m/s；幂指数 p 为地面粗糙度和气温层结的函数。

在同一地区、相同稳定度情况下，幂指数 p 为一常数；在不同地区或不同稳定度情况下，取不同的值；大气越稳定，地面粗糙度越大，力值越大，反之 p 值则越小。我国《大气污染物无组织排放监测技术导则》给出相应的 p 值，如表 6–2 所列。

表 6–2　不同稳定度下风速廓线幂指数 p 的取值

稳定度		A	B	C	D	E	F
欧文	城市	0.10	0.15	0.20	0.25	0.30	0.30
	乡村	0.07	0.07	0.10	0.15	0.25	0.25
环评导则		0.10	0.15	0.20	0.25	0.30	0.30

3. 大气稳定度

气温沿垂直高度而变化，这种变化称为气温层结或层结。大气稳定度是指气团垂直运动的强弱程度。

气温 T 随高度 z 变化的快慢可用气温垂直递减率表示，它是指单位高差（通常取 100m）气温变化速率的负值，用 γ 表示，即 $\gamma = -dT/dz$。如果气温随高度增高而降低，γ 为正值；如果气温随高度增高而增高，γ 为负值。

大气中的气温层结有四种典型情况：其一，气温随高度的增加而递减，$\gamma > 0$，称为正常分布层结或递减层结；其二，气温随高度的增加而增加，$\gamma < 0$，称为气温逆转，简称逆温；其三，气温随铅直高度的变化等于或近似等于干绝热直减率，通常以 γ_d 表示，即 $\gamma = \gamma_d$，称为中性层结；其四，气温随铅直高度增加是不变的，$\gamma = 0$，称为等温层结。其中干绝热直减率 γ_d 是指干空气在绝热升降过程中每升降单位距离（通常取 100m）气温变化速率的负值。

大气静力稳定度可以用气温直减率与干绝热直减率之差来判断，即：

$\gamma - \gamma_d > 0$，大气不稳定；$\gamma - \gamma_d < 0$，大气稳定；$\gamma - \gamma_d = 0$，大气中性。

大气静力稳定度的判据只适合于气团在运动过程中始终处于未饱和状态的情况。饱和湿空气在升降过程中如果发生了相变热交换，大气静力稳定度的判断就不再适用。但在实际工作中，常遇到的是未饱和空气。

常用的大气稳定度分类方法有帕斯奎尔法和国际原子能机构推荐的方法。我国现有法规中推荐帕斯奎尔分类法（简记 P·S），分为强不稳定 A、不稳定 B、弱不稳定 C、中性 D、较稳定 E 和稳定 F 六级。

4. 云量

云是大气中水汽凝结的现象，它是由飘浮在空中的大量小水滴或小冰晶或两者的混合物构成的。云的生成、外形特征、量的多少、分布及其演变不仅反映了当时大气的运动状态，而且预示着天气演变的趋势。云量是云的多少。我国将视野能见的天空分为10等分，其中云遮蔽了几分，云量就是几。例如，碧空无云，云量为零，阴天云量为10。总云量是指不论云的高低或层次，所有的云遮蔽天空的分数。低云量是指低云遮蔽天空的分数。我国云量的记录规范规定以分数表示，分子为总云量，分母为低云量。低云量不应大于总云量。如总云量为8，低云量为3，记作8/3。国外将天空8等分，其中云遮蔽了几分，云量就是几。

5. 能见度

在当时的天气条件下，正常人的眼睛所能见到的最大水平距离，称为能见度（即水平能见度）；所谓能见就是能把目标物的轮廓从它们的天空背景中分辨出来。为了知道能见距离的远近，事先必须选择若干固定的目标物，量出它们距离测点的距离，例如山头、塔、建筑物等，作为能见度的标准。在夜间，必须以灯光作为目标物来确定能见度。能见度的单位常用米或千米。能见度的大小反映了大气的浑浊程度，反映出大气中杂质的多少。

二、大气环境相关定义及术语

（一）环境空气保护目标

环境空气保护目标指评价范围内按《环境空气质量标准》（GB 3095-2012）规定划分为一类功能区的自然保护区、风景名胜区和其他需要特殊保护的地区，二类功能区中的居民区、文化区和农村地区人群较集中的区域。

（二）基本污染物

基本污染物指《环境空气质量标准》（GB 3095-2012）中所规定的二氧化硫（SO_2），可吸入颗粒物（PM10）、细颗粒物（PM2.5）、臭氧（O_3）、二氧化氮（NO_2）、一氧化碳（CO）等污染物。

（三）其他污染物

其他污染物指除基本污染物以外的其他项目污染物。

（四）大气污染源分类

大气污染源按预测模式的模拟形式分为点源、面源、线源、体源四种类别。

点源：通过某种装置集中排放的固定点状源，如烟囱、集气筒等。

面源：在一定区域范围内，以低矮密集的方式自地面或近地面的高度排放污染物的源，如工艺过程中的无组织排放、储存堆、渣场等排放源。

线源：污染物呈线状排放或者由移动源构成线状排放的源，如城市道路的机动车排放源等。

体源：由源本身或附近建筑物的空气动力学作用，使污染物呈一定体积向大气排放的源，如焦炉炉体、屋顶天窗等。

（五）排气筒

排气筒指通过有组织形式排放大气污染物的各种类型的装置，包括烟囱、集气筒等。

（六）大气污染物的排放形式与条件

大气中有害物质的浓度越高，污染就越重，危害也就越大。污染物在大气中的浓度，除了取决于排放的总量外，还同排放源高度、气象和地形等因素有关。

根据污染源排放的时间特征，可将其划分为连续排放或间断排放，其中，连续排放又可划分为稳定排放与不稳定排放。

根据污染源排放的高度特征，可将其划分为有组织排放与无组织排放。其中，无组织排放是指非正常工况下的污染物排放，如生产过程中开停车（工、炉）、设备检修、工艺设备运转异常以及污染物排放控制措施达不到应有效率等情况下的排放。

按照排气筒附近的地形特征，可将其划分为简单地形和复杂地形。

距离污染源中心点 5km 内的地形高度（不含建筑物）低于排气筒高度时，定义为简单地形，如图 6–2 所示。在此范围内地形高度不超过排气筒基底高度时，可认为地形高度为 0m。

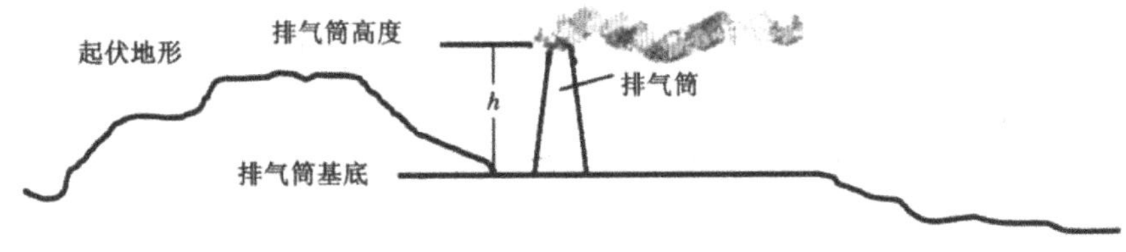

图 6–2 简单地形

距离污染源中心点 5km 内的地形高度（不含建筑物）等于或超过排气筒高度时，定义为复杂地形，如图 6–3 所示。

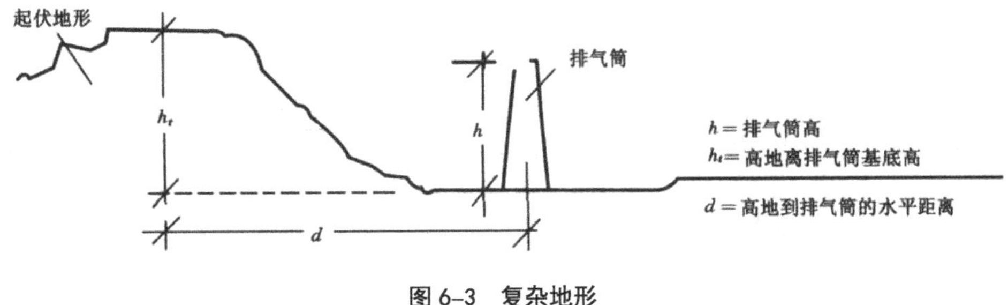

图 6–3 复杂地形

（七）短期浓度

短期浓度指某污染物的评价时段小于等于 24 h 的平均质量浓度，包括 1h 平均质量浓度、8h 平均质量浓度以及 24h 平均质量浓度（也称为日平均质量浓度）。

（八）长期浓度

长期浓度指某污染物的评价时段大于等于 1 个月的平均质量浓度，包括月平均质量浓度、季平均质量浓度和年平均质量浓度。

（九）大气环境防护距离

大气环境防护距离指为保护人群健康，减少正常排放条件下大气污染物对居住区的环境影响，在项目厂界以外设置的环境防护距离。

三、大气环境污染

按照国际标准化组织（ISO）的定义："大气污染通常是指由于人类活动或自然过程引起某些物质进入大气中，呈现出足够的浓度，达到足够的时间，并因此危害了人体的舒适、健康和福利或环境的现象"。

随着人类经济活动和生产的迅速发展，在大量消耗能源的同时，也将大量的废气、烟尘物质排入大气，严重影响了大气环境的质量，特别是在人口稠密的城市和工业区域。所谓干洁空气是指在自然状态下的大气（由混合气体、水汽和杂质组成）除去水气和杂质的空气，其主要成分是氮气（占 78.09%）、氧气（占 20.94%）、氩气（占 0.93%），其他是各种含量不到 0.1% 的微量气体（如氖、氦、二氧化碳、氪等）。

气态污染物又分为一次污染物和二次污染物。

一次污染物是指直接由污染源排放的污染物质，如二氧化硫、一氧化氮、一氧化碳、颗粒物等，它们又可分为反应物和非反应物，前者不稳定，在大气环境中常与其他物质发生化学反应，或者做催化剂促进其他污染物之间的反应，后者则不发生反应或反应速度缓慢。

二次污染物是指由一次污染物在大气中互相作用经化学反应或光化学反应形成的与一次污染物的物理、化学性质完全不同的新的大气污染物，其毒性比一次污染物更强。最常见的二次污染物如硫酸及硫酸盐气溶胶、硝酸及硝酸盐气溶胶、臭氧、光化学氧化剂，以及许多不同寿命的活性中间物（又称自由基）等。

（一）大气污染物分类

大气污染物主要分为两类，即天然污染物和人为污染物，引起公害的往往是人为污染物，它们 主要来源于燃料燃烧和大规模的工矿企业。主要包括：颗粒物指大气中液体、固体状物质，又称尘；硫氧化物是硫的氧化物的总称，包括二氧化硫、三氧化硫、三氧化二硫、一氧化硫等；碳的氧化物主要是一氧化碳（二氧化碳不属于大气污染物）；氮氧化物是氮的氧化物的总称，包括氧化亚氮、一氧化氮、二氧化氮、三氧化二氮等；碳氢化合物是碳元素和氢元素形成的化合物，如甲烷、乙烷等烃类气体；其他有害物质如重金属类、含氟气体、含氯气体等。

根据大气污染物的存在状态，也可将其分为气溶胶态污染物和气态污染物。

1. 气溶胶态污染物

根据颗粒物物理性质的不同，可分为如下几种：

（1）粉尘

指悬浮于气体介质中的细小固体粒子，通常是由于固体物质的破碎、分级、研磨等机械过程或土壤、岩石风化等自然过程形成。粉尘粒径一般为 1 ~ 200μm，大于 10μm 的粒子靠重力作用能在较短时间内沉降到地面，称为降尘；小于 10μm 的粒子能长期在大气中飘浮，称为飘尘。

（2）烟

通常指由冶金过程形成的固体粒子的气溶胶。在工业生产过程中总是伴有诸如氧化之类的化学反应，熔融物质挥发后生成的气态物质冷凝时便生成各种烟尘。烟的粒子是很细微的，粒径范围一般小于 1μm。

（3）飞灰

指由燃料燃烧后产生的烟气带走的灰分中分散的较细粒子。灰分是含碳物质燃烧后残留的固体渣，在分析测定时假定它是完全燃烧的。

（4）黑烟

通常指由燃烧产生的能见的气溶胶，不包括水蒸气。在某些文献中以林格曼数、黑烟的遮光率、玷污的黑度或捕集的沉降物的质量来定量表示黑烟。黑烟的粒径范围为 0.05 ~ 1μm。

（5）雾

在工程中，雾一般指小液体粒子的悬浮体。它可能是由于液体蒸汽的凝结、液体的雾化以及化学反应等过程形成的，如水雾、酸雾、碱雾、油雾等，水滴的粒径范围在 200μm 以下。

（6）总悬浮颗粒物

其指大气中粒径小于 100μm 的所有固体颗粒。这是为适应我国目前普遍采用的低容量滤膜采样法而规定的指标。

2. 气态污染物

气态污染物主要包括：含硫化合物、碳的氧化物、含氮化合物、碳氢化合物、卤素化合物。

（二）大气污染物来源

1. 定义与分类

造成大气污染的空气污染物的发生源称为空气污染源，可分为自然源和人为源两大类。

2. 大气污染物来源

大气污染物的来源十分广泛，各地情况也有很大差别，以下举出一些例子。

①工业，工业是大气污染的一个重要来源。工业排放到大气中的污染物种类繁多，有烟尘、硫的氧化物、氮的氧化物、有机化合物、卤化物、碳化合物等。其中有的是烟尘，有的是气体。②工厂、家庭燃烧含硫的燃料，如生活炉灶与采暖锅炉：城市中大量民用生活炉灶和采暖锅炉需要消耗大量煤炭，煤炭在燃烧过程中要释放大量的灰尘、二氧化硫、一氧化碳等有害物质污染大气。特别是在冬季采暖时，往往使污染地区烟雾弥漫，这也是一种不容忽视的污染源。③火山爆发产生的气体。④焚烧农作物的秸秆、森林火灾中的浓烟。⑤焚烧生活垃圾、废旧塑料、工业废弃物产生的烟气。⑥做饭时厨房里的烟气。⑦垃圾腐烂释放出来的有害气体。⑧工厂有毒气体的泄漏。⑨居室装修材料（如油漆等）缓慢释放出来的有毒气体。⑩交通运输：汽车、火车、飞机、轮船是当代的主要运输工具，它们烧煤或石油产生的废气也是重要的污染物，特别是城市中的汽车，量大而集中，排放的污染物能直接侵袭人的呼吸器官，对城市的空气污染很严重，成为大城市空气的主要污染源之一。汽车排放的废气主要有一氧化碳、二氧化硫、氮氧化物和碳氢化合物等，前三种物质危害性很大。

3. 大气污染的危害

大气污染对气候的影响很大，其排放的污染物对局部地区和全球气候都会产生一定影响，尤其对全球气候的影响，从长远的观点看，这种影响将很严重。

（1）二氧化硫主要危害

形成工业烟雾，高浓度时使人呼吸困难，是著名的伦敦烟雾事件的元凶；进入大气层后，氧化为硫酸，在云中形成酸雨，对建筑、森林、湖泊、土壤危害大；形成悬浮颗粒物，又称气溶胶，随着人的呼吸进入肺部，对肺有直接损伤作用。

（2）悬浮颗粒物主要危害

随呼吸进入肺，可沉积于肺，引起呼吸系统的疾病。颗粒物上容易附着多种有害物质，有些有致癌性，有些会诱发花粉过敏症；沉积在绿色植物叶面，干扰植物吸收阳光、二氧化碳和放出氧气、水分的过程，从而影响植物的健康和生长；厚重的颗粒物浓度会影响动物的呼吸系统：杀伤微生物，引起食物链改变，进而影响整个生态系统；遮挡阳光而可能改变气候，这也会影响生态系统。

（3）氮氧化物主要危害

刺激人的眼、鼻、喉和肺，增加病毒感染的发病率，例如引起导致支气管炎和肺炎的流行性感冒，诱发肺细胞癌变；形成城市的烟雾，影响可见度；破坏树叶的组织，抑制植物生长；在空中形成硝酸小滴，产生酸雨。

（4）一氧化碳主要危害

极易与血液中运载氧的血红蛋白结合，结合速度比氧气快250倍，因此，在极低浓度时就能使人或动物遭到缺氧性伤害。轻者眩晕、头疼，重者脑细胞受到永久性损伤，甚至窒息死亡；对心脏病、贫血和呼吸道疾病的患者伤害性大；引起胎儿生长受损和智力低下。

（5）挥发性有机化合物主要危害

容易在太阳光作用下产生光化学烟雾；在一定的浓度下对植物和动物有直接毒性；对人体有致癌、引发白血病的危险。

（6）光化学氧化物主要危害

低空臭氧是一种最强的氧化剂，能够与几乎所有的生物物质产生反应，浓度很低时就能损坏橡胶、油漆、织物等材料；臭氧对植物的影响很大，浓度很低时就能减缓植物生长，高浓度时杀死叶片组织，致使叶片枯死，最终引起植物死亡，比如高速公路沿线的树木死亡就被分析与臭氧有关；臭氧对于动物和人类有多种伤害作用，特别是伤害眼睛和呼吸系统，加重哮喘类过敏症。

（7）有毒微量有机污染物主要危害

有致癌作用；有环境激素（也叫环境荷尔蒙）的作用。

（8）重金属主要危害

重金属微粒随呼吸进入人体，铅能伤害人的神经系统，降低孩子的学习能力，镉会影响骨骼发育，对孩子极为不利；重金属微粒可被植物叶面直接吸收，也可在降落到土壤之后，被植物吸收，通过食物链进入人体；降落到河流中的重金属微粒随水流移动，或沉积于池塘、湖泊，或流入海洋，被水中生物吸收，并在体内聚积，最终随着水产品进入人体。

（9）有毒化学品主要危害

对动物、植物、微生物和人体有直接危害。

（10）难闻气味主要危害

直接引起人体不适或伤害；对植物和动物有毒性；破坏微生物生存环境，进而改变整个生态状况。

（11）放射性物质主要危害

致癌，可诱发白血病。

（12）温室气体主要危害

阻断地面的热量向外层空间发散，致使地球表面温度升高，引起气候变暖，发生大规模的洪水、风暴或干旱；增加夏季的炎热，提高心血管病在夏季的发病和死亡率；气候变暖会促使南北两极的冰川融化，致使海平面上升，其结果是地势较低的岛屿国家和沿海城市被淹；气候变暖会使地球上沙漠化面积继续扩大，使全球的水和食品供应趋于紧张。

大气被污染后，由于污染物质的来源、性质和持续时间的不同，被污染地区的气象条件、地理环境等因素的差别，以及人的年龄、健康状况的不同，对人体造成的危害也不尽相同。大气中的有害物质主要通过 3 个途径侵入人体造成危害：①通过人的直接呼吸而进入人体；②附着在食物上或溶于水中，使之随饮食而侵入人体；③通过接触或刺激皮肤而进入到人体。其中通过呼吸而侵入人体是主要的途径，危害也最大。

大气污染对人的危害大致可分为急性中毒、慢性中毒、致癌 3 种。

4. 影响大气污染的主要因素

影响大气污染的主要因素有污染物的排放情况、大气的自净过程、污染物在大气中的转化情况以及气象条件等。

（1）污染物的排放情况

污染物的排放情况对大气污染状况产生直接影响，主要表现为以下几点：

其一，在单位时间内排放的污染物越多，即排放强度越大，则对大气的污染越重。在同类生产中排放量取决于生产过程、管理制度、净化设备的有无及其净化效果等；在同一企业中，排放量随生产量的变化而变化。

其二，污染程度与污染源距离成反比，即与污染源距离越远，污染物扩散后的断面越大，稀释程度也越大，因而浓度越低。

其三，与排放高度有关，即污染物排放的高度越高，相应高度处的风速也越大，加速了污染物与大气的混合。当排出物扩散到地面时，其扩散开的面积越大，污染物的浓度越低。

（2）大气自净过程

污染物进入大气后，大气能通过稀释扩散、转化等多种方式使排入的污染物浓度逐渐降低或除去的过程或现象，这个过程叫作大气的自净过程。

大气自净作用有两种形式：

其一是稀释作用，即污染物与大气混合而使污染物浓度降低，称为稀释。大气对污染物的稀释能力与气象因素有关。

其二是沉降和转化作用，即污染物因自重或雨水洗涤等原因而从大气中沉降到地面而被除去。大气污染物在大气中的沉降过程往往进行得十分缓慢，大气的自净作用主要还是大气对污染物的扩散稀释作用。

（3）污染物在大气中的转化

污染物在大气中的转化十分复杂，其机理目前还不十分清楚。例如，二氧化硫可转变为硫酸烟雾，氮氧化物及有机物质在阳光照射下可变为臭氧、醛类、过乙酰硝酸酯等。转化后生成的二次污染物有时甚至比原来的一次污染物危害还大。

（4）风力和风向

风力大小和风向对污染物的扩散程度和扩散方位有决定性作用。把风向频率 Pw 与平均风速 u 之比叫作污染系数 Rp，即 $Rp = Pw/u$。可用污染系数反映不同风力和风向作用下的污染状况，即：污染系数小，则空气污染程度轻；污染系数大，则空气污染程度大。

（5）辐射与云

太阳辐射产生气流的热力运动，影响污染物扩散；云对太阳辐射有反射作用，通过影响大气的热力运动而影响污染物的扩散。

（6）天气形势

在低气压控制时，空气有上升运动，云量较多，如果风速稍大，大气多为中性或不稳定状态，有利于扩散；在高气压控制时，一般天气晴朗，风速很小，并往往伴有空气的下沉运动，形成下沉逆温，抑制湍流的发展，不利于扩散，甚至容易造成地面污染。

降水可以对空气污染物进行洗涤，一些污染物可随雨水降落地面。

雾可以凝集空气中的一些粒子污染物。但雾大多在近地面气层非常稳定的条件下才会出现，故雾的出现可能会造成不利的地面空气污染状态。

（7）下垫面条件

下垫面是气流运动的下边界，对气流运动状态和气象条件都会产生热力和动力影响，从而改变空气污染物的扩散条件。山区地形、水陆界面和城市热岛效应是下垫面对大气污染三个典型的影响。

第二节　大气环境影响评价工作等级及范围

一、大气环境影响评价主要任务

大气环境影响评价的基本任务是从环境空气影响的角度对建设项目或开发活动进行可行性论证，通过调查、预测等手段，分析、预测和评估项目在建设阶段、生产运行和服务期满后（可根据项目情况选择）所排放的大气污染物对环境空气质量影响的程度、范围和频率，为项目的选址选线、排放方案、大气污染治理设施与预防措施制定、排放量核算，以及其他有关的工程设计、项目实施环境监测等提供科学依据或指导性意见。

二、工作等级划分

根据项目污染源初步调查结果，分别计算项目排放主要污染物的最大地面空气质量浓度占标率 P_i（第 i 个污染物），及第 i 个污染物的地面空气质量浓度达标准限值 10% 时所对应的最远距离 $D_{10\%}$。其中 P_i 定义为：

$$Pi = \frac{C_i}{C_{oi}} \times 100\%$$

式中：P_i 为第 i 个污染物的最大地面质量浓度占标率，%；C_i 为采用估算模式计算出的第i个污染物的最大地面质量浓度，μg/m^3；C_{oi} 为第i个污染物的环境空气质量浓度标准，μg/m^3。

C_{oi}一般选用《环境空气质量标准》（GB 3095–2012）中 1h 平均取样时间的二级标准的质量浓度限值，如项目位于一类环境空气功能区，应选择相应的一级浓度限值；如已有地方环境质量标准，应选用地方标准中的浓度限值；对《环境空气质量标准》（GB 3095–2012）及地方环境质量标准中未包含的污染物，参照表 6–3 中的 1h 平均浓度限值；对于上述标准中都未包含的污染物，可参照选用其他国家、国际组织发布的环境质量浓度限值或基准值。对仅有 8h 平均质量浓度限值、日平均质量浓度限值或年平均质量浓度限值的，可分别按 2 倍、3 倍、6 倍折算为 1h 平均质量浓度限值。

表 6–3　其他污染物空气质量浓度参考限值

编号	污染物名称	标准值 /（μg/m³）		
		1h 平均	8h 平均	日平均
1	氨	200		
2	苯	110		
3	苯胺	100		30
4	苯乙烯	10		
5	吡啶	80		
6	丙酮	800		
7	丙烯腈	50		
8	丙烯醛	100		
9	二甲苯	200		
10	二硫化碳	40		
11	环氧氯丙烷	200		
12	甲苯	200		
13	甲醇	3 000		1 000
14	甲醛	50		
15	硫化氢	10		
16	硫酸	300		100
17	氯	100		30
18	氯丁二烯	100		
19	氯化氢	50		15
20	锰及其化合物			10
21	五氧化二磷	150		50
22	硝基苯	10		
23	乙醛	10		
24	总挥发性有机物		600	

划分评价等级的目的是区分不同的评价对象，以在保证评价质量的前提下尽可能节约经费和时间。《环境影响评价技术导则大气环境》（HJ 2.2–2018）将大气环境影响评价工作划分为 3 级，见表 6–4。

表 6-4　大气环境影响评价工作等级划分

评价工作等级	评价工作分级判据
一级	$P_{max} \geqslant 10\%$
二级	$1\% \leqslant P_{max} < 10\%$
三级	$P_{max} < 1\%$

①同一项目有多个（两个以上，含两个）污染源排放同一种污染物时，则按各污染源分别确定其评价等级，并取评价级别最高者作为项目的评价等级。②对电力、钢铁、水泥、石化、化工、平板玻璃、有色等高耗能行业的多源项目或以使用高污染燃料为主的多源项目，并且编制环境影响报告书的项目评价等级提高一级。③对等级公路、铁路项目，分别按项目沿线主要集中式排放源（如服务区、车站大气污染源）排放的污染物计算其评价等级。④对新建包含 1km 及以上隧道工程的城市快速路、主干路等城市道路项目，按项目隧道主要通风竖井及隧道出口排放的污染物计算其评价等级。⑤对新建、迁建及飞行区扩建的枢纽及干线机场项目，应考虑机场飞机起降及相关辅助设施排放源对周边城市的环境影响，评价等级取一级。⑥确定评价等级同时应说明估算模型计算参数和判定依据。

三、大气环境影响评价工作范围的确定

①一级评价项目根据项目排放污染物的最远影响距离（$D_{10\%}$）确定大气环境影响评价范围。即以项目厂址为中心区域，自厂界外延 $D_{10\%}$。相应距离的矩形区域作为大气环境影响评价范围。当超过 25km时，确定评价范围为边长 50km矩形区域；当$D_{10\%}$小于 2.5km时，评价范围边长取 5km。②二级评价项目大气环境影响评价范围边长取 5km。③三级评价项目不须要设置大气环境影响评价范围。④对于新建、迁建及飞行区扩建的枢纽及干线机场项目，评价范围还应考虑受影响的周边城市，最大取边长 50km。⑤规划的大气环境影响评价范围是以规划区边界为起点，外延规划项目排放污染物的最远影响距离的区域。

调查评价范围内所有环境空气保护目标应在带有地理信息的底图中标注，并列表给出环境空气保护目标内主要保护对象的名称、保护内容、所在大气环境功能区划以及与项目厂址的相对距离、方位、坐标等信息。

第三节　大气环境现状调查与评价

一、大气污染源调查

（一）调查内容

1. 一级评价项目

①调查本项目不同排放方案有组织及无组织排放源，对于改建、扩建项目还应调查本项目现有污染源。本项目污染源调查包括正常排放和非正常排放，其中非正常排放调查内容包括非正常工况、频次、持续时间和排放量。②调查本项目所有拟被替代的污染源（如有），包括被替代污染源名称、位置、排放污染物及排放量、拟被替代时间等。③调查评价范围内与评价项目排放污染物有关的其他在建项目、已批复环境影响评价文件的拟建项目等污染源。④对于编制报告书的工业项目，分析调查受本项目物料及产品运输影响新增的交通运输移动源，包括运输方式、新增交通流量、排放污染物及排放量。

2. 二级评价项目

参照一级评价项目①②调查本项目现有及新增污染源和拟被替代的污染源。

3. 三级评价项目

可只调查分析项目新增污染源和拟被替代的污染源。

（二）调查方法与要求

新建项目的污染源调查，依据《建设项目环境影响评价技术导则总纲》（HJ 2.1–2016），《规划环境影响评价技术导则总纲》（HJ 130–2014）、《排污许可证申请与核发技术规范总则》（HJ 942–2018），行业排污许可证申请与核发技术规范及各污染源源强核算技术指南，并结合工程分析从严确定污染物排放量。

评价范围内在建和拟建项目的污染源调查，可使用已批准的环境影响评价文件中的资料；改建、扩建项目现状工程的污染源和评价范围内拟被替代的污染源调查，可根据数据的可获得性，依次优先使用项目监督性监测数据、在线监测数据、年度排污许可执行报告、自主验收报告、排污许可证数据、环评数据或补充污染源监测数据等。污染源监测数据应采用满负荷工况下的监测数据或者换算至满负荷工况下的排放数据。

网格模型模拟所需的区域现状污染源排放清单调查按国家发布的清单编制相关技术规范执行。污染源排放清单数据应采用近三年内国家或地方生态环境主管部门发布的包含人为源和天然源在内所有区域污染源清单数据。在国家或地方生态环境主管部门发布污染源清单之前，可参照污染源清单编制指南自行建立区域污染源清单，并对污染源清单准确性进行验证分析。

二、大气环境质量现状调查

（一）调查内容和目的

1. 一级评价项目

调查项目所在区域环境质量达标情况，作为项目所在区域是否为达标区的判断依据。

调查评价范围内有环境质量标准的评价因子的环境质量监测数据或进行补充监测，用于评价项目所在区域污染物环境质量现状，以及计算环境空气保护目标和网格点的环境质量现状浓度。

2. 二级评价项目

调查项目所在区域环境质量达标情况。

调查评价范围内有环境质量标准的评价因子的环境质量监测数据或进行补充监测，用于评价项目所在区域污染物环境质量现状。

3. 三级评价项目

只调查项目所在区域环境质量达标情况。

（二）数据来源

1. 基本污染物环境质量现状数据

①项目所在区域达标判定，优先采用国家或地方生态环境主管部门公开发布的评价基准年环境质量公告或环境质量报告中的数据或结论。②采用评价范围内国家或地方环境空气质量监测网中评价基准年连续 1 年的监测数据，或采用生态环境主管部门公开发布的环境空气质量现状数据。③评价范围内没有环境空气质量监测网数据或公开发布的环境空气质量现状数据的，可选择符合《环境空气质量监测点位布设技术规范》（HJ 664-2013）规定，并且与评价范围地理位置邻近，地形、气候条件相近的环境空气质量城市点或区域点监测数据。④对于位于环境空气质量一类区的环境空气保护目标或网格点，各污染物环境质量现状浓度可取符合 HJ 664 规定，并且与评价范围地理位置邻近，地形、气候条件相近的环境空气质量区域点或背景点监测数据。

2. 其他污染物环境质量现状数据

①优先采用评价范围内国家或地方环境空气质量监测网中评价基准年连续 1 年的监测数据。②评价范围内没有环境空气质量监测网数据或公开发布的环境空气质量现状数据的，可收集评价范围内近 3 年与项目排放的其他污染物有关的历史监测资料。

（三）补充监测

1. 监测时段

根据监测因子的污染特征，选择污染较重的季节进行现状监测。补充监测应至少取得 7d 有效数据。对于部分无法进行连续监测的其他污染物，可监测其一次空气质量浓度，监测时次应满足所用评价标准的取值时间要求。

2. 监测布点

以近 20 年统计的当地主导风向为轴向，在厂址及主导风向下风向 5km 范围内设置 1 ~ 2 个监测点。如需要在一类区进行补充监测，监测点应设置在不受人为活动影响的区域。

3. 监测方法

涉及各项污染物的分析方法应符合《环境空气质量评价标准》（XGB 3095–2012）对分析方法的规定。应首先选用国家环保主管部门发布的标准监测方法。对尚未制定环境标准的非常规大气污染物，应尽可能参考 ISO 等国际组织和国内外相应的监测方法，在环评文件中详细列出监测方法、适用性及其引用依据，并报请环保主管部门批准；监测方法的选择，应满足项目的监测目的，并注意其适用范围、检出限、有效检测范围等监测要求。

4. 监测采样

环境空气监测中的采样点、采样环境、采样高度及采样频率，按《环境空气质量监测点位布设技术规范》（HJ 664–2013）及相关评价标准规定的环境监测技术规范执行。各类污染物数据统计的有效性规定按《环境空气质量标准》（GB 3095–2012）中的规定执行。

5. 监测结果统计分析

以列表的方式给出各监测点大气污染物的不同取值时间的质量浓度变化范围，计算并列表给出各取值时间最大质量浓度值占相应标准质量浓度限值的百分比和超标率，并评价达标情况。若监测结果出现超标，应分析其超标率、最大超标倍数以及超标原因。分析大气污染物质量浓度的日变化规律以及大气污染物质量浓度与地面风向、风速等气象因素及污染源排放的关系。此外，还应分析重污染时间分布情况及其影响因素。

（1）超标率按下式计算

$$超标率=\frac{超标数据个数}{总监测数据个数}\times 100\%$$

其中，未检出点位数计入总监测数据个数，不符合监测技术规范要求的监测数据不计入总监测数据个数。

（2）超标倍数按下式计算

$$超标倍数=\frac{C_i-C_{si}}{C_{si}}$$

式中：Ci 为环境污染物的实测浓度，mg/m^3；C_{si} 为污染物的环境质量标准值，mg/m^3。

三、气象观测资料调查

（一）基本原则

气象观测资料的调查要求与项目的评价等级有关，还与评价范围内地形复杂程度、水平流场是否均匀一致、污染物排放是否连续稳定有关。常规气象观测资料包括常规地面气象观测资料和常规高空气象探测资料。

对于各级评价项目，均应调查评价范围 20 年以上的主要气候统计资料，包括年平均风速和风向玫瑰图、最大风速与月平均风速、年平均气温、极端气温和月平均气温、年平均相对湿度、年均降水量、降水量极值、日照等。

（二）调查要求

气象观测资料调查基本要求分两种情况：评价范围小于 50km 条件下，须调查地面气象观测资料，并按选取的模式要求和地形条件，补充调查必需的常规高空气象探测资料；评价范围大于 50km 条件下，须调查地面气象观测资料和常规高空气象探测资料。

地面气象观测资料调查要求：调查距离项目最近的地面气象观测站，近 5 年内的调查至少连续 3 年的常规地面气象观测资料。如果地面气象观测站与项目的距离超过 50km，并且地面站与评价范围的地理特征不一致，还须要进行补充地面气象观测。

常规高空气象探测资料调查要求：调查距离项目最近的高空气象探测站，近 5 年内的调查至少连续 3 年的常规高空气象探测资料。如果高空气象探测站与项目的距离超过 50km，高空气象资料可采用中尺度气象模式模拟的 50km 内的格点气象资料。

（三）调查内容

1. 地面气象观测资料

（1）观测资料的时次：根据所调查地面气象观测站的类别，并遵循先基准站、次基本站、后一般站的原则，收集每日实际逐次观测资料。

（2）观测资料的常规调查项目：时间（年、月、日、时）、风向（以角度或按 16 个方位表示）、风速、干球温度、低云量、总云量。

（3）根据不同评价等级预测精度要求及预测因子特征，可选择调查的观测资料内容：湿球温度、露点温度、相对湿度、降水量、降水类型、海平面气压、观测站地面气压、云底高度、水平能见度等。

（4）地面气象

观测资料内容汇总见表 6–5。

表 6–5　地面气象观测资料内容

名称	单位
年	–
月	–
日	–
时	–
风向	（°）（方位）
风速	m/s
总云量	十分量
低云量	十分量
干球温度	℃
湿球温度	℃
露点温度	℃
相对湿度	%
降水量	mm/h
降水类型	–
海平面气压	hPa（百帕）
观测站地面气压	hPa（百帕）
云底高度	km
水平能见度	km

2. 常规高空气象探测资料

（1）观测资料的时次：根据所调查常规高空气象探测站的实际探测时次确定，一般应至少调查每日 1 次(北京时间上午 8 点)的距地面 1500m 高度以下的高空气象探测资料。

（2）观测资料的常规调查项目：时间（年、月、日、时），探空数据层数，每层的气压、高度、气温、风速、风向（以角度或按 16 个方位表示）。

（3）常规高空气象探测资料内容汇总见表 6–6。

表 6–6　常规高空气象探测资料内容

名称	单位
年	–
月	–
日	–
时	–
探空数据层数	–
气压	hpa（百帕）
高度	m
干球温度	℃
露点温度	℃
风速	m/s
风向	(°)（方位）

3. 补充地面气象观测要求

如果地面气象观测站与项目的距离超过 50km，并且地面站与评价范围的地理特征不一致，还需要补充地面气象观测。在评价范围内设立地面气象站，站点设置应符合相关地面气象观测规范的要求。

一级评价的补充观测应进行为期 1 年的连续观测，观测内容应符合相关地面气象观测规范的要求。补充地面气象观测数据可作为当地长期气象条件参与大气环境影响预测。

四、大气环境质量现状评价

（一）大气环境质量现状评价的作用

大气环境现状评价是大气环境影响评价的重要组成部分，通过环境大气质量现状的调查与监测，了解评价区域的环境质量的背景值，为拟建的建设项目或区域开发建设起到以下作用：①确定有关大气污染物的排放目标。②为大气环境质量预测、评价提供背景依据。③为分析污染潜势、污染成因提供依据。④配合污染源调查结果为验证扩散模式的可靠性提供依据。

（二）大气环境质量现状评价的内容

大气环境质量评价一般包括以下内容：

（1）污染源的调查与分析：确定主要的污染源和污染物，找出污染物的排放方式、途径、特点和规律。

（2）大气污染现状评价：根据污染源调查结果和环境监测数据的分析，确定大气污染的程度。

（3）自净能力的评价：研究主要污染物的大气扩散、变化规律，阐明在不同气象条件下对环境污染的分布范围与强度。

（4）生态系统及人体健康影响的评价：通过环境流行病学的调查，分析大气污染对生态系统和人体健康已产生的效应。

（5）环境经济学的评价：通过因大气污染所造成的直接或间接的经济损失，进行调查与统计分析。

（三）大气现状评价的主要方法

1. 空气环境质量评价标准指数法

空气环境质量评价标准指数法是目前进行空气环境质量现状评价的主要方法。

$$S_i = C_i / C_{si}$$

式中：S_i 为环境污染物（评价因子）i 的评价指数；C_i 为标准状态下环境污染物（评价因子）i 的实测浓度，mg/m^3；C_{si} 为标准状态下污染物（评价因子）i 的环境质量标准，mg/m^3。

由上式可见，单项环境质量评价指数表示某种污染物（评价因子）在环境中的浓度超过评价标准的程度，亦称超标倍数。S_i数值越大，表示第i个评价因子的单项环境质量越差；$S_i = 1$ 时的环境质量处在临界状态。单因子评价指数是其他各种评价方法的基础。

环境质量标准指数是相对于某一评价标准而定的，当评价标准变化时，即使污染物在环境中的实际浓度不变，S_i 实际数值仍会变化。因此，在对环境质量评价指数进行横向比较时，要注意它们是否具有相同的评价标准。如果一个地区某一环境要素中的污染物是单一的或某一污染物占明显优势时，求得的评价指数大体可以反映出环境质量的情况。

2. 我国环境空气质量指数（AQI）

现行我国城市空气质量公报是根据《环境空气质量标准》（GB 3095–2012）最新颁布的我国环境空气质量指数（AQ1）的标准进行的。

（1）空气质量分指数的计算方法

污染物项目 P 的空气质量分指数计算：

$$IAQI_P = \frac{IAQI_{Hi} - IAQA_{Lo}}{BP_{Hi} - BP_{LO}}\left(C_P - BP_{Lo}\right) + IAQI_{Lo}$$

式中：$IAQI_p$ 为污染物项目 P 的空气质量分指数；C_P 为污染物项目 P 的质量浓度值；BP_{Hi} 为表 6–7 中与 C_P 相近的污染物浓度限值的高位值；BP_{Lo} 为表 6–7 中与 CP 相近的污染物浓度限值的低位值；$IAQI_{Hi}$ 为表 6–7 中与 BP_{Hi} 对应的空气质量分指数；$IAQA_{Lo}$ 为表 6–7 中与 BP_{Lo} 对应的空气质量分指数。

（2）空气质量指数及首要污染物的确定方法

空气质量指数计算：

$$AQI = \max\left\{IAQI_1, IAQI_2, IAQI_3, \cdots, IAQI_n\right\}$$

式中：IAQI 为空气质量分指数；n 为污染物项目。

表 6–7　空气质量分指数及对应的污染物项目浓度限值

空气质量分指数	污染物项目浓度限值				
	二氧化硫 24 小时平均浓度（μg/m³）	二氧化硫 1 小时平均浓度（μg/m³）	二氧化氮 24 小时平均浓度（μg/m³）	二氧化氮 1 小时平均浓度（μg/m³）	PM10 24 小时平均浓度（μg/m³）
0	0	0	0	0	0
50	50	150	40	100	50
100	150	500	80	200	150
150	475	650	180	700	250
200	800	800	280	1200	350
300	1600	（2）	565	2340	420
400	2100	（2）	750	3090	500
500	2620	（2）	940	3840	600

空气质量分指数	污染物项目浓度限值				
	一氧化碳 24 小时平均浓度（mg/m^3）	一氧化碳 1 小时平均浓度（mg/m^3）	臭氧 1 小时平均浓度（$\mu g/m^3$）	臭氧 8 小时滑动平均浓度（$\mu g/m^3$）	PM2.5 24 小时平均浓度（$\mu g/m^3$）
0	0	0	0	0	0
50	2	5	160	100	35
100	4	10	200	160	75
150	14	35	300	215	115
200	24	60	400	265	150
300	36	90	800	800	250
400	48	120	1000	（3）	350
500	60	150	1200	（3）	500

（3）首要污染物及超标污染物的确定方法

AQI 大于 50 时，IAQI 最大的污染物为首要污染物。若 IAQI 最大的污染物为两项或两项以上时，并列为首要污染物。

IAQI 大于 100 的污染物为超标污染物。

根据 AQI 计算结果，对照表 6-8 即可判别相应的空气质量级别。

表 6-8　空气质量指数及相关信息

空气质量	空气质量指数级别	空气质量指数类别及表示颜色		对健康影响情况	建议采取的措施
0 ~ 50	一级	优	绿色	空气质量令人满意，基本无空气污染	各类人群可正常活动
51 ~ 100	二级	良	黄色	空气质量可接受，但某些污染物可能对极少数异常敏感人群有较弱影响	极少数异常敏感人群应减少户外活动
101 ~ 150	三级	轻度污染	橙色	易感人群症状有轻度加剧，健康人群出现刺激症状	儿童、老年人及心脏病、呼吸系统疾病患者应减少长时间、高强度的户外锻炼
151 ~ 200	四级	中度污染	红色	进一步加剧易感人群症状，可能对健康人群、呼吸系统有影响	儿童、老年人及心脏病、呼吸系统疾病患者避免长时间、高强度的户外锻炼，一般人群适量减少户外运动
201 ~ 300	五级	重度污染	紫色	心脏病和肺病患者症状显著加剧，运动耐受力降低，健康人群普遍出现症状	儿童，老年人和心脏病、肺病患者应停留在室内，停止户外运动，一般人群减少户外运动
＞ 300	六级	严重污染	褐红色	健康人群运动耐受力降低，有明显强烈症状，提前出现某些疾病	儿童、老年人和病人应当留在室内，避免体力消耗，一般人群应避免户外活动

3. 上海大气质量指数

该指数由上海第一医学院姚志麒教授于 1978 年提出，他认为，如果采用 Si = Ci/C_{si}，会存在下述不足，假如大气中有一个污染物浓度不高，甚至很低，这时按平均值计算得到的指数并不高，从而掩盖了高浓度污染物的污染情况。而事实上，当大气中出现任何一种污染物的严重污染，都有可能引起较大的危害，因此在设计指数时，除了考虑平均值外，也要适当考虑其中的最大值。上海大气质量指数模式可用下式表示：

$$I_{上海}=\sqrt{\max\left\{\frac{C_i}{C_{si}}\right\}\times\left(\frac{1}{n}\sum_{i=1}^{n}\frac{C_i}{C_{si}}\right)}=\sqrt{\max\{S_i\}\times\left(\frac{1}{n}\sum_{i=1}^{n}S_i\right)}$$

式中：$\max\{S_i\}$ 为各分指数中数值最大者。

该指数形式简单，计算方便，适用于综合评价几个污染物共同影响下的大气污染指数，可用于评价大气污染指数长期变化的趋势。同时，沈阳环保所的研究人员参照美国 PSI（污染物标准指数）值对应的浓度和人体健康的关系对 $I_{上海}$值实现了大气污染分级，结果见表 6–9，该指数可进行大气环境质量逐日变化的评价。

表 6–9　上海大气污染指数分级

分级	清洁	轻污染	中污染	重污染	极重污染
$I_{上海}$ 大气污染水平	< 0.6 清洁	0.6 ~ 1 标准水平	1 ~ 1.9 警戒水平	1.9 ~ 2.8 警报水平	> 2.8 紧急水平

第四节　大气环境影响预测与评价

一、大气环境影响预测内容与步骤

大气环境影响预测用于判断项目建成后对评价范围内的大气环境影响程度。常用的大气环境影响预测方法是通过建立数学模型来模拟各种气象条件、地形条件下的污染物在大气中输送、扩散、转化和清除等物理、化学机制。

大气环境影响预测的步骤一般为：①确定预测因子。②确定预测范围。③确定计算点。④确定污染源计算清单。⑤确定气象条件。⑥确定地形数据。⑦确定预测内容和设定预测情景。⑧选择预测模式。⑨确定模式中的相关参数。⑩进行大气环境影响预测与评价。

二、预测因子

预测因子应根据评价因子而定，选取有环境空气质量标准的评价因子作为预测因子。

三、预测范围和预测周期

1. 预测范围

①预测范围应覆盖评价范围，并覆盖各污染物短期浓度贡献值占标率大于 10% 的区域。②计算污染源对评价范围的影响时，一般取东西向为 X 坐标轴、南北向为 Y 坐标轴，项目位于预测范围的中心区域。③对于经判定须预测二次污染物的项目，预测范围应覆盖 PM2.5 年平均质量浓度贡献值占标率大于 1% 的区域。④对于评价范围内包含环境空气功能区一类区的，预测范围应覆盖项目对一类区最大环境影响。

2. 预测周期

①选取评价基准年作为预测周期，预测时段取连续 1 年。②选用网格模型模拟二次污染物的环境影响时，预测时段应至少选取评价基准年 1，4，7，10 月。

四、计算点

（1）计算点可分三类：环境空气敏感区、预测范围内的网格点以及区域最大地面浓度点。

（2）应选择所有的环境空气敏感区中的环境空气保护目标作为计算点。

（3）预测网格点的设置应具有足够的分辨率以尽可能精确预测污染源对评价范围的最大影响，预测网格可以根据具体情况采用直角坐标网格或极坐标网格，并应覆盖整个评价范围。预测网格点设置方法见表 6–10。

表 6–10　预测网格点设置方法

预测网格方法		直角坐标网格	极坐标网格
布点原则		网格等间距或近密远疏法	径向等间距或距源中心近密远疏法
预测网格点网格距	距离源中心 < 1000m	50 ~ 100m	50 ~ 100m
	距离源中心 > 1000m	100 ~ 500m	100 ~ 500m

（4）区域最大地面浓度点的预测网格设置，应依据计算出的网格点质量浓度分布而定，在高浓度分布区，预测点间距应不大于 50m。

（5）对于邻近污染源的高层住宅楼，应适当考虑不同代表高度上的预测受体。

五、预测与评价内容

一级评价项目应采用进一步预测模型开展大气环境影响预测与评价。二级评价项目不进行进一步预测与评价，只对污染物排放量进行核算。三级评价项目也不进行进一步预测与评价。

（一）达标区的评价项目

（1）项目正常排放条件下，预测环境空气保护目标和网格点主要污染物的短期浓度和长期浓度贡献值，评价其最大浓度占标率。

（2）项目正常排放条件下，预测评价叠加环境空气质量现状浓度后，环境空气保护目标和网格点主要污染物的保证率日平均质量浓度和年平均质量浓度的达标情况；对于项目排放的主要污染物仅有短期浓度限值的，评价其短期浓度叠加后的达标情况。如果是改建、扩建项目，还应同步减去“以新带老”污染源的环境影响。如果有区域削减项目，应同步减去削减源的环境影响。如果评价范围内还有其他排放同类污染物的在建、拟建项目，还应叠加在建、拟建项目的环境影响。

（3）项目非正常排放条件下，预测评价环境空气保护目标和网格点主要污染物的 1h 最大浓度贡献值及占标率。

（二）不达标区的评价项目

（1）同达标区的评价项目预测内容的（1）、（3）。

（2）项目正常排放条件下，预测评价叠加大气环境质量限期达标规划（简称“达标规划”）的目标浓度后，环境空气保护目标和网格点主要污染物保证率日平均质量浓度和年平均质量浓度的达标情况；对于项目排放的主要污染物仅有短期浓度限值的，评价其短期浓度叠加后的达标情况。如果是改建、扩建项目，还应同步减去“以新带老”污染源的环境影响。如果有区域达标规划之外的削减项目，应同步减去削减源的环境影响。如果评价范围内还有其他排放同类污染物的在建、拟建项目，还应叠加在建、拟建项目的环境影响。

（3）对于无法获得达标规划目标浓度场或区域污染源清单的评价项目，须评价区域环境质量的整体变化情况。

（三）区域规划

（1）预测评价区域规划方案中不同规划年叠加现状浓度后，环境空气保护目标和网格点主要污染物保证率、日平均质量浓度和年平均质量浓度的达标情况；对于规划排放的其他污染物仅有短期浓度限值的，评价其叠加现状浓度后短期浓度的达标情况。

（2）预测评价区域规划实施后的环境质量变化情况，分析区域规划方案的可行性。

不同评价对象或排放方案对应预测内容和评价要求见表 6–11。

表 6–11　预测内容和评价要求

评价对象	污染源	污染源排放形式	预测内容	评价内容
达标区评价项目	新增污染源	正常排放	短期浓度 长期浓度	最大浓度占标率
	新增污染源 “以新带老”污染源 区域削减污染源 其他在建、拟建污染源	正常排放	短期浓度 长期浓度	叠加环境质量现状浓度后的保证率日平均质量浓度和年平均质量浓度的占标率，或短期浓度的达标情况
	新增污染源	非正常排放	1h 平均质量浓度	最大浓度占标率
	新增污染源	正常排放	短期浓度 长期浓度	最大浓度占标率
不达标区评价项目	新增污染源 “以新带老”污染源 区域削减污染源 其他在建、拟建污染源	正常排放	短期浓度 长期浓度	叠加达标规划目标浓度后的保证率日平均质量浓度和年平均质量浓度的占标率，或短期浓度的达标情况；评价年平均质量浓度变化率
	新增污染源	非正常排放	1h 平均质量浓度	最大浓度占标率
区域规划	不同规划期 / 规划方案污染源	正常排放	短期浓度 长期浓度	保证率日平均质量浓度和年平均质量浓度的占标率，年平均质量浓度变化率
大气环境防护距离	新增污染源 – “以新带老”污染源 + 项目全厂现有污染源	正常排放	短期浓度	大气环境防护距离

六、预测模式

大气环境影响预测的数学模型多种多样，具体应用时应根据评价区域的气象和地形特征、污染源及污染特征、时空分辨率要求及有关资料和技术条件等选择适当的模型。可采用《环境影响评价技术导则大气环境》（HJ 2.2–2018）推荐模式清单中的模式进行预测，应结合模式的适用范围和对参数的要求进行合理选择，并说明选择理由。推荐模式原则上采取互联网等形式发布，发布内容包括模式的使用说明、执行文件、用户手册、技术文档、应用案例等。推荐模式清单包括估算模式、进一步预测模式和大气环境防护距离计算模式。

（一）估算模式

估算模式是一种单源预测模式，可计算点源、面源和体源等污染源的最大地面浓度，以及建筑物下洗和熏烟等特殊条件下的最大地面浓度。估算模式中嵌入了多种预设的气象组合条件，包括一些最不利的气象条件，此类气象条件在某个地区有可能发生，也有可能不发生。经估算模式计算出的最大地面浓度大于进一步预测模式的计算结果。对于小于1h 的短期非正常排放，可采用估算模式进行预测。

（二）AERMOD 模式系统

AERMOD 是一个稳态烟羽扩散模式，可基于大气边界层数据特征模拟点源、面源、体源等排放出的污染物在短期（小时平均、日平均）、长期（年平均）的浓度分布，适用于农村或城市地区、简单或复杂地形。AERMOD考虑了建筑物尾流的影响，即烟羽下洗。模式使用每小时连续预处理气象数据模拟大于等于 1h 平均时间的浓度分布。AERMOD 包括两个预处理模式，即 AERMET 气象预处理和 AERMAP 地形预处理模式。AERMOD 适用于评价范围小于等于 50km 的一级、二级评价项目。

（三）ADMS 模式系统

ADMS 可模拟点源、面源、线源和体源等排放出的污染物在短期（小时平均、日平均）、长期（年平均）的浓度分布，还包括一个街道窄谷模型，适用于农村或城市地区、简单或复杂地形。模式考虑了建筑物下洗、湿沉降、重力沉降和干沉降以及化学反应等功能。化学反应模块包括计算一氧化氮、二氧化氮和臭氧等之间的反应。ADMS 有气象预处理程序，可以用地面的常规观测资料、地表状况以及太阳辐射等参数模拟基本气象参数的廓线值。在简单地形条件下，使用该模型模拟计算时，可以不调查探空观测资料。ADMS-EIA 版适用于评价范围小于等于 50km 的一级、二级评价项目。

（四）CALPUFF 模式系统

CALPUFF 是一个烟团扩散模型系统，可模拟三维流场随时间和空间发生变化时污染物的输送、转化和清除过程。CALPUFF 适用于从 50 km 到几百千米的模拟范围，包括次层网格尺度的地形处理，如复杂地形的影响；还包括长距离模拟的计算功能，如污染物的干、湿沉降，化学转化，以及颗粒物浓度对能见度的影响。CALPUFF 适用于评价范围大于 50km 的区域和规划环境影响评价等项目。

（五）模式中的相关参数

在进行大气环境影响预测时，应对预测模式中的有关模型选项及化学转化等参数进行说明。在计算 1h 平均质量浓度时，可不考虑 SO_2 的转化；在计算日平均或更长时间平均质量浓度时，尤其是城市区域，应考虑化学转化。SO_2 转化可取半衰期为 4h。对于一般的燃烧设备，在计算 NO_2 小时或日平均质量浓度时，可假定 Q（NO_2）/Q（NO_x）= 0.9；在计算年平均质量浓度时，可假定 Q（NO_2）/Q（NO_x）= 0.75，在计算机动车排放 NO_2 和 NO_x 比例时，应根据不同车型的实际情况而定。在计算颗粒物浓度时，应考虑重力沉降的影响。

七、卫生防护距离与大气环境防护距离

（一）卫生防护距离

工业企业排放大气污染物分集中排放和无组织排放两种。凡不通过排气筒或通过 15m 以下排气筒排放有害气体或其他有害物均属于无组织排放。例如工业企业中各种跑、冒、滴、漏、天窗、屋顶的排气筒，各种堆场、废水池、污水沟等形成的空气污染问题，统称为无组织排放。其特点是污染源分散、排放高度低、污染物未经充分稀释扩散就进入近地面，即使排放量不大，在近距离也会形成较为严重的局地污染。

无组织排放源的有害气体进入呼吸带大气层时：浓度如超过《环境空气质量标准》（GB 3095–2012）所容许的浓度限值，则在无组织排放所在的生产单元（生产区、车间或工段）与居住区之间应设置卫生防护距离。从环境空气质量的角度来说，卫生防护带的主要作用就是为无组织排放的大气污染物提供一段稀释距离，使之到达居住区时其浓度符合质量标准的有关规定。

工业企业所需卫生防护距离的宽度主要取决于其无组织排放的方式、数量及污染物的有害程度。因此工业企业所需卫生防护距离应按其无组织排放量可达到的控制水平来确定。为此有不少行业已经明确规定了企业的防护距离，我国先后制定了铅蓄电池厂、石油化工企业、水泥厂、塑料厂、油漆厂等三十几个行业的工业企业卫生防护距离标准。只要有明确规定的，应该按照有关规定执行，但在执行时也应该对企业的实际情况进行分析。

如果没有明确规定企业的卫生防护距离，卫生防护距离 L 计算：

$$\frac{Q_c}{C_m}=\frac{1}{A}\sqrt{BL^C+0.25r^2}L^D$$

式中：Q_c 为工业企业有害气体无组织排放量可以达到控制水平，kg/h，即 Q_c 取同类企业中生产工艺流程合理，生产管理与设备维护处于先进水平的工业企业在正常运行时的无组织排放量；C_m 为标准浓度限值，mg/m^3；L 为工业企业所需卫生防护距离，m；r 为有害气体无组织排放源所在生产单元的等效半径，m，其值可根据该生产单元占地面积 S（m^2）计算：r =（S/π）0.5；A，B，C，D 为卫生防护距离计算系数，无因次，根据工

业企业所在地区近5年平均风速和工业企业大气污染源构成类别从表6-12中查取。

表6-12　卫生防护距离计算系数

计算系数	工业企业所在地区近5年平均风速/（m/s）	卫生防护距离L/m								
		L ≤ 1000			1000 < L ≤ 2000			L > 2000		
		工业企业大气污染源构成类别								
		Ⅰ	Ⅱ	Ⅲ	Ⅰ	Ⅱ	Ⅲ	Ⅰ	Ⅱ	Ⅲ
A	< 2	400	400	400	400	400	400	80	80	80
	2 ~ 4	700	470	350	700	470	350	380	250	190
	> 4	530	350	260	530	350	260	290	190	140
B	< 2	0.01	0.015	0.015						
	> 2	0.021	0.036	0.036						
C	< 2	1.85	1.79	1.79						
	> 2	1.85	1.77	1.77						
D	< 2	0.78	0.78	0.57						
	> 2	0.84	0.84	0.76						

表中工业企业大气污染源构成分为三类：

Ⅰ类：与无组织排放源共存的排放同种有害气体的排气筒的排放量大于标准规定的允许排放量的三分之一者；

Ⅱ类：与无组织排放源共存的排放同种有害气体的排气筒的排放量小于标准规定的允许排放量的三分之一，或虽无排放同种大气污染物之排气筒共存，但无组织排放的有害物质的容许浓度是按急性反应指标确定者；

Ⅲ类：无排放同种有害气体的排气筒与无组织排放源共存，且无组织排放的有害物质的容许浓度是按慢性反应指标确定者。

在确定卫生防护距离时，还应注意以下几点：

①已有明确规定的，应该按照有关卫生防护距离的规定执行。

②卫生防护距离在100m以内时，极差为50m；超过100m，但小于或等于1000m时，极差为100m；超过1000m以上，极差为200m。

③当计算的L值在两级之间时，取偏宽的一级。

④无组织排放多种有害气体的工业企业，应分别计算，并按计算结果的最大值计算其所需卫生防护距离；但当按两种或两种以上的有害气体的值计算的卫生防护距离在同一级别时，该类工业企业的卫生防护距离级别应提高一级。

⑤地处复杂地形条件下的工业企业所需的卫生防护距离，应在风洞模拟或现场扩散实验的基础上确定，并报主管部门，由建设主管部门所在省、市、自治区的卫生和环境主管部门确定。

⑥卫生防护距离的设置起点是从无组织排放所在的生产单元（生产区、车间或工段）算起，而不是厂界。

⑦应在图上画出卫生防护距离，明确标明卫生防护距离。在卫生防护距离内，不能有长久居住的居民和密集的人群，已有居民应予搬迁。

（二）大气环境防护距离

1. 大气环境防护距离确定方法

对于项目厂界浓度满足大气污染物厂界浓度限值，但厂界外大气污染物短期贡献浓度超过环境质量浓度限值的，可以自厂界向外设置一定范围的大气环境防护区域，以确保大气环境防护区域外的污染物贡献浓度满足环境质量标准。对于项目厂（场）界浓度超过大气污染物厂界浓度限值的，应要求削减排放源强或调整工程布局，待满足厂（场）界浓度限值后，再核算大气环境防护距离。在大气环境防护距离内不应有长期居住的人群。

采用推荐模式中的大气环境防护距离模式计算各无组织排放源的大气环境防护距离。计算出的距离是以污染源中心点为起点的控制距离，并结合厂区平面布置图，确定需要控制的范围，对于超出厂界以外的范围，即为项目大气环境防护区域。

当无组织排放多种污染物时，应分别计算各自的防护距离，并按计算结果的最大值确定其大气环境防护距离。

2. 大气环境防护距离参数选择

计算环境防护距离时采用的评价标准，应遵循《环境空气质量标准》（GB 3095–2012）中 1h 平均取样时间的二级标准的质量浓度限值；对于没有小时浓度限值的污染物，可取日平均浓度限值的三倍值；对该标准中未包含的污染物，可参照《工业企业设计卫生标准》（TJ 36–79）中居住区大气中有害物质的最高容许浓度的一次浓度限值。如已有地方标准，应选用地方标准中的相应值。对某些上述标准中都未包含的污染物，可参照国外有关标准选用，但应做出说明，报环保主管部门批准后执行。

有厂（场）界无组织排放监控浓度限值的，大气环境影响预测结果应首先满足厂（场）界无组织排放监控浓度限值要求。如预测结果在厂（场）界监控点处（以标准规定为准）出现超标，必须要求工程采取可靠的环境保护治理措施以削减排放源强。计算大气环境防护距离的污染物排放源强应采用削减后的源强。

3. 防护距离的设定

防护距离的设定首先应执行国家标准中尚有效的各行业卫生防护距离标准。在环评中应根据工程分析确定的无组织排放源参数计算大气环境防护距离，如大气环境防护距离大于卫生防护距离，则必须采取措施削减源强，还须与厂界浓度和评价区域最大浓度结果相互比较，以确定合理的评价结论和保守预测结果。对于没有相关的行业卫生防护距离标准的，可同时计算卫生防护距离和大气环境防护距离，防护距离取两者中的最大者。

八、大气环境影响预测分析与评价

大气环境影响预测分析与评价的主要内容包括：

（1）对环境空气敏感区的环境影响分析，应考虑其预测值和同点位的现状背景值的最大值的叠加影响；对最大地面质量浓度点的环境影响分析可考虑预测值和所有现状背景值的平均值的叠加影响。

（2）叠加现状背景值，分析项目建成后最终的区域环境质量状况，即：新增污染源预测值 + 现状监测值 – 削减污染源计算值（如果有）= 项目建成后最终的环境影响。若评价范围内还有其他在建项目、已批复环境影响评价文件的拟建项目，也应考虑其建成后对评价范围的共同影响。

（3)分析典型小时气象条件下，项目对环境空气敏感区和评价范围的最大环境影响，分析是否超标、超标程度、超标位置，分析小时质量浓度超标概率和最大持续发生时间，并绘制评价范围内出现区域小时平均质量浓度最大值时所对应的质量浓度等值线分布图。

（4）分析典型日气候条件下，项目对环境空气敏感区和评价范围的最大环境影响，分析是否超标、超标程度、超标位置，分析日平均质量浓度超标概率和最大持续发生时间，并绘制评价范围内出现区域日平均质量浓度最大值时所对应的质量浓度等值线分布图。

（5）分析长期气象条件下，项目对环境空气敏感区和评价范围的环境影响，分析是否超标、超标程度、超标范围及位置，并绘制预测范围内的质量浓度等值线分布图。

（6）分析评价不同排放方案对环境的影响，即从项目的选址、污染源的排放强度与排放方式、污染控制措施等方面评价排放方案的优劣，并针对存在的问题提出解决方案。

（7）对解决方案进行进一步预测和评价，并给出最终的推荐方案。

第五节　大气环境影响评价

大气环境影响评价的最终目的是从大气环境保护的角度评价拟建项目的可行性，做出明确的评价结论。一般应包括两个方面：

（1）以法规标准为依据，根据环保目标，在现状调查、工程分析和影响预测的基础上，判别拟建项目对当地环境的影响，全面比较项目建设对大气环境的有利影响和不利影响，明确回答该项目选址是否合理，对拟建项目的选址方案、总图布置、产品结构、生产工艺等提出改进措施和建议。

（2）针对建设项目特点、环境状况和技术经济条件，对不利的环境影响提出进一步治理大气污染的具体方案和措施，把建设项目对环境的不利影响降到最低程度，最终提出可行的环保对策和明确的评价结论。

一、大气环境影响评价目的和指标

（一）大气环境影响评价目的

①定量预测评价区内大气环境质量的变化程度。②根据可能出现的高浓度背景，解释污染物迁移规律。③与环境目标值（标准）比较，了解环境影响的程度，评价厂址选择的合理性。④优选合理的布局方案、治理方案。⑤为项目建成后进行环境监测布点提供建议。

（二）大气环境影响评价指标

1. 环境目标值确定

它是指经过有关环保部门批准的大气环境质量评价标准，通常是《环境空气质量标准》（GB 3095–2012）、《工业企业设计卫生标准》（TJ 36–79）和相关的地方标准中的指标，缺项由选定的国外标准等补充。

2. 评价指数

常用的评价指数是空气质量评价标准指数法 $S_i = C_i/C_{si}$，$S_i > 1$ 为超标。

二、建设项目大气环境影响评价的内容

（一）选址的总图布置

①根据建设项目各主要污染因子的全部排放源在评价区的超标区（或 S_i 值的最大区

域）或关心点上的等标污染负荷比 K_{ij}，同时结合评价区的环境特点、工业生产现状或发展规划，以及环境质量水平和可能的改造措施等因素，从大气环保角度，对厂址选择是否合理提出评价和建议。

②根据建设项目各污染源在评价区关心点以及厂址、办公区、职工生活区等区域的污染分担率，结合环境、经济等因素，对总图布置的合理性提出评价和建议。

③如果该评价区内有几种厂址选择方案和总图布置方案，则应给出各种方案的预测结果（包括浓度分布图和污染分担率），再结合各方面因素，从大气环境保护的角度，进行方案比选并提出推荐意见。

（二）污染源评价

①根据各污染因子和各类污染源在超标区或关心点的 S_i 及 K_{ij} 值，确定主要污染因子和主要污染源，以及各污染因子和污染源对污染贡献大小的次序。

②对原设计的主要污染物、污染源方案从大气环保角度做出评价（源高、源强、工艺流程、治理技术和综合利用措施等）。

（三）分析超标时的气象条件

①根据预测结果分析出现超标时的气象条件，例如静风、大气不稳定状况、日出和日落前的熏烟和辐射逆温的形成，因特定的地表或地形条件引起的局地环流（山谷风、海陆风、热岛环流等），给出其中的主要因素以及这些因素的出现时间、强度、周期和频率。

②扩建项目如已有污染因子的监测数据，可结合同步观测的气象资料，分析其超标时的气象条件。

（四）环境空气质量影响评价

根据上述评价或分析结果，结合各项调查资料，全面分析建设项目最终选择的设计方案（一种或几种）对评价区大气环境质量的影响，并给出这一影响的综合性评价。

（五）环境保护对策与措施

大气污染治理设施与预防措施必须保证污染源排放以及控制措施均符合排放标准的有关规定，满足经济、技术可行性。可从项目选址选线、污染源的排放强度与排放方式、污染控制措施技术与经济可行性等方面，结合区域环境质量现状及区域削减方案、项目正常排放及非正常排放下大气环境影响预测结果，综合评价治理设施、预防措施及排放方案的优劣，并对存在的问题（如果有）提出解决方案。经对解决方案进行进一步预测和评价比选后，给出大气污染控制措施可行性建议及最终的推荐方案。一般可采用以下环保对策：①改变燃料结构；②改进生产工艺；③加强管理和治理重点污染源；④无组织排放的控制；⑤排气筒高度选择；⑥加强能源资源的综合利用；⑦区域污染源总量控制；⑧土地的合理利用与调整；⑨厂区绿化，防护林建设等；⑩环境监测计划建设等。

（六）环境监测计划

1. 一般性要求

一级评价项目按要求提出项目在生产运行阶段的污染源监测计划和环境质量监测计划。二级评价项目按要求提出项目在生产运行阶段的污染源监测计划。三级评价项目可适当简化环境监测计划。

2. 污染源监测计划

污染源监测计划按照各行业排污单位自行监测技术指南及排污许可证申请与核发技术规范执行。污染源监测计划应明确监测点位、监测指标、监测频次、执行排放标准。

3. 环境空气质量监测计划

环境空气质量监测计划包括监测点位、监测指标、监测频次、执行环境质量标准等。

筛选按要求计算的项目排放污染物 $P_i \geq 1\%$ 的污染物作为环境质量监测因子。环境质量监测点位一般在项目厂界或大气环境防护距离（如有）外侧设置 1 ~ 2 个监测点。各监测因子的环境质量每年至少监测一次，监测时段参照补充监测的要求执行。新建 10km 及以上的城市快速路、主干路等城市道路项目，应在道路沿线设置至少 1 个路边交通自动连续监测点，监测项目包括道路交通源排放的基本污染物。

环境质量监测采样方法、监测分析方法、监测质量保证与质量控制等应符合所执行的环境质量标准、《排污单位自行监测技术指南总则》（HJ 819-2017）及《排污许可证申请与核发技术规范总则》（HJ 942-2018）的相关要求。

（七）最终结论

最终结论应明确拟建项目在建设运行各阶段的大气环境影响能否接受。

（1）达标区域的建设项目环境影响评价，当同时满足以下条件时，则认为环境影响可以接受：

①新增污染源正常排放下污染物短期浓度贡献值的最大浓度占标率≤ 100%；

②新增污染源正常排放下污染物年均浓度贡献值的最大浓度占标率≤ 30%（其中一类区≤ 10%）；

③项目环境影响符合环境功能区划。叠加现状浓度、区域削减污染源以及在建、拟建项目的环境影响后，主要污染物的保证率日平均质量浓度和年平均质量浓度均符合环境质量标准；对于项目排放的主要污染物仅有短期浓度限值的，叠加后的短期浓度符合环境质量标准。

（2）不达标区域的建设项目环境影响评价，当同时满足以下条件时，则认为环境影响可以接受：

①达标规划未包含的新增污染源建设项目，须另有替代源的削减方案；

②新增污染源正常排放下污染物短期浓度贡献值的最大浓度占标率≤ 100%；

③新增污染源正常排放下污染物年均浓度贡献值的最大浓度占标率≤ 30%（其中一类区≤ 10%）；

④项目环境影响符合环境功能区划或满足区域环境质量改善目标。现状浓度超标的污染物评价，叠加达标年目标浓度、区域削减污染源以及在建、拟建项目的环境影响后，污染物的保证率日平均质量浓度和年平均质量浓度均符合环境质量标准或满足达标规划确定的区域环境质量改善目标，或按预测范围内年平均质量浓度变化率 k ≤ – 20%；对于现状达标的污染物评价，叠加后污染物浓度符合环境质量标准；对于项目排放的主要污染物仅有短期浓度限值的，叠加后的短期浓度符合环境质量标准。

（3）区域规划的环境影响评价，当主要污染物的保证率日平均质量浓度和年平均质量浓度均符合环境质量标准，对于主要污染物仅有短期浓度限值的，当叠加后的短期浓度符合环境质量标准时，则认为区域规划环境影响可以接受。

第七章　声环境影响评价

第一节　噪声和噪声评价量

一、声、环境噪声

（一）声、声源

1. 声的定义

声由物体的振动产生（固体声、流体声、气体声）。声波是由物体机械振动引起的介质密度由近及远的传播过程。媒质质点振动方向与传播方向垂直称为横波，媒质质点振动方向与传播方向相同称为纵波。媒质是声传播的必要条件，声波传播的是能量，而不是媒质。描述声波的基本物理量有：声速、波长和频率。

声音的传播需要介质，固体、液体、气体都可以作为传播声音的介质。

2. 声源

物理学中把正在发声的物体叫作声源。如正在振动的声带、正在振动的音叉、敲响的鼓等都是声源。声源将非声能量转化为声能。

（1）根据声源的物理位置及形态，声源可以划分为：

①固定声源：在声源发声时间内，声源位置不发生移动的声源。

②流动声源：在声源发声时间内，声源位置按一定轨迹移动的声源。

③点声源：以球面波形式辐射声波的声源，辐射声波的声压幅值与声波传播距离（r）成反比。任何形状的声源，只要声波波长远远大于声源几何尺寸，该声源可视为点声源。在声环境影响评价中，声源中心到预测点之间的距离超过声源最大几何尺寸 2 倍时，可将该声源近似为点声源。

④线声源：以柱面波形式辐射声波的声源，辐射声波的声压幅值与声波传播距离的平方根（$\sqrt{r}$）成反比。

⑤面声源：以平面波形式辐射声波的声源，辐射声波的声压幅值不随传播距离改变（不考虑空气吸收）。

（2）根据产生机理，声源可以划分为：

①机械声源：由机械碰撞、摩擦等产生噪声的声源。

②空气动力性声源：由气体流动产生噪声的声源。如空压机、风机等进气和排气产生的噪声。

③电磁噪声源：由电磁场变化引起的磁致伸缩所产生噪声的声源。

（3）按噪声随时间的变化分类：

按噪声随时间的变化分类可分成稳态噪声和非稳态噪声两大类。非稳态噪声中又可有瞬态的、周期性起伏的、脉冲的和无规则的噪声之分。在环境噪声现状监测中应根据噪声随时间的变化来选定恰当的测量和监测方法。

（二）环境噪声

1. 噪声

噪声有两种意义：第一，在物理学上指不规则的、间歇的或随机的声振动；第二，指任何难听的、不和谐的声或干扰，包括在有用频带内的任何不需要的干扰。这种噪声干扰不仅是由声音的物理性质决定的，还与人们的心理状态有关。

从保护环境的角度看，噪声就是人们不需要的声音。它不仅包括杂乱无章不协调的声音，而且也包括影响他人工作、休息、睡眠、谈话和思考的音乐等声音。因此，对噪声的判断不仅仅是根据物理学上的定义，而且往往与人们所处的环境和主观感觉反应有关。

2. 环境噪声

根据《中华人民共和国环境噪声污染防治法》第二条，环境噪声是指在工业生产、建筑施工、交通运输和社会生活中所产生的干扰周围生活环境的声音（频率在20Hz ~ 20kHz的可听声范围内）。

根据来源，环境噪声可以划分为以下四类：

（1）工业噪声

在工业生产活动中使用固定的设备时所产生的干扰周围生活环境的声音，主要来自机器和高速运转的设备，如鼓风机、汽轮机、纺织机、冲床等发出的声音。

（2）建筑施工噪声

在建筑施工过程中所产生的干扰周围生活环境的声音，主要指建筑施工现场产生的噪声，如打桩机、混凝土搅拌机、起重机和推土机等发出的声音。

（3）交通运输

机动车辆、铁路机车、机动船舶、航空器等交通运输工具在运行时所产生的干扰周围生活环境的声音，主要指机动车辆、飞机、火车和轮船等交通工具在运行时发出的噪声。这些噪声的噪声源是流动的，干扰范围大。

（4）社会生活噪声

人为活动所产生的除工业噪声、建筑施工噪声和交通运输噪声之外的干扰周围生活环境的声音，主要指人们在商业交易、体育比赛、游行集会、娱乐场所等各种社会活动中产生的喧闹声，以及收音机、电视机、洗衣机等各种家电的嘈杂声。

3. 环境噪声的特征

环境噪声的特征与其他污染相比，具有四个特征：

（1）感觉性公害

对噪声的判断来自人的主观感觉和心理因素，因此，任何声音都可能成为噪声。不同的人，或同一人在不同的行为状态下对同一种噪声会有不同的反应。当人们不需要时，音乐也是噪声；现在不是噪声的声音，将来也可能成为噪声。

（2）局地性和分散性

其一，任何一个环境噪声源，由于距离发散衰减等因素只能影响一定的范围，超过一定距离的人群就不会受到该声源的影响；其二，环境的噪声源是分散的，可以认为噪声源是无处不在的，人群可受到不同地点的噪声影响。

（3）瞬时性（暂时性）

噪声源一旦停止发声后，周围声环境即可恢复原来的状态，其影响可随即消除，不会残留污染物质，但听力损伤等疾病具有累积效应。

（4）间接性

日常噪声污染不直接致命 / 致病，其危害是慢性和间接的。

4. 环境噪声污染

环境噪声污染，是指所产生的环境噪声超过国家规定的环境噪声排放标准，并干扰他人正常生活、工作和学习的现象。

5. 其他概念

敏感目标：指医院、学校、机关、科研单位、住宅、自然保护区等对噪声敏感的建筑物或区域。

贡献值：由建设项目自身声源在预测点产生的声级。

背景值：不含建设项目自身声源影响的环境声级。

预测值：预测点的贡献值和背景值按能量叠加方法计算得到的声级。

二、噪声的评价量

（一）噪声的物理量

1. 声音的频率、波长和声速

声音由声源、介质、接收器三个要素组成。声源在单位时间内的振动次数，称为频率，用 f 表示。每秒振动一次称 1 赫兹（Hz）。人耳能觉察的频率在 20 ~ 20 000Hz 间。频率 < 20Hz，称为次声，频率 > 20 000Hz，称为超声。声波振动经过一个周期传播的距离，称为波长，用 λ 表示，单位为m；声波通过一个波长的距离所用的时间，称为周期，用T表示，单位为 s。振动在介质中传播的速度，称为声速，单位为 m/s。在任何介质中，声速的大小只取决于媒质的弹性和密度，与声源无关。声波的波长 λ 、频率 f、周期 T 与声速 c 之间的关系：

$$c=\lambda f;\ f=1/T;\ c=\lambda/T$$

2. 声压级、声强级及声功率级

（1）声压（P）

声压是衡量声音大小的尺度，其单位为 N/m^2 或 Pa。

①瞬时声压：是指某瞬时媒质中内部压强受到声波作用后的改变量，即单位面积的压力变化。所以声压的单位就是压强的单位 Pa，即 N/m^2，二者关系为：

$$1Pa = 1N/m^2$$

②有效声压：瞬时声压的均方根值称为有效声压。通常所说声压，是指有效声压，用 P 表示。正常人刚刚听到的最微弱的声音的声压为 2×10^{-5}Pa，如人耳刚刚听到的蚊子飞过的声音的声压称为人耳的听阈。使人耳产生疼痛感觉的声压，如飞机发电机噪声的声压为 20Pa，称为人耳的痛阈，其间相差 100 万倍。显然用声压的绝对值表示声音的大小是不方便的。为了方便应用，人们便根据人耳对声音强弱变化响应的特性，引出一个对数量来表示声音的大小，这就是声压级。

③声压级（L_p）：所谓声压级就是声压 P 与基准声压 P_0 之比的常用对数乘以 20 称为该声音的声压级，以分贝计，计算式为：

$$L_p=20\lg P/P_0$$

式中：L_p 为声压级，dB；P 为有效声压，Pa；P_0 为基准声压，即听阈，2×10^{-5}Pa。

（2）声功率（W）及声功率级（L_W）

声功率是声源在单位时间内向空间辐射声的总能量：

$$W=E/\Delta t$$

取 W_0 为 10^{-12}W，基准声功率级，则声功率级定义为：

$$L_W=10\lg W/W_0$$

式中：L_W 为声功率级，dB；W 为声功率，W；W_0 为基准声功率，10^{-12}W。

（3）声强（I）及声强级（L_I）

声强是单位时间内，声波通过垂直于声波传播方向单位面积的声能量，即：I = W/Δs，单位为 W/m^2。声压与声强有密切关系。声强表达式为：

$$I=\frac{P^2}{\rho_0 c_0}$$

式中：P 为有效声压，Pa；ρ_0 为空气密度，kg/m^2；c_0 为空气中的声速。

如以人的听阈声强值 $10^{-12}W/m^2$ 为基准，则声强级定义为：

$$L_1 = 10\lg I/I_0$$

式中：L_1 为声强级，dB；I 为声强，W/m^2；I_0 为基准声强，$10^{-12}W/m^2$。

3. 分贝的计算

分贝是一个对数概念，所以两个声压级的叠加计算，必须遵循对数运算法则。

（1）分贝的相加

①公式法：

$$L_P = 20\lg\frac{P}{P_0} = 10\lg\left(\frac{P}{P_0}\right)^2 = 10\lg\frac{\sum_1^n P_i^2}{P_0^2} = 10\lg\sum_1^n\left(\frac{P_i}{P_0}\right)^2$$

$$L_P = 10\lg\left[\sum_1^n\left(10^{\frac{L_i}{10}}\right)\right]$$

式中：P_i、L_i 为噪声源 i 作用于该点的声压与声压级。

若两个声源的声压级相等，$L_1 = L_2$，则总声压级；

$$L_P = L_1 + 10\lg 2 \approx L_1 + 3(\text{dB})$$

也就是说，作用于某一点的两个声源声压级相等，其合成的总声压级比一个声源的声压级增大 3dB。

②查表法（表 7–1）：

当声压级不相等时，而且假设 $L_1 > L_2$，以 $L_1 - L_2$ 值按表查得 ΔL，则总声压级 $L_P = L_1 + \Delta L$。

表 7–1　声级差（$L_1 - L_2$）与增值 ΔL 对应关系

声级差	0	1	2	3	4	5	6	7	8	9	10
增值	3.0	2.5	2.1	1.8	1.5	1.2	1.0	0.8	0.6	0.5	0.4

声压级叠加时，总声级由其中较大的那个分贝值决定。声压级差值大于 10dB 时，较小的声级可以忽略不计。

（2）分贝的相减

①公式法：

已知两个声源在某一预测点产生的合成声压级为 L_P 和其中一个声源在预测点单独产生的声压级 L_2，则另一个声源在此点单独产生的声压级 L_1，用下式计算：

$$L_1 = 10\lg\left(10^{0.1L_P} - 10^{0.1L_2}\right)$$

②查表法（表 7–2）：

已知两个声源在 M 点产生的总声压级 L_P 及其中一个声源在该点产生的声压级 L_1，则另一个声源在该点产生的声压级 L_2 可按定义得

$$L_2 = L_P - \Delta L$$

表 7–2　LP — L1 差值与 ΔL 的对应关系

$L_P - L_1$	3	4	5	6	7	8	9	10	11
ΔL	− 3	− 2.2	− 1.6	− 1.3	− 1	− 0.8	− 0.6	− 0.5	− 0.4

（3）分贝的平均

一般不按算术平均，而求对数平均值，声压级平均值可按下式计算：

$$L_P = 10\lg\left[\frac{1}{n}\sum_{1}^{n}10^{\frac{L_i}{10}}\right] = 10\lg\sum_{1}^{n}10^{0.1L_i} - 10\lg n$$

式中：L_P 为 n 个噪声源的平均声级；L_i 为第 i 个噪声源的声级；n 为噪声源的个数。

（二）环境噪声评价量

1. 基本概念

（1）A 声级（L_A）

人耳的听觉特性：声压级相同而频率不同的声音，听起来不一样响，高频声音比低频声音响。根据听觉特性，在声学测量仪器中设置有“A 计权网络”，使接收到的噪声在低频有较大的衰减而高频甚至稍有放大。A 网络测得的噪声值较接近人耳的听觉，其测得值称为 A 声级（L_A），记作分贝（A）或 dB（A）。

由于 A 声级能较好地反映出人们对噪声吵闹的主观感觉，因此，它几乎成为一切噪声评价的基本值。由噪声各频带的声压级和对应频带的 A 计权修正值，换算公式如下：

$$L_A = 10\lg\sum_{i=1}^{N}\left[(L_i + A_i)/10\right]$$

（2）等效连续 A 声级（L_{eq}）

A 声级能够较好地反映人耳对噪声的强度和频率的主观感觉，对于一个连续的稳定噪声，它是一种较好的评价方法。但是对于起伏的或不连续的噪声，很难确定 A 声级的大小。为此提出了用噪声能量平均的方法来评价噪声对人的影响，这就是时间平均声级或等效连续声级，用 L_{eq} 表示。这里仍用 A 计权，故亦称等效连续 A 声级 L_{eq}（A）。等效连续 A 声级的数学表达式：

$$L_{ep(A)} = 10\lg\left[\frac{1}{t_2 - t_1}\int_{t_1}^{t_2}10^{\frac{L_{A(t)}}{10}}dt\right]$$

式中：$L_{eq(A)}$为在 T 段时间内的等效连续 A 声级，dB（A）；$L_{A(t)}$为 t 时刻的瞬时 A 声级，dB（A）；t_2-t_1 连续取样的总时间，min。

（3）昼夜等效声级（L_{dn}）

昼夜等效声级是考虑了噪声在夜间对人影响更为严重，将夜间噪声另增加 10dB 加权处理后，用能量平均的方法得出 24h A 声级的平均值，单位为 dB，记为 L_{dn}。计算公式为：

$$L_{dn}=10\lg\left(T_d\times10^{0.1L}\mathrm{d}+T_n\times10^{0.1(L_n+10)}\right)/24$$

式中：L_d 为昼间 T_d 个小时（一般昼间小时数取 16）的等效声级，dB；L_n 为夜间 T_n 个小时（一般夜间小时数取 8）的等效声级，dB。

一般取 6：00 ~ 22：00 为白天，22：00 ~ 6：00 为夜间，由当地政府确定。

（4）计权有效连续感觉噪声级（L_{WECPN}）

计权有效连续感觉噪声级（W_{ECPNL}）是在有效感觉噪声级的基础上发展起来的，用于评价航空噪声的方法。其特点是既考虑了在 24h 的时间内，飞机通过某一固定点所产生的总噪声级，同时也考虑了不同时间内的飞机对周围环境所造成的影响。

一日计权有效连续感觉噪声级的计算公式如下：

$$L_{WECPN}=L_{EPN}+10\lg\left(N_1+3N_2+10N_3\right)-39.4$$

式中：L_{EPN} 为 N 次飞行的有效感觉噪声级的能量平均值，dB；N_1 为白天 7：00 ~ 19：00 时的飞行次数；N_2 为傍晚 19：00 ~ 22：00 时的飞行次数；N_3 为夜间 22：00 ~ 7：00 时的飞行次数。

（5）统计噪声级（L_n）

统计噪声级是指在某点噪声级有较大波动时，用于描述该点噪声随时间变化状况的统计物理量，一般用 L_{10}、L_{50}、L_{90} 表示。

L_{10} 表示在取样时间内 10% 的时间超过的噪声级，相当于噪声平均峰值。

L_{50} 表示在取样时间内 50% 的时间超过的噪声级，相当于噪声平均中值。

L_{90} 表示在取样时间内 90% 的时间超过的噪声级，相当于噪声平均底值。

计算方法：将测得的 100 个或 200 个数据按大小顺序排列，第 10 个数据或总数 200 个的第 20 个数据即为 L_{10}，第 50 个数据或总数为 200 个的第 100 个数据即为 L_{50}。同理，第 90 个数据或第 180 个数据即为 L_{100}。

2. 环境噪声评价量

（1）声环境质量评价量

根据《声环境质量标准》（GB 3096–2008），声环境功能区的环境质量评价量为昼间等效声级（L_d）、夜间等效声级（L_n），突发噪声的评价量为最大 A 声级（L_{max}）。

根据《机场周围飞机噪声环境标准》（GB 9660–88），机场周围区域受飞机通过（起飞、降落、低空飞越）噪声环境影响的评价量为计权等效连续感觉噪声级（L_{WECPN}）。

（2）声源源强表达量

声源源强表达量：A 声功率级频带声功率级（L_{Aw}），频带声功率级（L_{wi}）距离声源 r 处的 A 声级［L_A(r)］或频带声压级［L_{wi}（r)］；等效感觉噪声级（L_{EPN}）。

（3）厂界、场界、边界噪声评价量

工业企业厂界、建筑施工场界噪声评价量为昼间等效声级(L_d)，夜间等效声级(L_n)，室内噪声倍频带声压级，频发、偶发噪声的评价量为最大 A 声级（L_{max}）。

铁路边界、城市轨道交通车站站台噪声评价量为昼间等效声级（L_d)、夜间等效声级（L_n)。

社会生活噪声源边界噪声评价量为：昼间等效声级（L_d)、夜间等效声级（L_n)，室内噪声倍频带声压级、非稳态噪声的评价量为最大 A 声级（L_{max})。

第二节　声环境影响评价程序、评价等级划分

《环境影响评价技术导则声环境》(HJ2.4–2009）于 2009 年 12 月 23 日正式发布，并于 2010 年 4 月 1 日实施。HJ2.4–2009 增加了评价类别、评价量、评价时段等内容，尤其是明确评价量、增加对非稳态用最大声级值评价等要求，增加了夜间等效声级值、机场噪声评价量等方面的规定，使该规范可操作性增强。明确规定了流动源工程预测中应当使用“近期、中期和远期”三个时段作为评价时段。在评价级别中不再将工程规模作为划分依据，增加了可操作性。

一、声环境影响评价的基本任务、评价类别、评价时段

（一）基本任务

声环境影响评价的基本任务是评价建设项目实施引起的声环境质量的变化和外界噪声对需要安静建设项目的影响程度；提出合理可行的防治措施，把噪声污染降低到允许水平；从声环境影响角度评价建设项目实施的可行性；为建设项目优化选址、选线、合理布局以及城市规划提供科学依据。

（二）评价类别

（1）按评价对象划分，可分为建设项目声源对外环境的环境影响评价和外环境声源对需要安静建设项目的环境影响评价。

（2）按声源种类划分，可分为固定声源和流动声源的环境影响评价。

固定声源的环境影响评价：主要指工业（工矿企业和事业单位）和交通运输（包括航

空、铁路、城市轨道交通、公路、水运等）固定声源的环境影响评价。

流动声源的环境影响评价：主要指在城市道路、公路、铁路、城市轨道交通上行驶的车辆以及从事航空和水运等运输工具，在行驶过程中产生的噪声的环境影响评价。

建设项目既拥有固定声源，又拥有流动声源时，应分别进行噪声环境影响评价；同一敏感点既受到固定声源影响，又受到流动声源影响时，应进行叠加环境影响评价。

（三）评价时段

根据建设项目实施过程中噪声的影响特点，可按施工期和运行期分别开展声环境影响评价。

运行期声源为固定声源时，固定声源投产运行后作为环境影响评价时段；

运行期声源为流动声源时，将工程预测的代表性时段（一般分为运行近期、中期、远期）分别作为环境影响评价时段。

二、评价工作程序

声环境影响评价的工作程序见图 7–1。

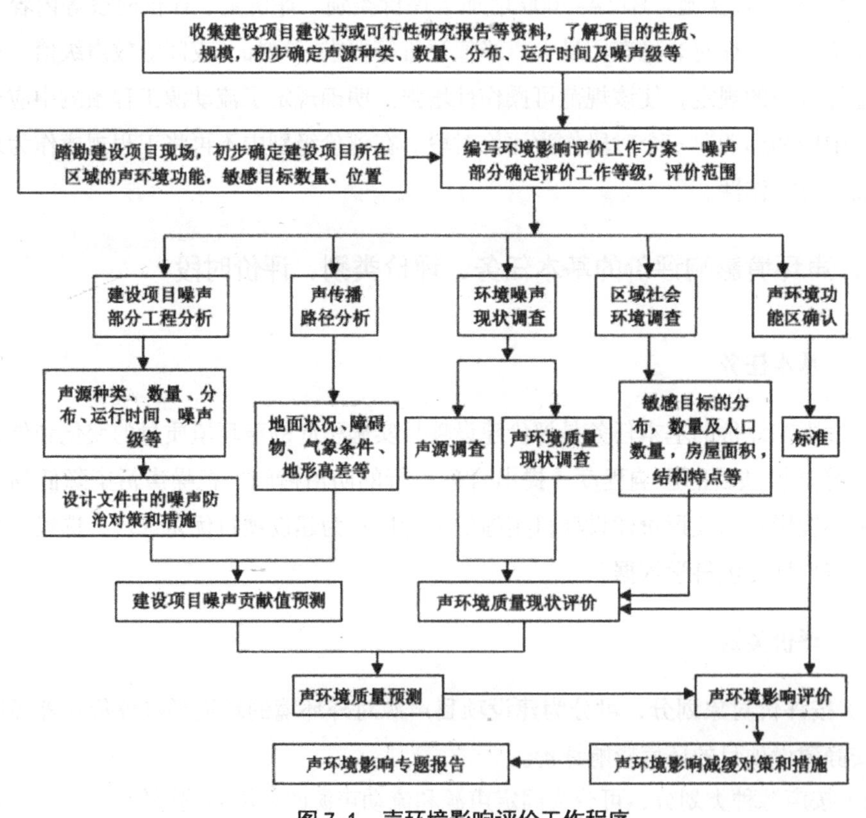

图 7–1　声环境影响评价工作程序

三、评价工作等级、评价范围及评价要求

（一）评价等级划分的依据

声环境影响评价工作等级划分依据包括：

（1）建设项目所在区域的声环境功能区类别。

（2）建设项目建设前后所在区域的声环境质量变化程度。

（3）受建设项目影响人口的数量。

（二）评价等级划分

声环境影响评价工作等级一般分为三级，一级为详细评价，二级为一般性评价，三级为简要评价。评价等级划分见表 7–3。

一级评价：建设项目所处的声环境功能区为 GB 3096–2008 规定的 0 类声环境功能区域，以及对噪声有特别限制要求的保护区等敏感目标，或建设项目建设前后评价范围内敏感目标噪声级增高量达 5dB（A）以上〔不含 5 dB（A）〕，或受影响人口数量显著增多时，按一级评价。

二级评价：建设项目所处的声环境功能区为 GB 3096 规定的 1 类、2 类地区，或建设项目建设前后评价范围内敏感目标噪声级增高量达 3 ~ 5dB（A）〔含 5dB（A）〕，或受噪声影响人口数量增加较多时，按二级评价。

表 7–3　声环境影响评价等级及其划分依据

工作等级	划分依据		
	功能区类别	敏感目标噪声级增高量	受影响人口数量
一级评价	0 类	＞ 5dB（A）(不含 5dB（A）)	显著增多
二级评价	1 类、2 类	3 ~ 5dB（A）(不含 5dB（A）)	增加较多
三级评价	3 类、4 类	＜ 3dB（A）(不含 5dB（A）)	变化不大

三级评价：建设项目所处的声环境功能区为 GB 3096 规定的 3 类、4 类地区，或建设项目建设前后评价范围内敏感目标噪声级增高量在 3dB（A）以下〔不含 3 dB（A）〕，且受影响人口数量变化不大时，按三级评价。

在确定评价工作等级时，如建设项目符合两个以上级别的划分原则，按较高级别的评价等级评价。

（三）评价范围及基本要求

1. 评价范围的确定

声环境影响评价范围依据评价工作等级和建设项目评价类别确定。

（1）固定声源为主的建设项目（如工厂、港口、施工工地、铁路站场等）：满足一级评价的要求，一般以建设项目边界向外 200m 为评价范围；二级、三级评价范围可根据

建设项目所在区域和相邻区域的声环境功能区类别及敏感目标等实际情况适当缩小；如依据建设项目声源计算得到的贡献值到200m处，仍不能满足相应功能区标准值时，应将评价范围扩大到满足标准值的距离。

（2）流动声源建设项目：城市道路、公路、铁路、城市轨道交通地上线路和水运线路等建设项目，满足一级评价的要求，一般以道路中心线外两侧200m以内为评价范围；二级、三级评价范围可根据建设项目所在区域和相邻区域的声环境功能区类别及敏感目标等实际情况适当缩小；如依据建设项目声源计算得到的贡献值到200m处，仍不能满足相应功能区标准值时，应将评价范围扩大到满足标准值的距离。

（3）机场周围飞机噪声评价范围应根据飞行量计算到 L_{WECPN} 为70dB的区域。满足一级评价的要求，一般以主要航迹离跑道两端各5 ~ 12km、侧向各1 ~ 2km的范围为评价范围；二级、三级评价范围可根据建设项目所处区域的声环境功能区类别及敏感目标等实际情况适当缩小。

2. 评价的基本要求

（1）一级评价的基本要求

①工程分析：给出建设项目对环境有影响的主要声源的数量、位置和声源源强，并在标有比例尺的图中标示固定声源的具体位置或流动声源的路线、跑道等位置。在缺少声源源强的相关资料时，应通过类比测量取得，并给出类比测量的条件。

②声环境质量现状：评价范围内具有代表性的敏感目标的声环境质量现状需要实测。对实测结果进行评价，并分析现状声源的构成及其对敏感目标的影响。

③噪声预测：a. 要覆盖全部敏感目标，给出各敏感目标的预测值。b. 给出厂界（或场界、边界）噪声值。c. 等声级线：固定声源评价、机场周围飞机噪声评价、流动声源经过城镇建成区和规划区路段的评价应绘制等声级线图，当敏感目标高于（含）三层建筑时，还应绘制垂直方向的等声级线图。d. 环境影响：给出建设项目建成后不同类别的声环境功能区内受影响的人口分布、噪声超标的范围和程度。给出项目建成后各噪声级范围内受影响的人口分布、噪声超标的范围和程度。

④预测时段：不同代表性时段噪声级可能发生变化的建设项目，应分别预测其不同时段的噪声级。

⑤方案比选：对工程可行性研究和评价中提出的不同选址（选线）和建设布局方案，应根据不同方案噪声影响人口的数量和噪声影响的程度进行比选，并从声环境保护角度提出最终的推荐方案。

⑥噪声防治措施：针对建设项目的工程特点和所在区域的环境特征提出噪声防治措施，并进行经济、技术可行性论证，明确防治措施的最终降噪效果和达标分析。

（2）二级评价的基本要求

①工程分析：给出建设项目对环境有影响的主要声源的数量、位置和声源源强，并在标有比例尺的图中标示固定声源的具体位置或流动声源的路线、跑道等位置。在缺少声源源强的相关资料时，应通过类比测量取得，并给出类比测量的条件。

②声环境质量现状：评价范围内具有代表性的敏感目标的声环境质量现状以实测为主，可适当利用评价范围内已有的声环境质量监测资料，并对声环境质量现状进行评价。

③噪声预测：a. 预测点应覆盖全部敏感目标，给出各敏感目标的预测值。b. 给出厂界（或场界、边界）噪声值。c. 等声级线：根据评价需要绘制等声级线图。d. 给出建设项目建成后不同类别的声环境功能区内受影响的人口分布、噪声超标的范围和程度。

④预测时段：不同代表性时段噪声级可能发生变化的建设项目，应分别预测其不同时段的噪声级。

⑤噪声防治措施：从声环境保护角度对工程可行性研究和评价中提出的不同选址（选线）和建设布局方案的环境合理性进行分析。针对建设项目的工程特点和所在区域的环境特征提出噪声防治措施，并进行经济、技术可行性论证，给出防治措施的最终降噪效果和进行达标分析。

（3）三级评价的基本要求

①声环境质量现状：重点调查评价范围内主要敏感目标的声环境质量现状，可利用评价范围内已有的声环境质量监测资料，若无现状监测资料时应进行实测，并对声环境质量现状进行评价。

②工程分析：给出建设项目对环境有影响的主要声源的数量、位置和声源源强，并在标有比例尺的图中标示固定声源的具体位置或流动声源的路线、跑道等位置。在缺少声源源强的相关资料时，应通过类比测量取得，并给出类比测量的条件。

③噪声预测：应给出建设项目建成后各敏感目标的预测值及厂界（或场界、边界）噪声值，分析敏感目标受影响的范围和程度。

④噪声防治措施：针对建设项目的工程特点和所在区域的环境特征提出噪声防治措施，并进行达标分析。

第三节　声环境影响预测

一、声环境现状调查及监测

（一）调查内容

影响声波传播的环境要素调查：调查建设项目所在区域的主要气象特征，包括年平均风速、主导风向、年平均气温和年平均相对湿度等。收集评价范围内 1 ： 2000 ~ 50000 地理地形图，说明评价范围内声源和敏感目标之间的地貌特征、地形高差及影响声波传播的环境要素。

声环境功能区划调查：调查评价范围内不同区域的声环境功能区划情况，调查各声环境功能区的声环境质量现状。

敏感目标调查：调查评价范围内的敏感目标的名称、规模、人口的分布等情况，并以图、表相结合的方式说明敏感目标与建设项目的关系（如方位、距离、高差等）。

现状声源调查：建设项目所在区域的声环境功能区的声环境质量现状超过相应标准要求或噪声值相对较高时，须对区域内的主要声源的名称、数量、位置、影响的噪声级等相关情况进行调查。有厂界（或场界、边界）噪声的改、扩建项目，应说明现有建设项目厂界（或场界、边界）噪声的超标、达标情况及超标原因。

（二）调查方法

环境现状调查的基本方法是：①收集资料法；②现场调查法；③现场测量法。评价时，应根据评价工作等级的要求确定须采用的具体方法。

（三）现状监测

1. 监测布点原则

监测布点应覆盖整个评价范围，包括厂界（或场界、边界）和敏感目标。当敏感目标高于（含）三层建筑时，还应选取有代表性的不同楼层设置测点；评价范围内没有明显的声源（如工业噪声、交通运输噪声、建设施工噪声、社会生活噪声等），且声级较低时，可选择有代表性的区域布设测点；评价范围内有明显的声源，并对敏感目标的声环境质量有影响，或建设项目为改、扩建工程，应根据声源种类采取不同的监测布点原则。

①固定声源：监测点重点布设在可能既受到现有声源影响，又受到建设项目声源影响的敏感目标处，以及有代表性的敏感目标处；为满足预测需要，也可在距离现有声源不同距离处设衰减测点。

②流动声源，且呈现线声源特点时：监测点位布设应兼顾敏感目标的分布状况、工程特点及线声源噪声影响随距离衰减的特点，布设在典型敏感目标处和确定的若干监测断面上。在监测断面上选取距声源不同距离（如 15m、30m、60m、120m 等）处布设监测点。

③对于改、扩建机场工程，可在主要飞行航迹下离跑道两端不超过 12km、侧向不超过 2km 范围内布设监测点，监测点一般布设在评价范围内的主要敏感目标处。

2. 监测执行的标准

声环境质量监测执行 GB 3096–2008；
机场周围飞机噪声测量执行 GB/T 9661–1988；
工业企业厂界环境噪声测量执行 GB 12348–2008；
社会生活环境噪声测量执行 GB 22337–2008；
建筑施工场界噪声测量执行 GB/T 12524–1990；
铁路边界噪声测量执行 GB 12525–1990；
城市轨道交通车站站台噪声测量执行 GB 14227–2006。

3. 现状评价

现状评价要以图、表结合的方式给出评价范围内的声环境功能区及其划分情况，以及现有敏感目标的分布情况；分析评价范围内现有主要声源种类、数量及相应的噪声级、噪声特性等，明确主要声源分布，评价厂界（或场界、边界）超、达标情况；分别评价不同类别的声环境功能区内各敏感目标的超、达标情况，说明其受到现有主要声源的影响状况；给出不同类别的声环境功能区噪声超标范围内的人口数及分布情况。

二、预测范围及预测需要资料

（一）预测范围

预测范围一般同评价范围。视建设项目声源特征（声级大小特征、频率分布特征和时空分布特征等）和周边敏感目标分布特征（集中与分散分布、地面水平与楼房垂直分布、建筑物使用功能等）可适当扩大预测范围。

预测点：包括厂界（或场界、边界）和评价范围内的敏感目标。

（二）预测需要的基础资料

1. 声源资料

建设项目的声源资料主要包括：声源种类、数量、空间位置、噪声级、频率特性、发声持续时间和对敏感目标的作用时间段等。

2. 影响声波传播的各类参量

影响声波传播的各类参量应通过资料收集和现场调查取得，各类参量如下：①建设项目所处区域的年平均风速和主导风向、年平均气温、年平均相对湿度；②声源和预测点间的地形、高差；③声源和预测点间障碍物（如建筑物、围墙等；若声源位于室内，还包括门、窗等）的位置及长、宽、高等数据；④声源和预测点间树林、灌木等的分布情况，地面覆盖情况（如草地、水面、水泥地面、土质地面等）。

三、预测步骤

（一）建立坐标系

建立坐标系，确定各声源坐标和预测点坐标，并根据声源性质以及预测点与声源之间的距离等情况，把声源简化成点声源，或线声源，或面声源。

点声源确定原则：当声波波长比声源尺寸大得多或是预测点离开声源的距离比声源本身尺寸大得多时，声源可做点声源处理，等效点声源位置在声源本身的中心。如各种机械设备、单辆汽车、单架飞机等可简化为点声源。

线声源确定原则：当许多点声源连续分布在一条直线上时，可认为该声源是线状声源。如公路上的汽车流、铁路列车均可作为线状声源处理。

面声源状况的考虑：当声源体积较大（有长度有高度）、声源声级较强时，在声源附近的一定距离内会出现距离变化而声级基本不变或变化微小时，可认为该环境处于面声源影响范围；当城市市区主干道周边高层楼房建筑某一层附近出现垂直声场最大值时，可认为该层声环境受到主干道多条车道线声源叠加的影响。

（二）计算各噪声源在预测点的贡献值（L_{eqg}）

计算公式：

$$L_{eqg}=10\lg\left[\frac{1}{T}\sum_{i}t_i10^{0.1L_{Ai}}\right]$$

式中：L_{eqg} 为建设项目声源在预测点的等效声级贡献值，dB（A）；L_{Ai} 为 i 声源在预测点产生的 A 声级，dB(A)；T 为预测计算的时间段，s；t 为 i 声源在 T 时段内的运行时间，s。

（三）与本地噪声叠加，计算环境噪声预测值（L_{eq}）

计算公式：

$$L_{eq}=10\lg\left(10^{0.1L_{eqg}}+10^{0.1L_{eqb}}\right)$$

式中：L_{eqg} 为建设项目声源在预测点的等效声级贡献值，dB（A）；L_{eqb} 为预测点的背景值，dB（A）。

（四）按工作等级要求绘制等声级线图

等声级线的间隔应不大于 5dB（一般选 5dB）。对于 L_{eq} 等声级线最低值应与相应功能区夜间标准值一致，最高值可为 75dB；对于 L_{WECPN} 一般应有 70dB、75dB、80dB、85dB、90dB 的等声级线。

四、预测模式

（一）工业噪声预测模式

1. 室外声源

按照户外声传播衰减计算模式计算。

2. 室内声源

等效到室外声源，再进行衰减计算。室内声源示意图见图 7-2。

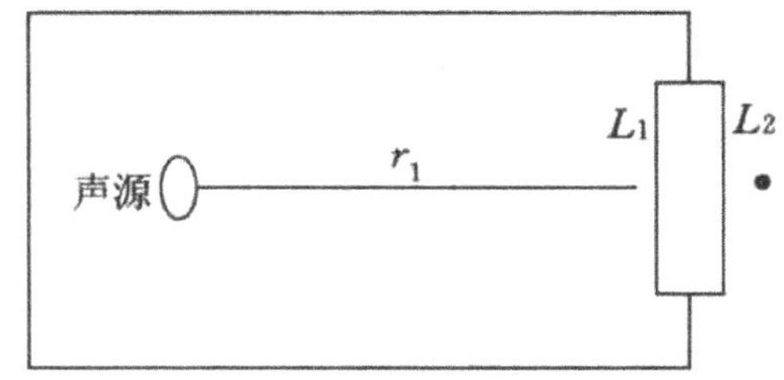

图 7–2　室内声源示意图

（1）室内外声级差：$NR = L_1 - L_2 = TL+6$，其中，TL 表示隔墙（或窗户）的传输损失。

（2）计算户外辐射声功率级：$L_W = L_2+10\lg S$

（3）按户外衰减模式计算：L_1 的获得方法：①实测；②室内声学方法计算，其计算公式为：

$$L_1 = L_W + 10\lg\left(\frac{Q}{4\pi r_1^2} + \frac{4}{R}\right)$$

式中：Q 为指向性因子，其取值方法是：通常对无指向性声源，当声源位于房间中心时 Q = 1，当放在一面墙的中心时 Q = 2，当放在两面墙夹角处时 Q = 4，当放在三面墙夹角处时 Q = 8；R 为房间常数，$R = S\alpha(1-\alpha)$，其中，S 为房间内表面积，m^2，α 为平均吸声系数；r 为声源到靠近围护结构某点处的距离，m。

（二）道路交通噪声预测模式

1. 车型分类

车辆分为大、中、小型三种类型。

当量交通量：PCU = X× 小车 +Y× 中车 +Z× 大车

道路交通噪声示意图见图 7–3。

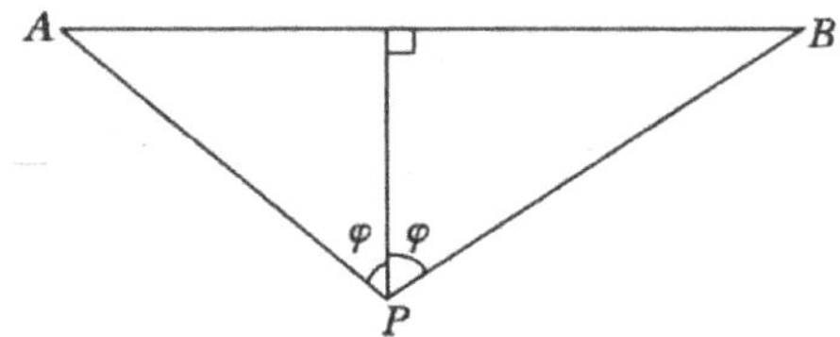

图 7–3　道路交通噪声

2. 第 i 类车的等效声级

$$Leq(h)_i = \left(\overline{L}_0 E\right)_i + 10\lg\left(\frac{N_i}{V_i T}\right) + 10\lg\left(\frac{7.5}{r}\right) + 10\lg\left(\frac{\varphi_1+\varphi_2}{\pi}\right) + \Delta L - 16$$

式中：$\left(\overline{L}_0 E\right)_i$ 为第 i 类车速度为 V_i（km/h）、水平距离为 7.5m 处的能量平均 A 声级，dB（A）；N_i 为昼间、夜间通过某个预测点的第 i 类车平均小时车流量，辆 /h；r 为从车道中心到预测点的垂直距离，m；公式适用于 r ＞ 7.5m 预测点的噪声预测；V_i 为第 i 类车的平均车速，km/h；T 为计算等效声级的时间，1h；φ_1,φ_2 为预测点到有限长路段两端的夹角弧度；ΔL 为由其他因素引起的修正量，dB（A）。可按照下式计算：

$$\Delta L = \Delta L_1 - \Delta L_2 + \Delta L_3$$

$$\Delta L_1 = \Delta L_{纵波} + \Delta L_{路面}$$

$$\Delta L_2 = A_{atm} + A_{gr} + A_{bar} + A_{mise}$$

式中 A_{atm} 为空气吸收引起的倍频带衰减，dB（A）；A_{gr} 为地面效应引起的倍频带衰减，dB（A）；A_{bar} 为屏障效应引起的倍频带衰减，dB（A）；A_{mise} 为其他多方面引起的倍频带衰减，dB（A）。

3. 总车流的等效声级

$$L_{eq}(T) = 10\lg\left(\sum_{i=1}^{3} 10^{0.1 L_{eq(h)_i}}\right)$$

（三）铁路噪声预测模式

1. 预测点列车运行引起的等效声级（贡献量）

$$L_{Aeq},p = 10\lg\left[\frac{1}{T}\left(\sum_i n_i t_{eq,i} 10^{0.1\left(L_{0,t,i}+C_{t,i}\right)} + \sum_i t_{f,i} 10^{0.1\left(L_{0,f,i}+C_{f,i}\right)}\right)\right]$$

式中：T 为规定的评价时间，s；n_i 为 T 时间内通过的第 i 类列车列数；$t_{eq,\ i}$ 为第 i 类列车通过的等效时间，s；$L_{0,\ t,\ i}$ 为第 i 类列车最大垂向指向性方向上的噪声辐射源强，dB（A）；$C_{t,\ i}$ 为第 i 类列车的噪声修正项，dB（A）；$T_{f,\ i}$ 为固定声源的作用时间，s；$L_{0,\ f,\ i}$ 为固定声源的噪声辐射源强，dB（A）；$C_{f,\ i}$ 为固定声源的噪声修正项，dB（A）。

2. 环境噪声预测值

$$L_{aeq环境} = 10\lg\left(10^{0.1 L_{aeq环境}} + 10^{0.1 L_{Aeq}}\right)$$

3. 等效时间的确定

$$t_{eq,i} = \frac{l_i}{V_i}\left(1 + 0.8\frac{d}{l_i}\right)$$

式中：l_i 为第 i 类列车的列车长度，m；V_i 为第 i 类列车的列车运行速度，m/s；d 为预测点到线路的距离，m。

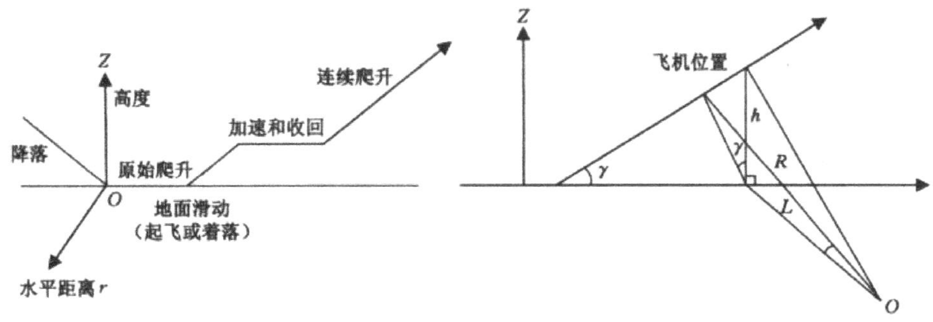

图 7–4　飞机飞行剖面

4. 计算斜距

$$R=\sqrt{L^2+(h\cos r)^2}$$

5. 计算平均等效感觉声级

$$\bar{L}_{EPN}=10\lg\left[\left(\frac{1}{N_1+N_2+N_3}\right)\left(\sum_{i=1}^{N}10^{0.1L_{EPN}}\right)\right]$$

6. 计权等效连续感觉噪声级（L_{WECPN}）

$$L_{WECPN}=\bar{L}_{EPN}10\lg(N_1+3N_2+10N_3)-39.4$$

式中：N_1 为 7：00 ~ 19：00 对某个预测点声环境产生噪声影响的飞行架次；N_2 为 9：00 ~ 22：00 对某个预测点声环境产生噪声影响的飞行架次；N_3 为 2：00 ~ 7：00 对某个预测点声环境产生噪声影响的飞行架次；$\bar{L}_{EPN}$ 为 N 次飞行有效感觉噪声级能量平均值（$N=N_1+N_2+N_3$），dB。

其中，$\bar{L}_{EPN}$ 的计算公式：

$$\bar{L}_{EPN}=10\lg\left(\frac{1}{N_1+N_2+N_3}\sum_i\sum_j 10^{0.1L_{EPNij}}\right)$$

式中：L_{EPNij} 为 j 航路，第 i 架次飞机在预测点产生的有效感觉噪声级，dB。

五、户外声传播衰减计算

（一）基本公式

声的衰减是指声波在传播过程中其强度随距离的增加而逐渐减弱的现象。声的吸收是指声波传播经过媒质或遇到表面时声能量减少的现象。

户外声传播衰减包括几何发散（A_{div}）、大气吸收（A_{atm}）、地面效应（A_{gr}）、屏障屏蔽（A_{bar}）、其他多方面效应（A_{misc}）引起的衰减。

（1）在环境影响评价中，应根据声源声功率级或靠近声源某一参考位置处的已知声级（如实测得到的）、户外声传播衰减，计算距离声源较远处的预测点的声级。在已知距离无指向性点声源参考点 r_0 处的倍频带声压级及计算出参考点（r_0）和预测点（r）处之间的户外声传播衰减后，预测点 8 个倍频带声压级可分别用下式计算。

$$L_A(r)) = L_A(r_0) - (A_{div} + A_{atm} + A_{bar} + A_{gr} + A_{misc})$$

（2）预测点的 A 声级 L_A（r）可按下式计算，即将 8 个倍频带声压级合成，计算出预测点的 A 声级：[L_A（r）]。

$$L_A(r) = 10\lg\left(\sum^{8} 10^{0.1(L_{Pi}(r) - \Delta Li)}\right)$$

式中：L_{Pi}（r）为预测点（r）处，第 i 倍频带声压级，dB；ΔL_i 为第 i 倍频带的 A 计权网络修正值，dB。

（3）只考虑几何发散衰减时：

$$L_A(r) = L_A(r_0) - A_{div}$$

（二）几何发散衰减（A_{div}）

1. 点声源

（1）点声源随传播距离增加引起衰减值：

$$A_{div} = 10\lg\frac{1}{4\pi r^2}$$

式中：A_{div} 为距离增加产生的衰减值，dB；r 为点声源至受声点的距离，m。

（2）在距离点声源 r_1 处至 r 处的衰减值：

$$A_{div} = 20\lg(r_1 / r_2)$$

当 $r_2 = 2r_1$ 时，$A_{div} = -6dB$，即点声源声传播距离增加 1 倍，衰减值是 6dB。

2. 线状声源随距离增加的几何衰减

（1）线声源随距离增加引起的衰减值为：

$$A_{div} = 10\lg\frac{1}{2\pi l}$$

式中：A_{div} 为距离增加产生的衰减值，dB；l 为线声源至受声点的距离，m。

（2）有限长线声源

设线声源长度为 l_0，单位长度线声源辐射的倍频带声功率级为 L_W。在线声源垂直平分线上距声源 r 处的声压级为：

$$L_P = L_W + 10\lg\left[\frac{1}{r}arctg\left(\frac{l_0}{2r}\right)\right] - 8$$

①当 $r > l_0$ 且 $r_0 > l_0$ 时，即在有限长线声源的远场，有限长线声源可当作点声源处理，近似公式为：

$$L_P(r) = L_P(r_0) - 20\lg(r/r_0)$$

②当 $r < l_0/3$ 且 $r_0 < l_0/3$ 时，即在有限长线声源的近场，有限长线声源可当作无限长线声源处理，近似公式为：

$$L_P(r) = L_P(r_0) - 10\lg(r/r_0)$$

③当 $l_0/3 < r < l_0$ 且 $l_0/3 < r_0 < l_0$ 时，近似公式为：

$$L_P(r) = L_P(r_0) - 15\lg(r/r_0)$$

3. 面声源的几何发散衰减

面声源随传播距离的增加引起的衰减值与面源形状有关。

例如，一个具有许多建筑机械的施工场地：

设面声源短边是 a，长边是 b，随着距离的增加，其衰减值与距离 r 的关系为：

当 $r < a/\pi$ 时，在 r 处 $A_{div} = 0dB$；

当 $b/\pi > r > a/\pi$ 时，在 r 处，距离 r 每增加一倍，$A_{div} = -(0 \sim 3)dB$；

当 $b > r > b/\pi$ 时，在 r 处，距离 r 每增加一倍，$A_{div} = -(3 \sim 6)dB$；

当 $r > b$ 时，在 r 处，距离 r 每增加一倍，$A_{div} = -6dB$。

（三）大气吸收引起的衰减（A_{atm}）

大气吸收引起的衰减按下式计算：

$$A_{atm}=\frac{a\left(r-r_0\right)}{1000}$$

式中：A_{atm} 为大气吸收造成衰减值，dB；a 为每 100m 空气的吸声，其值与温度、湿度和声波频率有关。预测计算中一般根据建设项目所处区域常年平均气温和湿度选择相应的大气吸收衰减系数；r_0 为参考位置声源距离，m；r 为声源到预测点的距离，m。

（四）地面效应衰减（Agr）

地面类型可分为：①坚实地面，包括铺筑过的路面、水面、冰面以及夯实地面。②疏松地面，包括被草或其他植物覆盖的地面，以及农田等适合于植物生长的地面。③混合地面，由坚实地面和疏松地面组成。

如图 7–5 所示，声波越过疏松地面或大部分为疏松地面的混合地面传播时，在预测点仅计算 A 声级前提下，地面效应引起的倍频带衰减可用下式计算：

$$A_{gr}=4.8-\left(\frac{2h_m}{r}\right)\left[17+\left(\frac{300}{r}\right)\right]$$

式中：r 为声源到预测点的距离，m；h_m 为传播路径的平均离地高度，m；可按图 7–5 计算，h_m = F/r；F 为面积，m^2。

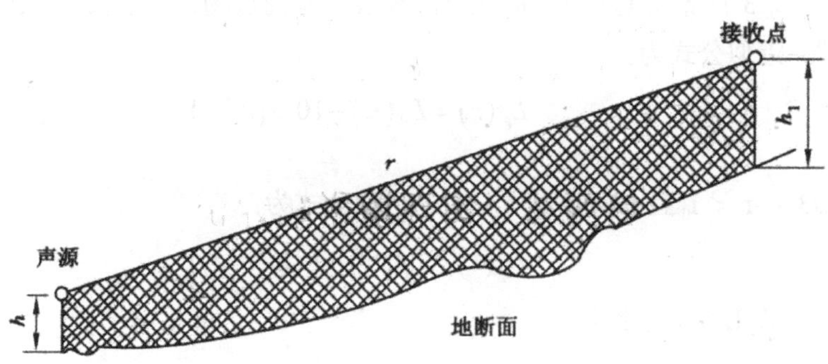

图 7–5　估计平均高度 h_m 的方法

（五）屏障引起的衰减（A_{bar}）

位于声源和预测点之间的实体障碍物，如围墙、建筑物、土坡或地堑等起声屏障作用，从而引起声能量的较大衰减。在环境影响评价中，可将各种形式的屏障简化为具有一定高度的薄屏障。

如图 7–6 所示，S、O、P 三点在同一平面内且垂直于地面。

定义 δ = SO+OP–SP 为声程差，$N=2\delta/\lambda$ 为菲涅耳数，其中 λ 为声波波长。在噪声预测中，声屏障插入损失的计算方法应根据实际情况做简化处理。

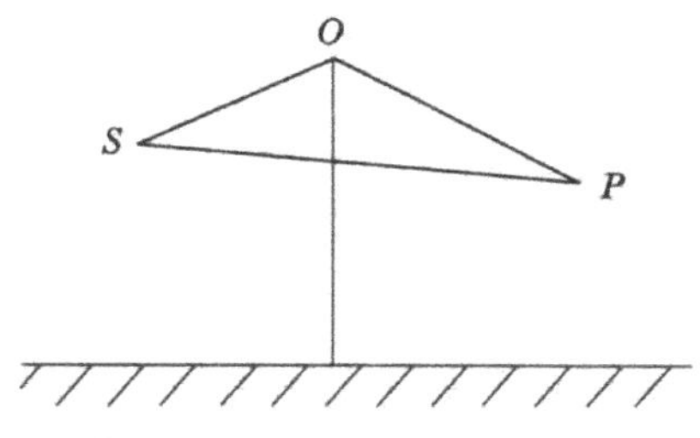

图 7–6　无限长声屏障示意图

有限长薄屏障在点声源声场中引起的声衰减计算：

（1）首先计算图 7–7 所示三个传播途径的声程差 δ_1、δ_2、δ_3 和相应的菲涅耳数 N_1、N_2、N_3。

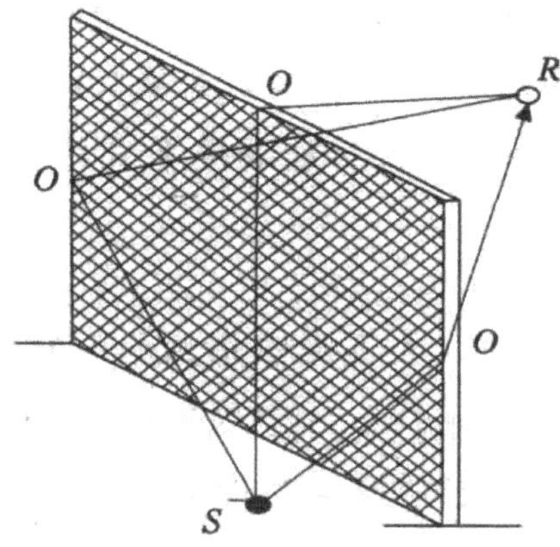

图 7–7　在有限长声屏障上不同的传播路径

（2）声屏障引起的衰减按下式计算：

$$A_{bar} = -10\lg\left(\frac{1}{3+20N_1}+\frac{1}{3+20N_2}+\frac{1}{3+20N_3}\right)$$

式中：N_1、N_2、N_3 为三个传播途径的相应的菲涅耳数。

屏障很长（可作无限长）时，可简化为：

$$A_{bar} = -10\lg\left(\frac{1}{3+20N_1}\right)$$

双绕射计算、绿化林带噪声衰减计算比较复杂，详细内容参看 HJ 2.4–2009。

（六）其他多方面原因引起的衰减（A_{misc}）

其他衰减包括通过工业场所的衰减，通过房屋群的衰减等。在声环境影响评价中，一般情况下，不考虑自然条件（如风、温度梯度、雾）变化引起的附加修正。

工业场所的衰减、房屋群的衰减等可参照 GB/T 17247.2–1998 进行计算。

第四节　声环境影响评价

一、评价标准的确定

应根据声源的类别和建设项目所处的声环境功能区等，确定声环境影响评价标准。没有划分声环境功能区的区域由地方环境保护部门参照 GB 3096–2008 和 GB/T 15190–2014 的规定划定声环境功能区。

二、评价的主要内容

（一）评价方法和评价量

根据噪声预测结果和环境噪声评价标准，评价建设项目在施工、运行期噪声的影响程度、影响范围，给出边界（厂界、场界）及敏感目标的达标分析。

进行边界噪声评价时，新建建设项目以工程噪声贡献值作为评价量；改扩建建设项目以工程噪声贡献值与受到现有工程影响的边界噪声值叠加后的预测值作为评价量。

进行敏感目标噪声环境影响评价时，以敏感目标所受的噪声贡献值与背景噪声值叠加后的预测值作为评价量。

（二）影响范围、影响程度分析

给出评价范围内不同声级范围覆盖下的面积，主要建筑物类型、名称、数量及位置，影响的户数、人口数。

（三）噪声超标原因分析

分析建设项目边界（厂界、场界）及敏感目标噪声超标的原因，明确引起超标的主要声源。对于通过城镇建成区和规划区的路段，还应分析建设项目与敏感目标间的距离是否符合城市规划部门提出的防噪声距离的要求。

（四）对策建议

分析建设项目的选址（选线）、规划布局和设备选型等的合理性，评价噪声防治对策的适用性和防治效果，提出需要增加的噪声防治对策、噪声污染管理、噪声监测及跟踪评价等方面的建议，并进行技术、经济可行性论证。

三、噪声防治对策和措施

（一）噪声防治措施的一般要求

工业（工矿企业和事业单位）建设项目噪声防治措施应针对建设项目投产后噪声影响的最大预测值制定，以满足厂界（场界、边界）和厂界外敏感目标（或声环境功能区）的达标要求。

交通运输类建设项目（如公路、铁路、城市轨道交通、机场项目等）的噪声防治措施应针对建设项目不同代表性时段的噪声影响预测值分期制定，以满足声环境功能区及敏感目标功能要求。其中，铁路建设项目的噪声防治措施还应同时满足铁路边界噪声排放标准要求。

（二）防治途径

1. 规划防治对策

规划防治对策主要指从建设项目的选址（选线）、规划布局、总图布置和设备布局等方面进行调整，提出减少噪声影响的建议。如采用“闹静分开”和“合理布局”的设计原则，使高噪声设备尽可能远离噪声敏感区；建议建设项目重新选址（选线）或提出城乡规划中有关防止噪声的建议等。

2. 技术防治措施

（1）从声源上降低噪声的措施

主要包括：①改进机械设计，如在设计和制造过程中选用发声小的材料来制造机件，改进设备结构和形状、改进传动装置以及选用已有的低噪声设备等。②采取声学控制措施，如对声源采用消声、隔声、隔振和减振等措施。③维持设备处于良好的运转状态。④改革工艺、设施结构和操作方法等。

（2）从噪声传播途径上降低噪声措施

主要包括：①在噪声传播途径上增设吸声、声屏障等措施。②利用自然地形物（如利用位于声源和噪声敏感区之间的山丘、土坡、地堑、围墙等）降低噪声。③将声源设置于地下或半地下的室内等。④合理布局声源，使声源远离敏感目标等。

（3）敏感目标自身防护措施

主要包括：①受声者自身增设吸声、隔声等措施。②合理布局噪声敏感区中的建筑物功能和合理调整建筑物平面布局。

3. 管理措施

管理措施主要包括提出环境噪声管理方案（如制订合理的施工方案、优化飞行程序等），制订噪声监测方案，提出降噪减噪设施的运行使用、维护保养等方面的管理要求，提出跟踪评价要求等。

第八章 环境污染控制与保护措施

第一节 工业废水处理技术概述

一、废水处理方法

现代废水处理技术，按作用原理可分为物理法、化学法、物理化学法和生物法四大类。

物理法是利用物理作用来分离废水中的悬浮物或乳浊物。常见的有格栅、筛滤、离心、澄清、过滤、隔油等方法。

化学法是利用化学反应的作用来去除废水中的溶解物质或胶体物质。常见的有中和、沉淀、氧化还原、催化氧化、光催化氧化、微电解、电解絮凝、焚烧等方法。

物理化学法是利用物理化学作用来去除废水中溶解物质或胶体物质。常见的有混凝、气浮、吸附、离子交换、膜分离、萃取、气提、吹脱、蒸发、结晶、焚烧等方法。

生物处理法是利用微生物代谢作用，使废水中的有机污染物和无机微生物营养物转化为稳定、无害的物质。常见的有活性污泥法、生物膜法、厌氧生物消化法、稳定塘与湿地处理等。生物处理法也可按是否供氧而分为好氧处理和厌氧处理两类，前者主要有活性污泥法和生物膜法两种，后者包括各种厌氧消化法。

二、废水处理系统

按处理程度，废水处理技术可分为一级、二级和三级处理。一般进行某种程度处理的废水均进行前面的处理步骤。例如，一级处理包括预处理过程，如经过格栅、沉砂池和调节池。同样，二级处理也包括一级处理过程，如经过格栅、沉砂池、调节池及初沉池。

预处理的目的是保护废水处理厂的后续处理设备。

一级处理通常被认为是一个沉淀过程，主要是通过物理处理法中的各种处理单元如沉降或气浮来去除废水中悬浮状态的固体、呈分层或乳化状态的油类污染物。出水进入二级处理单元进一步处理或排放。在某些情况下还加入化学剂以加快沉降。一级沉淀池通常可去除 90% ~ 95% 的可沉降颗粒物、50% ~ 60% 的总悬浮固形物以及 25% ~ 35% 的 BOD_5，但无法去除溶解性污染物。

二级处理的主要目的是去除一级处理出水中的溶解性 BOD，并进一步去除悬浮固体物质。在某些情况下，二级处理还可以去除一定量的营养物，如氮、磷等。二级处理主要为生物过程，可在相当短的时间内分解有机污染物。二级处理过程可以去除大于 85% 的 BOD_5 及悬浮固体物质，但无法显著地去除氮、磷或重金属，也难以完全去除病原菌和病毒。一般工业废水经二级处理后，已能达到排放标准。

当二级处理无法满足出水水质要求时，需要进行废水三级处理。污水三级处理是污水经二级处理后，进一步去除污水中的其他污染成分（如氮、磷、微细悬浮物、微量有机物和无机盐等）的工艺处理过程。主要方法有生物脱氮法、化学沉淀法、过滤法、反渗透法、离子交换法和电渗析法等。一般三级处理能够去除 99% 的 BOD、磷、悬浮固体和细菌，以及 95% 的含氮物质。三级处理过程除常用于进一步处理二级处理出水外，还可用于替代传统的二级处理过程。

环境影响评价工作中可参考《水污染治理工程技术导则》（HJ 2015–2012）以及《含油污水处理工程技术规范》（HJ 580–2010）、《电镀废水治理工程技术规范》（HJ 2002–2010）、《焦化废水治理工程技术规范》（HJ2022–2012）、《钢铁工业废水治理及回用工程技术规范》（HJ 2019–2012）、《制糖废水治理工程技术规范》（HJ 2018–2012）、《采油废水治理工程技术规范》（HJ 2041–2014）、《饮料制造废水治理工程技术规范》（HJ 2048–2015）等相应污染源类工程技术规范的规定。

三、废水的物理、化学及物化处理

（一）格栅

格栅的主要作用是去除会阻塞或卡住泵、阀及其机械设备的大颗粒物等。格栅的种类有粗格栅、细格栅。粗格栅的间隙为 40 ~ 150mm，细格栅的间隙范围在 5 ~ 40mm。

（二）调节池

为尽可能减小或控制废水水量的波动，在废水处理系统之前，设调节池。根据调节池的功能，调节池分为均量池、均质池、均化池和事故池。

1. 均量池

主要作用是均化水量，常用的均量池有线内调节式、线外调节式。

2. 均质池（又称水质调节池）

均质池的作用是使不同时间或不同来源的废水进行混合，使出流水质比较均匀。常用的均质池形式有：①泵回流式；②机械搅拌式；③空气搅拌式；④水力混合式。前三种形式利用外加的动力，其设备较简单、效果较好，但运行费用高；水力混合式无需搅拌设备，但结构较复杂，容易造成沉淀堵塞等问题。

3. 均化池

均化池兼有均量池和均质池的功能，既能对废水水量进行调节，又能对废水水质进行调节。如采用表面曝气或鼓风曝气，除能避免悬浮物沉淀和出现厌氧情况外，还可以有预曝气的作用。

4. 事故池

事故池的主要作用就是容纳生产事故废水或可能严重影响污水处理厂运行的事故废水。

（三）沉砂池

沉砂池一般设置在泵站和沉淀池之前，用以分离废水中密度较大的砂粒、灰渣等无机固体颗粒。

平流沉砂池：最常用的一种形式，它的截留效果好、工作稳定、构造较简单。

曝气沉砂池：集曝气和除砂为一体，可使沉砂池中的有机物含量降低至 5% 以下，由于池中设有曝气设备，具有预曝气、脱臭、防止污水厌氧分解、除油和除泡等功能，为后续的沉淀、曝气及污泥消化池的正常运行以及污泥的脱水提供有利条件。

（四）沉淀池

在废水一级处理中沉淀是主要的处理工艺，去除悬浮于污水中可沉淀的固体物质。处理效果基本上取决于沉淀池的沉淀效果。根据池内水流方向，沉淀池可分为平流沉淀池、辐流式沉淀池和竖流沉淀池。

平流沉淀池：池内水沿池长水平流动通过沉降区并完成沉降过程。

辐流式沉淀池：是一种直径较大的圆形池。

竖流沉淀池：池面多呈圆形或正多边形。

在二级废水处理系统中，沉淀池有多种功能，在生物处理前设初沉池，可减轻后续处理设施的负荷，保证生物处理设施功能的发挥；在生物处理设备后设二沉池，可分离生物污泥，使处理水得到澄清。

（五）隔油

采用自然上浮法去除可浮油的设施，称为隔油池。常用的隔油池有平流式隔油池和斜板式隔油池两类。平流式隔油池的结构与平流式沉淀池基本相同。

（六）中和处理

中和适用于酸性、碱性废水的处理，应遵循以废治废的原则，并考虑资源回收和综合利用。废水中含酸、碱浓度差别很大，一般来说，如果酸、碱浓度在 3% 以上，则应考虑综合回收或利用；酸碱浓度在 3% 以下时，因回收利用的经济意义不大，才考虑中和处理。在中和后不平衡时，考虑采用药剂中和。

酸碱废水相互中和一般是在混合反应池内进行，池内设有搅拌装置。一般在混合反应池前设均质池，以确保两种废水相互中和时，水量和浓度保持稳定。

酸性废水的中和药剂有石灰（CaO）、石灰石（$CaCO_3$）和氢氧化钠（NaOH）等。

碱性废水的投药中和主要是采用工业盐酸，使用盐酸的优点是反应产物的溶解度大，泥渣量小，但出水溶解固体浓度高。中和流程和设备与酸性废水投药中和基本相同。

（七）化学沉淀处理

化学沉淀处理是向废水中投加某些化学药剂（沉淀剂），使其与废水中溶解态的污染物直接发生化学反应，形成难溶的固体生成物，然后进行固废分离，除去水中污染物。

废水中的重金属离子（如汞、镉、铅、锌、镍、铬、铁、铜等）、碱土金属（如钙、镁）、某些非重金属（如砷、氟、硫、硼）均可采用化学沉淀处理过程去除。沉淀剂可选用石灰、硫化物、银盐和铁屑等。化学沉淀法除磷通常是加入铝盐或铁盐及石灰。最常用的铝盐是明矾（A1K（SO_4）2・$12H_2O$）。铝离子能絮凝磷酸根离子，形成磷酸铝沉淀。明矾和氯化铁的加入会降低水质的 pH 值，而加入石灰会使水的 pH 值升高。

化学沉淀处理的工艺过程：①投加化学沉淀剂，与水中污染物反应，生成难溶的沉淀物析出；②通过凝聚、沉降、浮上、过滤、离心等方法进行固液分离；③泥渣的处理和回收利用。采用化学沉淀法时，应注意避免沉淀污泥产生二次污染。

（八）气浮

气浮适用于去除水中密度小于 lkg / L 的悬浮物、油类和脂肪，可用于污（废）水处理，也可用于污泥浓缩。通过投加混凝剂或絮凝剂使废水中的悬浮颗粒、乳化油脱稳、絮凝，以微小气泡作为载体，黏附水中的悬浮颗粒，随气泡挟带浮升至水面，通过收集泡沫或浮渣分离污染物。

浮选过程包括气泡产生、气泡与颗粒附着以及上浮分离等连续过程。气浮工艺类型包括加压溶气气浮、浅池气浮、电解气浮等。

（九）混凝

混凝法可用于污（废）水的预处理、中间处理或最终处理，可去除废水中胶体及悬浮污染物，适用于废水的破乳、除油和污泥浓缩。

（十）过滤

过滤适用于混凝或生物处理后低浓度悬浮物的去除，多用于废水深度处理，包括中水处理。可采用石英砂、无烟煤和重质矿石等作为滤料。

四、废水的生物处理

生物处理适用于可以被微生物降解的废水，按微生物的生存环境可分为好氧法和厌氧法。好氧生物处理宜用于进水 $BOD_5/COD \geq 0.3$ 的废水。厌氧生物处理宜用于高浓度、难生物降解有机废水和污泥等的处理。

（一）好氧处理

好氧处理包括传统活性污泥、氧化沟、序批式活性污泥法（SBR）、生物接触氧化、生物滤池、曝气生物滤池等，其中前三种方式属活性污泥法好氧处理，后三种属生物膜法好氧处理。

1. 传统活性污泥法

适用于以去除污水中碳源有机物为主要目标，无氮、磷去除要求的情况。目前有着许多不同类型的活性污泥处理工艺。按反应器类型划分，有推流式活性污泥法、阶段曝气法、完全混合法、吸附再生法，以及带有微生物选择池的活性污泥法；按供氧方式以及氧气在曝气池中分布特点，处理工艺分为传统曝气工艺、渐减曝气工艺和纯氧曝气工艺；按负荷类型分为传统负荷法、改进曝气法、高负荷法、延时曝气法。

传统活性污泥处理法：传统（推流式）活性污泥法的曝气池为长方形，经过初沉的废水与回流污泥从曝气池的前端，借助空气扩散管或机械搅拌设备进行混合。一般沿池长方向均匀设置曝气装置。在曝气阶段有机物进行吸附、絮凝和氧化。活性污泥在二沉池进行分离。传统（推流式）活性污泥法工艺流程见图 8–1。

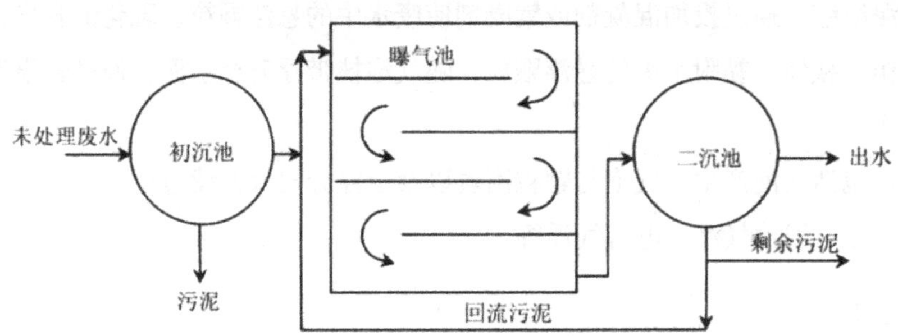

图 8–1　传统（推流式）活性污泥法工艺流程

阶段曝气法：阶段曝气法（又称为阶段进水法）通过阶段分配进水的方式避免曝气池中局部浓度过高的问题。采用阶段曝气后，曝气池沿程污染物浓度分布和溶解氧消耗明显改善。由于废水中常含有抑制微生物产生的物质，以及会出现浓度波动幅度大的现象，因此阶段曝气法得到较广泛的使用（图 8–2）。

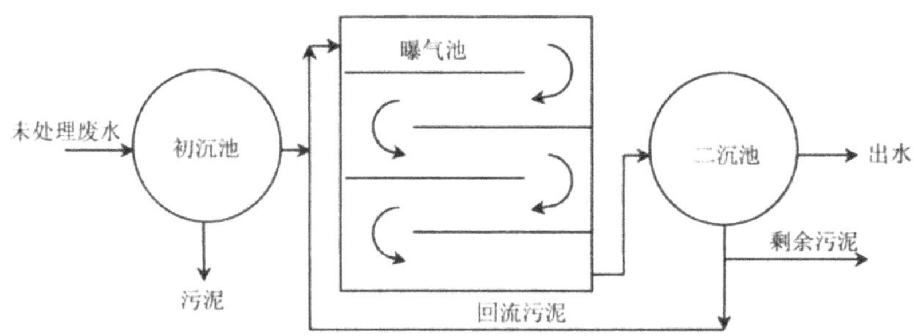

图 8-2　阶段曝气活性污泥法工艺流程

完全混合法：完全混合法活性污泥处理工艺（又称为带沉淀和回流的完全混合反应器工艺）。在完全混合系统中废水的浓度是一致的，污染物的浓度和氧气需求沿反应器长度没有发生变化。在完全混合法工艺中，只要污染物是可被微生物降解的，反应器内的微生物就不会直接暴露于浓度很高的进水污染物中。因此，该工艺适合于含可生物降解污染物及浓度适中的有毒物质的废水。与运行良好的推流式活性污泥法工艺相比，它的污染物去除率较低。

吸附再生法：吸附再生工艺(又称为接触稳定工艺)由接触池、稳定池和二沉池组成。来自初沉池的废水在接触反应器中与回流污泥进行短暂的接触（一般为 10 ~ 60min），使可生物降解的有机物被氧化或被细胞吸收，颗粒物则被活性污泥絮体吸附，随后混合液流入二沉池进行泥水分离。分离后的废水被排放，沉淀后浓度较高的污泥则进入稳定池继续曝气，进行氧化过程。浓度较高的污泥回流到接触池中继续用于废水处理。吸附再生法适用于运行管理条件较好并无冲击负荷的情况。

带选择池的活性污泥法：该工艺在曝气池前设置一个选择池。回流污泥与污水在选择池中接触 10 ~ 30min，使有机物部分被氧化，改变或调节活性污泥系统的生态环境，从而使微生物具有更好的沉降性能。

传统负荷法经过不断地改进，对于普通城市污水，BOD_5 和悬浮固体（SS）的去除率都能达到 85% 以上。传统负荷类型的经验参数范围是：混合液污泥浓度在 1200 ~ 3000mg/L，曝气池的水力停留时间为 6h 左右，BOD_5 负荷约为 0.56kg/（$m^3 \cdot d$）。

改进曝气类型适用于不须要实现过高去除率（BOD 去除率 > 85%），通过沉淀即可达到去除要求的情况。负荷经验参数范围是：混合液污泥浓度 300 ~ 600mg/L，曝气时间为 1.5 ~ 2h，BOD_5 和 SS 的去除率在 65% ~ 75%。

高负荷类型是通过维持更高的污泥浓度，在不改变污泥龄的情况下，减小水力停留时间来减少曝气池的体积，同时保持较高的去除率。污泥浓度达到 4000 ~ 10000mg/L 时，BOD_5 容积负荷可以达到 1.6 ~ 3.2kg/（$m^3 \cdot d$）。在氧气供应充足并不存在污泥沉降问题的条件下，高负荷法可以有效地减小曝气池体积并达到90%以上的BOD_5和SS去除率。目前，许多高负荷法使用纯氧曝气来提高传氧速率，以避免曝气池紊动度过大引起污泥絮凝性和沉降性变差。如果不能提供充足的氧气，会引起严重的污泥沉降，尤其是污泥膨胀的问题。

延时曝气工艺采用低负荷的活性污泥法以获取良好稳定出水水质。延时曝气法中停留时间一般为24h，污泥质量浓度一般为3000 ~ 6000mg/L，BOD_5负荷 < 0.24kg/（$m^3 \cdot d$）。由于污泥负荷低、停留时间长，污泥处于内源呼吸阶段，剩余污泥量少（甚至不产生剩余污泥），因此污泥的矿化程度高，无异臭、易脱水，实际上是废水和污泥好气消化的综合体。

2. 氧化沟

氧化沟属延时曝气活性污泥法，氧化沟的池型，既是推流式，又具备完全混合的功能。氧化沟与其他活性污泥法相比，具有占地大、投资高、运行费用也略高的缺点，适用于土地资源较丰富地区；在寒冷地区，低温条件下，反应池表面易结冰，影响表面曝气设备的运行，因此不宜用于寒冷地区。

3. 序批式活性污泥法（SBR）

适用于建设规模为Ⅲ类、Ⅳ类、Ⅴ类的污水处理厂和中小型废水处理站，适合于间歇排放工业废水的处理。SBR反应池的数量不应少于两个。SBR以脱氮为主要目标时，应选用低污泥负荷、低充水比；以除磷为主要目标时，应选用高污泥负荷、高充水比。

4. 生物接触氧化

适用于低浓度的生活污水和具有可生化性的工业废水处理，生物接触氧化池应根据进水水质和处理程度确定采用一段式或多段式。生物接触氧化池的个数不应少于两个。

5. 生物滤池

适用于低浓度的生活污水和具有可生化性的工业废水处理。生物滤池应采用自然通风方式供应空气，应按组修建，每组由2座滤池组成，一般为6 ~ 8组。曝气生物滤池适用于深度处理或生活污水的二级处理。

（二）厌氧处理

废水厌氧生物处理是指在缺氧条件下通过厌氧微生物（包括兼氧微生物）的作用，将废水中的各种复杂有机物分解转化成甲烷和二氧化碳等物质的过程，也称厌氧消化。厌氧处理工艺主要包括升流式厌氧污泥床（UASB）、厌氧滤池（AF）、厌氧流化床（AFB）。厌氧处理产生的气体，应考虑收集、利用和无害化处理。

1. 升流式厌氧污泥床反应器（UASB反应器）

适用于高浓度有机废水，是目前应用广泛的厌氧反应器之一。该反应器运行的重要前提是反应器内能形成沉降性能良好的颗粒污泥或絮状污泥。

如图8-3所示，废水自下而上通过UASB反应器。在反应器的底部有一高浓度（污泥浓度可达 60 ～ 80g/L）、高活性的污泥层，大部分的有机物在此转化为 CH_4 和 CO_2。

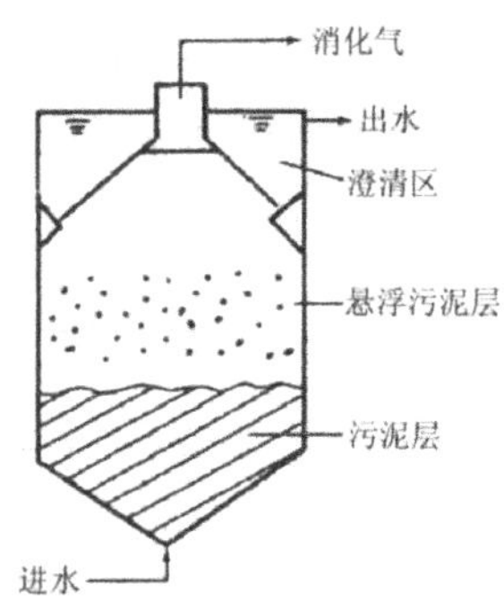

图 8-3　升流式厌氧污泥床反应器

UASB 反应器的上部为澄清池，设有气、液、固三相分离器。被分离的消化气从上部导出，污泥自动落到下部反应区。

在食品工业、化工、造纸工业废水处理中有许多成功的 UASB。典型的设计负荷是 4 ～ 15kgCOD/（$m^3 \cdot d$）。

2. 厌氧滤池

适用于处理溶解性有机废水。

3. 厌氧流化床

适用于各种浓度有机废水的处理。典型工艺参数以 COD 去除 80% ～ 90% 计，污泥负荷为 0.26 ～ 4.3kgCOD/（$m^3 \cdot d$）。

（三）生物脱氮除磷

当采用生物法去除污水中的氮、磷污染物时，原水水质应满足《室外排水设计规范》（GB 50014）的相关规定，即脱氮时，污水中的五日生化需氧量与总凯氏氮之比大于 4；除磷时，污水中的五日生化需氧量与总磷之比大于 17。仅需要脱氮时，应采用缺氧 / 好氧法；仅需要除磷时，应采用厌氧 / 好氧法；当需要同时脱氮除磷时，应采用厌氧 / 缺氧 / 好氧法。缺氧 / 好氧法和厌氧 / 好氧法工艺单元前不设初沉池时，不应采用曝气沉砂池。厌氧 / 好氧法的二沉池水力停留时间不宜过长。当出水总磷不能达到排放标准要求时，应采用化学除磷作为辅助手段。

五、废水的生态处理

当水量较小、污染物浓度低、有可利用土地资源、技术经济合理时，可结合当地的自然地理条件审慎地采用污水生态处理。污水自然处理应考虑对周围环境以及水体的影响，不得降低周围环境的质量，应根据区域地理、地质、气候等特点选择适宜的污水生态处理方式。

（一）土地处理

用污水土地处理时，应根据土地处理的工艺形式对污水进行预处理。在集中式给水水源卫生防护带、含水层露头地区、裂隙性岩层和熔岩地区，不得使用污水土地处理。地下水埋深小于 1.5m 地区不应采用污水土地处理工艺。

（二）人工湿地

人工湿地适用于水源保护、景观用水、河湖水环境综合治理、生活污水处理的后续除磷脱氮、农村生活污水生态处理等。人工湿地可选用表面流湿地、潜流湿地、垂直流湿地及其组合。人工湿地宜由配水系统、集水系统、防渗层、基质层、湿地植物组成。人工湿地应选择净化和耐污能力强、有较强抗逆性、年生长周期长、生长速度快而稳定、易于管理且具有一定综合利用价值的植物，宜优选当地植物。人工湿地基质层（填料）应根据所处理水的水质要求，选择砾石、炉渣、沸石、钢渣、石英砂等。人工湿地防渗层应根据当地情况选用黏土、高分子材料或湿地底部的沉积污泥层。

六、废水的消毒处理

是否需要消毒以及消毒程度应根据废水性质、排放标准或再生水要求确定。为避免或减少消毒时产生的二次污染物，最好采用紫外线或二氧化氯消毒，也可用液氯消毒。同时应根据水质特点考虑消毒副产物的影响并采取措施消除有害消毒副产物。

臭氧消毒适用于污水的深度处理（如脱色、除臭等）。在臭氧消毒之前，应增设去除水中 SS 和 COD 的预处理设施（如砂滤、膜滤等）。

七、污泥处理与处置

在污水的一级、二级和三级处理过程中会产生膨化污泥。污泥量及其特性与原污水特点及污水处理过程有关，污水处理的程度越高，产生的污泥量也越大，污泥的主要特性包括：总固态物含量、易挥发固态物含量、pH 值、营养物、有机物、病原体、重金属、有机化学品、危险性污染物等。

应根据工程规模、地区环境条件和经济条件进行污泥的减量化、稳定化、无害化和资源化处理与处置。污水污泥的减量化处理包括使污泥的体积减小和污泥的质量减少，前者如采用污泥浓缩、脱水、干化等技术，后者如采用污泥消化、污泥焚烧等技术。污水污泥的稳定化处理是使污泥得到稳定（不易腐败），以利于对污泥做进一步处理和利用。可以达到减少有机组分含量、改善污泥脱水性能、便于污泥的贮存和利用、抑制细菌代谢、降低污泥臭味、产生沼气、回收资源等目的，实现污泥稳定可采用厌氧消化、好氧消化、污泥堆肥、加碱稳定等技术。污水污泥的无害化处理减少污泥中的致病菌、寄生虫卵数量及多种重金属离子和有毒有害的有机污染物，降低污泥臭味，广义的无害化处理还包括污泥稳定。污泥处置应逐步提高污泥的资源化程度，变废为宝，将污泥广泛用于农业生产、燃料和建材等方面，做到污泥处理和处置的可持续发展。

污泥处理工艺的选择应考虑污泥性质与数量、技术条件、运行管理费用、环境保护要求及有关法律法规、农业发展情况、当地气候条件和污泥最终处置的方式等因素。对工业废水处理所产生的污泥应依据危险废物名录及相关鉴别标准进行鉴别，属危险废物的工业废水污泥，应按《危险废物焚烧污染控制标准》（GB 18484）、《危险废物贮存污染控制标准》（GB 18597）、《危险废物填埋污染控制标准》（GB 18598）的要求处理与处置。

（一）污泥处理方法

1. 污泥浓缩处理

污泥浓缩应根据污水处理工艺、污泥性质、污泥量和污泥含水率要求进行选择，其目的是减少后续污泥处理单元（泵、消化池、脱水设备）所处理的污泥体积。可采用重力浓缩、气浮浓缩、离心浓缩、带式浓缩机浓缩和转鼓机械浓缩等。当要求浓缩污泥含固率大于6%时，可适量加入絮凝剂。固态物含量为3% ~ 8%的污泥经浓缩后体积可减少50%。

2. 污泥消化处理

污泥可采用厌氧消化或好氧消化工艺处理，污泥消化工艺选择应考虑污泥性质、工程条件、污泥处置方式以及经济适用、管理方便等因素。污泥厌氧消化系统由于投资和运行费用相对较省、工艺条件（污泥温度）稳定、可回收能源（沼气综合利用）、占地较小等原因，采用比较广泛；但工艺过程的危险性较大。污泥好氧消化系统由于投资和运行费用相对较高、占地面积较大、工艺条件（污泥温度）随气温变化波动较大、冬季运行效果较差、能耗高等原因，采用较少；但好氧消化工艺具有有机物去除率较高、处理后污泥品质好、处理场地环境状况较好、工艺过程没有危险性等优点。污泥好氧消化后，氮的去除率可达60%，磷的去除率可达90%，上清液回流到污水处理系统后，不会增加污水脱氮除磷的负荷。一般在污泥量较少的污水处理厂，或由于受工业废水的影响，污泥进行厌氧消化有困难时，可考虑采用好氧消化工艺。

3. 污泥脱水处理

污泥脱水的主要目的是减少污泥中的水分。脱水可去除污泥异味，使污泥成为非腐败性物质。污泥产量较大、占地面积有限的污（废）水处理系统应采用污泥机械脱水处理。工业废水处理站的污泥不应采用自然干化脱水方式。污泥脱水设备可采用压滤脱水机和离心脱水机。

4. 污泥好氧发酵

日处理能力在5万 m^3 以下的污水处理设施产生的污泥，应采用条垛式好氧发酵处理和综合利用；日处理能力在5万 m^3 以上的污水处理设施产生的污泥，应采用发酵槽（池）式发酵工艺。污泥好氧发酵产物可用于城市园林绿化、苗圃、林用、土壤修复及改良等。

5. 污泥干燥处理

污泥干燥处理宜采用直接式干燥器，主要有带式干燥器、转筒式干燥器、急骤干燥器和流化床干燥器。污泥干燥的尾气应处理达标后排放。

6. 污泥焚烧处理

污泥焚烧工艺适用于下列情况：①污泥不符合卫生要求、有毒物质含量高、不能为农副业利用；②污泥自身的燃烧热值高，可以自燃并利用燃烧热量发电；③可与城镇垃圾混合焚烧并利用燃烧热量发电。污泥焚烧的烟气应处理达标后排放。污泥焚烧的飞灰应妥善处置，避免二次污染。采用污泥焚烧工艺时，所需的热量依靠污泥自身所含有机物的燃烧热值或辅助燃料，故前处理不必用污泥消化或其他稳定处理，以免由于有机物减少而降低污泥的燃烧热值。

（二）污泥处置与利用

污泥的最终处置应优先考虑资源化利用。在符合相应标准后，污泥可用于改良土地、园林绿化和农田利用。污泥的最终处置如用于制造建筑材料时应考虑有毒害物质浸出等安全性问题。污泥卫生填埋时，应严格控制污泥中和土壤中积累的重金属和其他有毒物质的含量，含水率应小于60%，并采取必要的环境保护措施，防止污染地下水。

八、恶臭污染治理

除臭的方法较多，必须结合当地的自然环境条件进行多方案的比较，在技术经济可行、满足环境评价、满足生态环境和社会环境要求的基础上，选择适宜的除臭方法。目前除臭的主要方法有物理法、化学法和生物法三类。常见的物理方法有掩蔽法、稀释法、冷凝法和吸附法等；常见的化学法有燃烧法、氧化法和化学吸收法等。在相当长的时期内，脱臭方法的主流是物理、化学方法，主要有酸碱吸收、化学吸附、催化燃烧三种。这些方法各有其优点，但都存在着所使用设备繁多且工艺复杂，二次污染后再生困难和后处理过程复杂、能耗大等问题。因此国外从20世纪50年代开始便致力于用生物方法来处理恶臭物质。

恶臭污染治理应进行多种方案的技术比较后再确定，应优先考虑生物除臭方法。无须经常人工维护的设施，如沉砂池、初沉池和污泥浓缩池等，应采用固定式的封闭措施控制臭气；须经常维护和保养的设施，如格栅间、泵房的集水井和污水处理厂的污泥脱水机房等，应采用局部活动式或简易式的臭气隔离措施控制臭气。

九、工艺组合

废水中的污染物质种类很多，不能设想只用一种处理方法就能把所有污染物质去除殆尽，应根据原水水质特性、主要污染物类型及处理出水水质目标，在进行技术比较的基础上选择适宜的处理单元或组合工艺。废水处理组合工艺中各处理单元要相互协调，在各处理单元的协同作用下去除废水中的目标污染物质，最终使废水达标排放或回用。

采用厌氧和好氧组合工艺处理废水时，厌氧工艺单元应设置在好氧工艺单元前，当废水中含有生物毒性物质，且废水处理工艺组合中有生物处理单元时，应在废水进入生物处理单元前去除生物毒性物质。在污（废）水达标排放、技术经济合理的前提下应优先选用污泥产量低的处理单元或组合工艺。

城镇污水处理应根据排放和回用要求选用一级处理、二级处理、三级处理、再生处理的工艺组合。一级处理主要去除污水中呈悬浮或飘浮状态的污染物。二级处理主要去除污水中呈胶体和溶解状态的有机污染物及植物性营养盐。三级处理是对经过二级处理后没有得到较好去除的污染物质进行深化处理。当有污水回用需求时，应设置污水再生处理工艺单元。城镇污水脱氮、除磷应以生物处理单元为主，生物处理单元不能达到排放标准要求时，应辅以化学处理单元。

工业废水处理系统中应考虑设置事故应急池。工业废水处理站的流程组合与工艺比选应符合《纺织染整工业废水治理工程技术规范》（HJ471）、《酿造工业废水治理工程技术规范》（HJ575）、《含油污水处理工程技术规范》（HJ580）等相应污染源类工程技术规范的规定。

第二节　大气污染控制技术概述

大气污染物的主要来源包括三个方面：一是生产性污染，这是大气污染的主要来源，如煤和石油燃烧过程中排放大量的烟尘、二氧化硫、一氧化碳等有害物质，火力发电厂、钢铁厂、石油化工厂、水泥厂等生产过程排出的烟尘和废气，农业生产过程中喷洒农药而产生的粉尘和雾滴等。二是由生活炉灶和采暖锅炉耗用煤炭产生的烟尘、二氧化硫等有害气体。三是交通运输性污染，汽车、火车、轮船和飞机等排出的尾气，其污染物主要是氮氧化物、碳氢化合物、一氧化碳和铅尘等。本节主要讨论生产性污染控制。

根据污染物在大气中的物理状态，可分为颗粒污染物和气态污染物两大类。颗粒污染物又称气溶胶状态污染物，在大气污染中，是指沉降速度可以忽略的小固体粒子、液体粒子或它们在气体介质中的悬浮体系，主要包括粉尘、烟、飞灰等。气态污染物是以分子状态存在的污染物，气态污染物的种类很多，常见的气态污染物有：CO、SO_2、NO_2、NH_3、H_2S 以及挥发性有机化合物（VOCs）、卤素化合物等。

颗粒污染物净化过程是气溶胶两相分离，由于污染物颗粒与载气分子大小悬殊，作用在二者上的外力（质量力、势差力等）差异很大，利用这些外力差异，可实现气—固或气—液分离。烟（粉）尘净化技术又称为除尘技术，它是将颗粒污染物从废气中分离出来并加以回收的操作过程。

气态污染物与载气呈均相分散，作用在两类分子上的外力差异很小，气态污染物的净化只能利用污染物与载气物理或者化学性质的差异（沸点、溶解度、吸附性、反应性等），实现分离或者转化。常用的方法有吸收法、吸附法、催化法、燃烧法、冷凝法、膜分离法和生物净化法等。

一、大气污染治理的典型工艺

（一）除尘

除尘技术是治理烟（粉）尘的有效措施，实现该技术的设备称为除尘器。除尘器主要有机械式除尘器、湿式除尘器、袋式除尘器和静电除尘器。

选择除尘器应主要考虑如下因素：①烟气及粉尘的物理、化学性质；②烟气流量、粉尘浓度和粉尘允许排放浓度；③除尘器的压力损失以及除尘效率：④粉尘回收、利用的价值及形式；⑤除尘器的投资以及运行费用；⑥除尘器占地面积以及设计使用寿命；⑦除尘器的运行维护要求。

对除尘器收集的粉尘或排出的污水，根据生产条件、除尘器类型、粉尘的回收价值、粉尘的特性和便于维护管理等因素，按照国家、行业、地方相关标准，采取妥善的回收和处理措施。

1. 机械除尘器

包括重力沉降室、惯性除尘器和旋风除尘器等。机械除尘器用于处理密度较大、颗粒较粗的粉尘，在多级除尘工艺中作为高效除尘器的预除尘。重力沉降室适用于捕集粒径大于 50μm 的尘粒，惯性除尘器适用于捕集粒径 10μm 以上的尘粒，旋风除尘器适用于捕集粒径 5μm 以上的尘粒。

2. 湿式除尘器

包括喷淋塔、填料塔、筛板塔（又称泡沫洗涤器）、湿式水膜除尘器、自激式湿式除尘器和文氏管除尘器等。

3. 袋式除尘器

包括机械振动袋式除尘器、逆气流反吹袋式除尘器和脉冲喷吹袋式除尘器等。袋式除尘器具有除尘效率高、能够满足极其严格排放标准的特点，广泛应用于冶金、铸造、建材、电力等行业。主要用于处理风量大、浓度范围广和波动较大的含尘气体。当粉尘具有较高的回收价值或烟气排放标准很严格时，优先采用袋式除尘器，焚烧炉除尘装置应选用袋式除尘器。

4. 静电除尘器

包括板式静电除尘器和管式静电除尘器。静电除尘器属高效除尘设备，用于处理大风量的高温烟气，适用于捕集电阻率在 1×10^4 ～ $5\times10^{10}\Omega\cdot cm$ 范围内的粉尘。我国静电除尘器技术水平基本赶上国际同期先进水平，已较普遍地应用于火力发电厂、建材水泥厂、钢铁厂、有色冶炼厂、化工厂、轻工造纸厂、电子工业和机械工业等工业部门的各种炉窑。其中，火力发电厂是我国静电除尘器的第一大用户。

（二）气态污染物吸收

吸收法净化气态污染物是利用气体混合物中各组分在一定液体中溶解度的不同而分离气体混合物的方法，是治理气态污染物的常用方法。主要用于吸收效率和速率较高的有毒有害气体的净化，尤其是对于大气量、低浓度的气体多使用吸收法。吸收法使用最多的吸收剂是水：一是价廉，二是资源丰富。只有在一些特殊场合使用其他类型的吸收剂。

吸收工艺的选择应考虑：废气流量、浓度、温度、压力、组分、性质、吸收剂性质、再生、吸收装置特性以及经济性因素等。高温气体应采取降温措施；对于含尘气体，须回收副产品时应进行预除尘。

1. 吸收装置

常用的吸收装置有填料塔、喷淋塔、板式塔、鼓泡塔、湍球塔和文丘里等。吸收装置应具有较大的有效接触面积和处理效率、较高的界面更新强度、良好的传质条件、较小的阻力和较高的推动力。早期的吸收法大都采用填料塔。随着处理气体量的增大以及喷淋塔技术的发展，对于大气量（如大型火电厂湿法脱硫）一般都选择喷淋塔，即空塔。

选择吸收塔时应遵循以下原则：①填料塔用于小直径塔及不易吸收的气体，不宜用于气液相中含有较多固体悬浮物的场合；②板式用于大直径塔及容易吸收的气体；③喷淋塔用于反应吸收快、含有少量固体悬浮物、气体量大的吸收工艺；④鼓泡塔用于吸收反应较慢的气体。

2. 吸收液后处理

吸收液应循环使用或经过进一步处理后循环使用，不能循环使用的应按照相关标准和规范处理处置，避免二次污染。使用过的吸收液可采用沉淀分离再生、化学置换再生、蒸发结晶回收和蒸馏分离。吸收液再生过程中产生的副产物应回收利用，产生的有毒有害产物应按照有关规定处理处置。

（三）气态污染物吸附

吸附法净化气态污染物是利用固体吸附剂对气体混合物中各组分吸附选择性的不同而分离气体混合物的方法，主要适用于低浓度有毒有害气体净化。吸附法在环境工程中得到广泛的应用，是由于吸附过程能有效地捕集浓度很低的有害物质，因此，当采用常规的吸收法去除液体或气体中的有害物质特别困难时，吸附可能就是比较满意的解决办法。吸附操作也有它的不足之处，首先，由于吸附剂的吸附容量小，因而须耗用大量的吸附剂，使设备体积庞大。其次，由于吸附剂是固体，在工业装置上固相处理较困难，从而使设备结构复杂，给大型生产过程的连续化、自动化带来一定的困难。吸附工艺分为变温吸附和变压吸附，目前在大气污染治理工程中广泛采用的是变温吸附法，而且多采用固定床设计。尤其是在挥发性有机物的治理方面有大量应用。随着环保要求力度的加大，目前已将变压吸附应用在有毒有害气体（如氯乙烯）的治理回收上。

1. 吸附装置

常用的吸附设备有固定床、移动床和流化床。工业应用采用固定床。

2. 吸附剂的选择

常用吸附剂包括：活性炭（包括活性炭纤维）、分子筛、活性氧化铝和硅胶等。

选择吸附剂时，应遵循以下原则：①比表面积大、孔隙率高、吸附容量大；②吸附选择性强；③有足够的机械强度、热稳定性和化学稳定性：④易于再生和活化；⑤原料来源广泛，价廉易得。

3. 脱附和脱附产物处理

脱附操作可采用升温、降压、置换、吹扫和化学转化等脱附方式或几种方式的组合。有机溶剂的脱附宜选用水蒸气和热空气，对不溶于水的有机溶剂冷凝后直接回收，对溶于水的有机溶剂应进一步分离回收。

（四）气态污染物催化燃烧

催化燃烧法净化气态污染物是利用固体催化剂在较低温度下将废气中的污染物通过氧化作用转化为二氧化碳和水等化合物的方法。催化燃烧法适用于由连续、稳定的生产工艺产生的固定源气态及气溶胶态有机化合物的净化，净化效率不应低于 95%。

有机废气催化燃烧装置是目前国内外喷涂和涂装作业、汽车制造、制鞋等固定源工业有机废气净化的主要手段，适用于气态及气溶胶态烃类化合物、醇类化合物等挥发性有机化合物（VOCs）的净化。有机废气经过催化净化装置净化后可以被彻底地分解为二氧化碳和水，无二次污染，且操作方便，使用简单。据统计，目前国内外固定源工业有机废气的净化 50% 以上是依靠催化净化装置完成的。近年来随着燃烧催化剂性能的不断提高，特别是抗中毒、抗烧结能力的提高，使用寿命的延长，催化燃烧技术的应用范围不断扩大。如在漆包线行业需要高温燃烧（700 ~ 800℃）的场合，新型的催化剂的使用寿命可以达到 1 年以上，又如对某些能够引起催化剂中毒的物质，如氯苯等，目前也可以使用催化法进行净化。

（五）气态污染物热力燃烧

热力燃烧法（包括蓄热燃烧法）净化气态污染物是利用辅助燃料燃烧产生的热能、废气本身的燃烧热能，或者利用蓄热装置所贮存的反应热能，将废气加热到着火温度，进行氧化（燃烧）反应。

采用热力燃烧法（有时候被称为“直接燃烧”）净化有机废气是将废气中的有害组分经过充分的燃烧，氧化成为 CO_2 和 H_2O。目前的热力燃烧系统通常使用气体或者液体燃料进行辅助燃烧加热，在蓄热燃烧系统则使用合适的蓄热材料和工艺，以便使系统达到处理废气所必需的反应温度、停留时间、湍流混合度的三个条件。该技术的特点是系统运行能够适合多种难处理的有机废气的净化处理要求，工艺技术可靠，处理效率高，没有二次污染，管理方便。

热力燃烧工艺适用于处理连续、稳定生产工艺产生的有机废气。

进入燃烧室的废气应进行预处理，去除废气中的颗粒物（包括漆雾）。颗粒物去除宜采用过滤及喷淋等方法，进入热力燃烧工艺中的颗粒物质量浓度应低于 50 mg/m^3，当有机废气中含有低分子树脂、有机颗粒物、高沸点芳烃和溶剂油等，容易在管道输送过程中形成颗粒物时，应按物质的性质选择合适的喷淋吸收、吸附、静电和过滤等预处理措施。

二、主要气态污染物的治理工艺及选用原则

（一）二氧化硫治理工艺及选用原则

大气污染物中，二氧化硫的量比较大，是酸雨形成的主要成分，对土壤、河流、森林、建筑、农作物等危害较大。二氧化硫治理工艺划分为湿法、干法和半干法，常用工艺包括石灰石 / 石灰 – 石膏法、烟气循环流化床法、氨法、镁法、海水法、吸附法、炉内喷钙法、旋转喷雾法、有机胺法、氧化锌法和亚硫酸钠法等。其中石灰石 / 石灰 – 石膏法、海水法、循环流化床法、回流式循环流化床法比较成熟，占有脱硫市场的 95% 以上，是常用的主流技术。

二氧化硫治理应执行国家或地方相关的技术政策和排放标准，满足总量控制的要求。

1. 石灰石 / 石灰 – 石膏法

采用石灰石、生石灰或消石灰〔$Ca(OH)_2$〕的乳浊液为吸收剂吸收烟气中的 SO_2，吸收生成的 $CaSO_3$ 经空气氧化后可得到石膏。脱硫效率达到 80% 以上，因石灰石来源广、价格低，是应用最为广泛的脱硫技术。

采用石灰石 / 石灰 – 石膏法工艺时应符合《火电厂烟气脱硫工程技术规范石灰石 / 石灰—石膏法》（HJ/T179）的规定。

2. 烟气循环流化床工艺

烟气循环流化床与石灰石 / 石灰 – 石膏法相比，具有脱硫效率更高（99%）、不产生废水、不受烟气负荷限制、一次性投资低等优点。

采用烟气循环流化床工艺时应符合《火电厂烟气脱硫工程技术规范烟气循环流化床法》（HJ/T 178-2005）的规定。

3. 氨法工艺

燃用高硫燃料的锅炉，当周围 80km 内有可靠的氨源时，经过技术和安全比较后，宜使用氨法工艺，并对副产物进行深加工利用。

4. 海水法

燃用低硫燃料的海边电厂，经过技术经济比较和海洋环保论证，可使用海水法脱硫或以海水为工艺水的钙法脱硫。

5. 工艺选用原则

工业锅炉 / 炉窑应因地制宜、因物制宜、因炉制宜选择适宜的脱硫工艺，采用湿法脱硫工艺应符合相关环境保护产品技术要求的规定。

钢铁行业根据烟气流量和二氧化硫体积分数，结合吸收剂的供应情况，应选用半干法、氨法、石灰石 / 石灰 – 石膏法脱硫工艺。

有色冶金工业中硫化矿冶炼烟气中二氧化硫体积分数大于 3.5% 时，应以生产硫酸为主。烟气制造硫酸后，其尾气二氧化硫体积分数仍不能达标时，应经脱硫或其他方法处理达标后排放。

（二）氮氧化物控制措施及选用原则

大气污染物中，氮氧化物的量比较大，次于二氧化硫，能促进酸雨的形成，对动物的呼吸系统危害较大。煤燃烧是主要的工业生产中氮氧化物形成源。煤燃烧过程中，主要通过低氮燃烧技术从根本上减少氮氧化物的排放，当采用低氮燃烧器后氮氧化物的排放仍不达标的情况下，燃煤烟气还须采用非选择性催化还原技术 SNCR 和选择性催化还原技术 SCR 脱硝装置来控制氮氧化物的排放。SNCR 和 SCR 技术主要是在有或没有催化剂时，将氮氧化物选择性地还原为水和氮气，前者的效率较低，一般在 40% 以下，后者可以达到 90% 以上的效率。燃煤电厂燃用烟煤、褐煤时，宜采用低氮燃烧技术；燃用贫煤、无烟煤以及环境敏感地区不能达到环保要求时，应增设烟气脱硝系统。

1. 低氮燃烧技术

低氮燃烧技术一直是应用最广泛、经济实用的措施。它是通过改变燃烧设备的燃烧条件来降低 NO_x 的形成，具体来说，是通过调节燃烧温度、烟气中的氧的浓度、烟气在高温区的停留时间等方法来抑制NO_x的生成或破坏已生成的NO_x。低氮燃烧技术的方法很多，这里介绍两种常用的方法。

（1）排烟再循环法。

利用一部分温度较低的烟气返回燃烧区，含氧量较低，从而降低燃烧区的温度和氧浓度，抑制氮氧化物的生成，此法对温度型 NO_x 比较有效，对燃烧型 NO_x 基本上没有效果。

（2）二段燃烧法。

该法是目前应用最广泛的分段燃烧技术，将燃料的燃烧过程分阶段来完成。第一阶段燃烧中，只将总燃烧空气量的 70% ~ 75%（理论空气量的 80%）供入炉膛，使燃料在缺氧的富燃料条件下燃烧，能抑制 NO_x 的生成；第二阶段通过足量的空气，使剩余燃料燃尽，此段中氧气过量，但温度低，生成的 NO_x 也较少。这种方法可使烟气中的 NO_x 减少 25% ~ 50%。

2. 选择性催化还原技术 SCR

SCR 过程是以氨为还原剂，在催化剂作用下将 NO_x 还原为 N_2 和水。催化剂的活性材料通常由贵金属、碱性金属氧化物、沸石等组成。

在脱硝反应过程中温度对其效率有显著的影响。铂、钯等贵金属催化剂的最佳反应温度为 175 ~ 290℃；金属氧化物如以二氧化钛为载体的五氧化二钒催化剂，在 260 ~ 450℃下效果更好。工业实践表明，SCR 系统对 NO_x 的转化率为 60% ~ 90%。

催化剂失活和烟气中残留的氨是与 SCR 工艺操作相关的两个关键因素。长期操作过程中催化剂中毒是主要失活因素，减低烟气的含尘量可有效延长催化剂寿命。由于三氧化硫的存在，所有未反应的 NH_3 都将转化为硫酸盐。

生成的硫酸铵为亚微米级的微粒，多附着在催化转化器内或者下游的空气预热器以及引风机中。随着 SCR 系统运行时间的增加，催化剂活性逐渐丧失，烟气中残留的氨也将随之增加。

（三）挥发性有机化合物（VOCs）治理工艺及选用原则

挥发性有机化合物废气主要包括低沸点的烃类、卤代烃类、醇类、酮类、醛类、醚类、酸类和胺类等。应当重点控制在石油化工、制药、印刷、造纸、涂料装饰、表面防腐、交通运输、金属电镀和纺织等行业排放废气中的挥发性有机化合物。

国内外，挥发性有机化合物的基本处理技术主要有两类：一是回收类方法，主要有吸附法、吸收法、冷凝法和膜分离法等；二是消除类方法，主要有燃烧法、生物法、低温等离子体法和催化氧化法等。应依据达标排放要求，选择单一方法或联合方法处理挥发性有机化合物废气。

1. 吸附法

适用于低浓度挥发性有机化合物废气的有效分离与去除，是目前使用最为广泛的 VOCs 回收法，该法已经在制鞋、喷漆、印刷、电子行业得到广泛应用。颗粒活性炭和活性炭纤维在工业上应用最广泛。由于每单元吸附容量有限，宜与其他方法联合使用。

2. 吸收法

适用于废气流量较大、浓度较高、温度较低和压力较高的挥发性有机化合物废气的处理。工艺流程简单，可用于喷漆、绝缘材料、黏结、金属清洗和化工等行业应用。但对于大多数有机废气，其水溶性不太好，应用不太普遍。目前主要用吸收法来处理苯类有机废气。

3. 冷凝法

适用于高浓度的挥发性有机化合物废气回收和处理，属高效处理工艺，可作为降低废气有机负荷的前处理方法，与吸附法、燃烧法等其他方法联合使用，回收有价值的产品。挥发性有机化合物废气体积分数在 0.5% 以上时优先采用冷凝法处理。

4. 膜分离法

适用于较高浓度挥发性有机化合物废气的分离与回收，属高效处理工艺。挥发性有机化合物废气体积分数在 0.1% 以上时优先采用膜分离法处理，应采取防止膜堵塞的措施。

5. 燃烧法

适用于处理可燃、在高温下可分解和在目前技术条件下还不能回收的挥发性有机化合物废气，燃烧法应回收燃烧反应热量，提高经济效益。采用燃烧法处理挥发性有机化合物废气时应重点避免二次污染。如废气中含有硫、氮和卤素等成分时，燃烧产物应按照相关标准处理处置，如采用催化燃烧后的催化剂。

6. 生物法

适用于在常温、处理低浓度、生物降解性好的各类挥发性有机化合物废气，对其他方法难处理的含硫、氮、苯酚和氰等的废气可采用特定微生物氧化分解的生物法。挥发性有机化合物废气体积分数在 0.1% 以下时优先采用生物法处理，但含氯较多的挥发性有机化合物废气不应采用生物降解。采用生物法处理时，对于难氧化的恶臭物质应后续采取其他工艺去除，避免二次污染。

生物过滤法：适用于处理气量大、浓度低和浓度波动较大的挥发性有机化合物废气，可实现对各类挥发性有机化合物的同步去除，工业应用较为广泛。

生物洗涤法：适用于处理气量小、浓度高、水溶性较好和生物代谢速率较低的挥发性有机化合物废气。

生物滴滤法：适用于处理气量大、浓度低，降解过程中产酸的挥发性有机化合物废气，不宜处理入口浓度高和气量波动大的废气。

（四）恶臭治理工艺及选用原则

恶臭气体的种类主要有五类：含硫的化合物，如硫化氢、二氧化硫、硫醇、硫醚类等；含氮的化合物，如胺、氨、酸胺、吲哚类等；卤素及衍生物，如卤代烃等；氧的有机物，如醇、酚、醛、酮、酸、酯等；烃类，如烷、烯、炔烃以及芳香烃等。

我国在《恶臭污染物排放标准》（GB 14554）中规定了9种恶臭污染物的一次最大排放限值，复合恶臭物质的臭气浓度限值及无组织排放源（指没有排气筒或排气筒高度低于15m的排放源）的厂界浓度限值。

恶臭气体的基础及处理技术主要有三类：一是物理学方法，主要有水洗法、物理吸附法、稀释法和掩蔽法；二是化学方法，主要有药液吸收（氧化吸收、酸碱液吸收）法、化学吸附（离子交换树脂、碱性气体吸附剂和酸性气体吸附剂）法和燃烧（直接燃烧和催化氧化燃烧）法；三是生物学方法，主要有生物过滤法、生物吸收法和生物滴滤法。

当难以用单一方法处理以达到恶臭气体排放标准时，应采用联合脱臭法。

1. 物理类方法

物理类的处理方法作为化学或生物处理的预处理，在达到排放标准要求的前提下也可作为唯一的处理工艺。

2. 化学吸收

此类处理方法用于处理大气量、高中浓度的恶臭气体。在处理大气量气体方面工艺成熟，净化效率相对不高，处理成本相对较低。采用化学吸收类处理方法时应重点控制二次污染，依据不同的恶臭气体组分选择合适的吸收剂。

3. 化学吸附

此类处理方法用于处理低浓度、多组分的恶臭气体，属常用的脱臭方法之一，净化效果好，但吸附剂的再生较困难，处理成本相对较高。采用化学吸附类的处理方法应选择与恶臭气体组分相匹配的吸附剂。

4. 化学燃烧

此类的处理方法用于处理连续排气、高浓度的可燃性恶臭气体，净化效率高，处理费用高。采用化学燃烧类的处理方法时应注意控制末端形成的二次污染。

5. 化学氧化

此类的处理方法用于处理高中浓度的恶臭气体，净化效率高，处理费用高。采用化学氧化类的处理方法，应依据不同的恶臭气体组分选择合适的氧化媒介及工艺条件。

6. 生物类方法

此类方法用于气体浓度波动不大、浓度较低或复杂组分的恶臭气体处理，净化效率较高。采用生物类处理方法时应依据实际恶臭气体性质筛选，驯化微生物，实时监测微生物代谢活动的各种信息。

（五）卤化物气体治理工艺及选用原则

在大气污染治理方面，卤化物主要包括无机卤化物气体和有机卤化物气体。有机卤化物（卤代烃类）气体属挥发性有机化合物，为重点关注的气态污染物质。有机卤化物气体治理技术参照挥发性有机化合物（VOCs）和恶臭的要求。重点控制的无机卤化物废气包括：氟化氢、四氟化硅、氯气、溴气、溴化氢和氯化氢（盐酸酸雾）等。重点控制在化工、橡胶、制药、水泥、化肥、印刷、造纸、玻璃和纺织等行业排放废气中的无机卤化物。

卤化物气体的基本处理技术主要有物理化学类方法和生物学方法两类。物理化学类方法有固相（干法）吸附法、液相（湿法）吸收法和化学氧化脱卤法。生物学方法有生物过滤法，生物吸收法和生物滴滤法。

在对无机卤化物废气处理时应首先考虑其回收利用价值。如氯化氢气体可回收制盐酸，含氟废气能生产无机氟化物和白炭黑等。吸收和吸附等物理化学方法在资源回收利用和卤化物深度处理上工艺技术相对成熟，优先使用物理化学类方法处理卤化物气体。吸收法治理含氯或氯化氢（盐酸酸雾）废气时，适合采用碱液吸收法。垃圾焚烧尾气中的含氯废气适合采用碱液或碳酸钠溶液吸收处理。吸收法治理含氟废气，吸收剂应采用水、碱液或硅酸钠。对于低浓度氟化氢废气，适合采用石灰水洗涤。

（六）重金属治理工艺及选用原则

大气中应重点控制的重金属污染物有：汞、铅、砷、镉、铬及其化合物。我国最早在《重有色金属工业污染物排放标准》（GB 4913–1985）中对部分重金属排放限值做了明确规定，后又在《大气污染物综合排放标准》（GB 16297–1996）中对铅、汞、镉、镍、锡及其化合物的排放限值做出了明确规定。

重金属废气的基本处理方法包括：过滤法、吸收法、吸附法、冷凝法和燃烧法。考虑重金属不能被降解的特性，大气污染物中重金属的治理应重点关注。

物理形态：应从气态转化为液态或固态，达到重金属污染物从气相中脱离的目的。

化学形态：应控制重金属元素价态朝利于稳定化、固定化和降低生物毒性的方向进行，如在富含氯离子和氢离子的废气中，Cd（元素镉）易生成挥发性更强的 CdCl，不利于将废气中的镉去除，应控制反应体系中氯离子和氢离子的浓度。

二次污染：应按照相关标准要求处理重金属废气治理中使用过的洗脱剂、吸附剂和吸收液，避免二次污染。

石油化工、金属冶炼、垃圾焚烧、电镀电解、电池、钢铁、涂料、表面防腐、机械制造和交通运输等行业排放废气中的重金属污染物是控制重点。

1. 汞及其化合物废气处理

汞及其化合物废气一般处理方法是：吸收法、吸附法、冷凝法和燃烧法。

（1）冷凝法

适用于净化回收高浓度的汞蒸气，可采取常压和加压两种方式，常作为吸收法和吸附法净化汞蒸气的前处理。

（2）吸收法

针对不同的工业生产工艺，较为成熟的吸收法处理工艺有：①高锰酸钾溶液吸收法适用于处理仪表电器厂的含汞蒸气，循环吸收液宜为 0.3% ~ 0.6% 的 $KMnO_4$ 溶液，$KMnO_4$ 利用率较低，应考虑吸收液的及时补充；②次氯酸钠溶液吸收法适用于处理水银法氯碱厂含汞氢气，吸收液宜为 NaCl 与 NaClO 的混合水溶液，此吸收液来源广，但此工艺流程复杂，操作条件不易控制；③硫酸—软锰矿吸收法适用于处理炼汞尾气以及含汞蒸气，吸收液为硫酸—软锰矿的悬浊液；④氯化法处理汞蒸气：烟气进入脱汞塔，在塔内与喷淋的 $HgCl_2$ 溶液逆流洗涤，烟气中的汞蒸气被 $HgCl_2$ 溶液氧化生成 Hg_2Cl_2 沉淀，从而将汞去除。Hg_2Cl_2 沉淀剧毒，生产过程中须加强管理和操作；⑤氨液吸收法适用于氯化汞生产废气的净化。

（3）吸附法

充氯活性炭吸附法适用于含汞废气处理。活性炭层须预先充氯，含汞蒸气须预除尘，汞与活性炭表面的 Cl_2 反应生成 $HgCl_2$，达到除汞目的。

活性炭吸附法适用于氯乙烯合成气中氯化汞的净化。消化吸附法适用于雷汞的处理。

（4）燃烧法

适用于燃煤电厂含汞烟气的处理。采用循环流化床燃煤锅炉，燃烧过程中投加石灰石，烟气采用静电除尘器或袋除尘器净化。

2. 铅及其化合物废气处理

铅及其化合物废气适合用吸收法处理。

酸液吸收法适用于净化氧化铅和蓄电池生产中产生的含铅烟气，也可用于净化熔化铅时所产生的含铅烟气。宜采用二级净化工艺：第一级用袋滤器除去较大颗粒；第二级用化学吸收。吸收剂（醋酸）的腐蚀性强，应选用防腐蚀性能高的设备。

碱液吸收法适用于净化铅锅、冶炼炉产生的含铅烟气。含铅烟气进入冲击式净化器进行除尘及吸收。吸收剂 NaOH 溶液腐蚀性强，应选用防腐蚀性能高的设备。

3. 砷、镉、铬及其化合物废气处理

砷、镉、铬及其化合物废气通常采用吸收法和过滤法处理。

含砷烟气应采用冷凝—除尘—石灰乳吸收法处理工艺。含砷烟气经冷却至200℃以下，蒸气状态的氧化砷迅速冷凝为微粒，经袋除尘器净化后，尾气进入喷雾塔，用石灰乳洗涤，净化后，尾气除雾，经引风机排空。含砷烟气亦可在塑料板（或管）制成的吸收器内装入强酸性饱和高锰酸钾溶液，进行多级串联鼓泡吸收。

镉、铬及其化合物废气宜采用袋式除尘器在风速小于 1m/min 时过滤处理。烟气温度较高需要采取保温措施。

第三节 环境噪声与振动污染防治

环境噪声与振动环境影响评价中，噪声与振动防治对策措施主要有规划防治对策、技术防治措施和管理措施。通过评价提出的噪声防治对策和措施，应做到技术先进、经济合理、安全可靠、节能降耗。

一、确定环境噪声与振动污染防治对策的一般原则

（一）以声音的三要素为出发点控制环境噪声的影响

以从声源上或从传播途径上降低噪声为主，以受体保护作为最后不得已的选择。这一原则体现出环境噪声污染防治按照法律要求应当是区域环境噪声达标，即室外环境符合相应的声环境功能区的环境质量要求。但室内环境并非环境保护要求，而是人群生活的健康与安宁的基本需求。

（二）以城市规划为先，避免产生环境噪声污染影响

这也是体现《环境噪声污染防治法》有关规定的原则。合理的城市规划有明确的环境功能分区和噪声控制距离要求，而且严格控制各类建设布局，避免产生新的环境噪声污染。无论是新建项目还是改扩建项目，都应当符合城市规划布局的相关规定。

（三）关注环境敏感人群的保护，体现“以人为本”

国家制定声环境质量标准和相应的环境噪声排放标准，都是为了保护不同生活环境条件下的人群免受环境噪声影响。因此，凡是有人群生活的地方就有环境噪声需要达标的要求，若超过相应标准就须要采取环境噪声污染防治措施，以保护人类生存的环境权益。

（四）以管理手段和技术手段相结合控制环境噪声污染

应当说，控制环境噪声污染并不仅仅依靠工程措施来实现，有力的和有效的环境管理手段同样可以起到很好效果。它包括行政管理和监督、合理规划布局、企业环境管理和对相关人员的宣传教育等。将有效的管理手段和有针对性的工程技术手段有机结合起来，是采取防治对策的一项重要原则。

（五）针对性、具体性、经济合理、技术可行原则

《环境影响评价技术导则 声环境》确定的这一原则是一条普遍适用的原则。不管采

取哪种环境噪声污染防治对策措施，最终都是为了达到需要的降噪目标。因此，要保证对策措施必须针对实际情况且具体可行，符合经济合理性和技术可行性。

二、噪声与振动控制方案设计

噪声与振动控制的基本原则是优先源强控制；其次应尽可能靠近污染源采取传输途径的控制技术措施；必要时再考虑敏感点防护措施。

源强控制：应根据各种设备噪声、振动的产生机理，合理采用各种针对性的降噪减振技术，尽可能选用低噪声设备和减振材料，以减少或抑制噪声与振动的产生。

传输途径控制：若声源降噪受到很大局限甚至无法实施，应在传播途径上采取隔声、吸声、消声、隔振、阻尼处理等有效技术手段及综合治理措施，以抑制噪声与振动的扩散。

敏感点防护：在对噪声源或传播途径均难以采用有效噪声与振动控制措施的情况下，应对敏感点进行防护。

三、防治环境噪声与振动污染的工程措施

防治环境噪声污染的技术措施是以声学原理和声波传播规律为基础提出的。它自然与噪声产生的机理和传播形式有关。一般来说，噪声防治很少有成套或者说成型的供直接选择的设备或设施。原因是噪声源类型繁多、安装使用形式不同，周边环境状况不一，没有或者很难找到某种标准化设计成型的设备或者设施来适用各种不同的情况。因此，大多数治理噪声的技术措施都需要现场调查并根据实际进行现场设计，即非标化设计。这也是从事该项工作的艰难之处。

当然，也有一些发出噪声的设备配有固定的降噪声设施，如机动车排气管消声器、某种大型设备的隔声罩和一些可以振动发声的设备的减振垫等。这些一般是随设备一起配套安装使用的，属于设备噪声性能的一部分，评价时已经在工程分析的设备噪声源强中给出了。如汽车整车噪声包括发动机噪声、排气噪声和轮胎噪声等，城市轨道交通系统的减振扣件已经对列车运行产生的轮轨噪声源强起了应有作用。于是，在预测评价时，若对超标须采取环境噪声污染防治措施，则只要针对如何降低噪声源强或者在传播途径上如何降低噪声采取适当的对策。这时，除了必要的行政管理手段，还要采取必要的技术措施。

降低噪声的常用工程措施大致包括隔声、吸声、消声、隔振等几种，需要针对不同发声对象综合考虑使用。

（一）隔声

应根据污染源的性质、传播形式及其与环境敏感点的位置关系，采用不同的隔声处理方案。

对固定声源进行隔声处理时，应尽可能靠近噪声源设置隔声措施，如各种设备隔声

罩、风机隔声箱以及空压机和柴油发电机的隔声机房等建筑隔声结构。隔声设施应充分密闭，避免缝隙孔洞造成的漏声（特别是低频漏声）；其内壁应采用足够量的吸声处理。

对敏感点采取隔声防护措施时，应采用隔声间（室）的结构形式，如隔声值班室、隔声观察窗等；对临街居民建筑可安装隔声窗或通风隔声窗。

对噪声传播途径进行隔声处理时，可采用具有一定高度的隔声墙或隔声屏障（如利用路堑、土堤、房屋建筑等），必要时应同时采用上述几种结构相结合的形式。

（二）吸声

吸声技术主要适用于降低因室内表面反射而产生的混响噪声，其降噪量一般不超过10dB；故在声源附近，以降低直达声为主的噪声控制工程不能单纯采用吸声处理的方法。

（三）消声

消声器设计或选用应满足以下要求：①应根据噪声源的特点，在所需要消声的频率范围内有足够大的消声量；②消声器的附加阻力损失必须控制在设备运行的允许范围内；③良好的消声器结构应设计科学、小型高效、造型美观、坚固耐用、维护方便、使用寿命长；④对于降噪要求较高的管道系统，应通过合理控制管道和消声器截面尺寸及介质流速，使流体再生噪声得到合理控制。

（四）隔振

隔振设计既适用于防护机器设备振动或冲击对操作者、其他设备或周围环境的有害影响，也适用于防止外界振动对敏感目标的干扰。当机器设备产生的振动可以引起固体声传导并引发结构噪声时，也应进行隔振降噪处理。

若布局条件允许时，应使对隔振要求较高的敏感点或精密设备尽可能远离振动较强的机器设备或其他振动源（如铁路、公路干线）。

隔振装置及其支承结构，应根据机器设备的类型、振动强弱、扰动频率、安装和检修形式等特点，以及建筑、环境和操作者对噪声与振动的要求等因素统筹确定。

（五）工程措施的选用

对以振动、摩擦、撞击等引发的机械噪声，一般采取隔振、隔声措施。如对设备加装减振垫、隔声罩等。有条件进行设备改造或工艺设计时，可以采用先进工艺技术，如将某些设备传动的硬连接改为软连接等，使高噪声设备改变为低噪声设备，将高噪声的工艺改革为低噪声的工艺等。

对于大型工业高噪声生产车间以及高噪声动力站房，如空压机房、风机房、冷冻机房、水泵房、锅炉房、真空泵房等，一般采用吸声、消声措施。一方面，在其内部墙面、地面以及顶棚采取涂布吸声涂料，吊装吸声板等消声措施；另一方面，通过从围护结构如墙体、门窗设计上使用隔声效果好的建筑材料，或是减少门窗面积以减低透声量等措施，来降低车间厂房内的噪声对外部的影响。对于各类机器设备的隔声罩、隔声室、集控室、值班室、隔声屏障等，可在内壁安装吸声材料提高其降噪效果。

一般材料隔声效果可以达到 15 ~ 40dB，可以根据不同材料的隔声性能选用。

对由空气柱振动引发的空气动力性噪声的治理，一般采用安装消声器的措施。该措施效果是增加阻尼，改变声波振动幅度、振动频率，当声波通过消声器后减弱能量，达到减低噪声的目的。须针对空气动力性噪声的强度、频率，是直接排放还是经过一定长度、直径的通风管道以及排放出口影响的方位，进行消声器设计。这种设计应当既不使正常排气能力受到影响，又能使排气口产生的噪声级满足环境要求。

一般消声器可以实现 10 ~ 25dB 降噪量，若减少通风量还能提高设计的消声效果。

对某些用电设备产生的电磁噪声，一般是尽量使设备安装远离人群，一是保障电磁安全，二是利用距离衰减降低噪声。当距离受到限制，则应考虑对设备采取隔声措施，或对设备本身，或对设备安装的房间，做隔声设计，以符合环境要求。

针对环境保护目标采取的环境噪声污染防治技术工程措施，主要是以隔声、吸声为主的屏蔽性措施，以使保护目标免受噪声影响。如对临街居民建筑可安装隔声窗或通风隔声窗，常用的隔声窗的隔声能力一般在 25 ~ 40dB。同时，可采用具有一定高度的隔声墙或隔声屏障对噪声传播途径进行隔声处理。如可利用天然地形、地物作为噪声源和保护对象之间的屏障，或是依靠已有的建筑物或构筑物（应是非噪声敏感的）做隔离屏蔽，或是根据噪声对保护目标影响的程度设计声屏障等。这些措施对声波产生了阻隔、屏蔽效应，使声波经过后声级明显降低，敏感目标处的声环境需求得到满足。

一般人工设计的声屏障可以达到 5 ~ 12dB 实际降噪效果。这是指在屏障后一定距离内的效果，近距离效果好，远距离效果差，因为声波有绕射作用。

声屏障可以选用的材料有多种，如墙砖、木板、金属板、透明板、水泥混凝土板等是以隔声为主的；微穿孔板、吸声材料（如加气砖、泡沫陶瓷、石棉）以及废旧轮胎等是以消声、吸声为主的；或是隔声、吸声材料结合使用，经过设计都可以达到预期降噪效果。

声屏障外观形式也有多种，它不仅考虑美观实用，更重要的是要保证实际降噪量。如直立型声屏障，可以设计成下半部吸声、上半部隔声，这样可以达到更好的效果。又如直立声屏障顶部改为半折角式，可以提高屏障有效高度，增加声影区的覆盖面积，扩大声屏障保护的距离和范围。当交通噪声超标较多或敏感点为高层建筑等情况下，可采用半封闭或全封闭型声屏障。这一类的声屏障隔声降噪效果可达到 20 ~ 30dB，但外观应当与周围环境景观协调一致。

（六）降噪水平检测

工程验收前应检测降噪减振设备和元件的降噪技术参数是否达到设计要求。噪声与振动控制工程的性能通常可以采用插入损失、传递损失或声压级降低量来检测。

四、典型工程噪声的防治对策和措施

（一）工业噪声的防治对策和措施

工业噪声防治以固定的工业设备噪声源为主。对项目整体来说，可以从工程选址、总图布置、设备选型、操作工艺变更等方面考虑尽量减少声源可能对环境产生的影响。对声源已经产生的噪声，则根据主要声源影响情况，在传播途径上分别采用隔声、隔振、消声、吸声以及增加阻尼等措施降低噪声影响，必要时须采用声屏障等工程措施降低和减轻噪声对周围环境和居民的影响。而直接对敏感建筑物采取隔声窗等噪声防护措施，则是最后的选择。

在考虑降噪措施时，首先应该关注工程项目周围居民区等敏感目标分布情况和项目邻近区域的声环境功能需求。若项目噪声影响范围内无人群生活，按照国家现行法规和标准规定，原则上不要求采取噪声防治措施。但若工程项目所处地区的地方政府或地方环境保护主管部门对项目周边有土地使用规划功能要求或环境质量要求的，则应采取必要措施保证达标或者给出相应噪声控制要求，例如噪声控制距离或者规划土地使用功能等要求。

在符合《城乡规划法》中规定的可对城乡规划进行修改的前提下，提出厂界（或场界、边界）与敏感建筑物之间的规划调整建议；提出噪声监测计划等对策建议。

在此类工程项目报批的环境影响评价文件中，应当将项目选址结果、总图布置、声源降噪措施、须建造的声屏障及必要的敏感点建筑物噪声防治措施等分项给出，并分别说明项目选址的优化方案及其论证原因、总图布置调整的方案情况及其对项目边界和受影响敏感点的降噪效果。分项给出主要声源各部分的降噪措施、效果和投资，声屏障以及敏感建筑物本身防护措施的方案、降噪效果及投资等情况。

（二）公路、城市道路交通噪声的防治对策和措施

公路、城市道路交通噪声影响主要对象是线路两侧的以人群生活（包括居住、学习等）为主的环境敏感目标。其防治对策和措施主要有：线路优化比选，进行线路和敏感建筑物之间距离的调整；线路路面结构、路面材料改变；道路和敏感建筑物之间的土地利用规划以及临街建筑物使用功能的变更、声屏障和敏感建筑物本身的防护或拆迁安置等；优化运行方式（包括车辆选型、速度控制、鸣笛控制和运行计划变更等）以降低和减轻公路和城市道路交通产生的噪声对周围环境和居民的影响。

在符合《城乡规划法》中规定的可对城乡规划进行修改的前提下，提出城镇规划区段线路与敏感建筑物之间的规划调整建议；给出车辆行驶规定及噪声监测计划等对策建议。

（三）铁路、城市轨道交通噪声的防治对策和措施

通过不同选线方案声环境影响预测结果，分析敏感目标受影响的程度，提出优化的选线方案建议；根据工程与环境特征，给出局部线路和站场调整，敏感目标搬迁或功能置换，轨道、列车、路基（桥梁）、道床的优选，列车运行方式、运行速度、鸣笛方式的调

整，设置声屏障和对敏感建筑物进行噪声防护等具体的措施方案及其降噪效果，并进行经济、技术可行性论证；在符合《城乡规划法》中明确的可对城乡规划进行修改的前提下，提出城镇规划区段铁路（或城市轨道交通）与敏感建筑物之间的规划调整建议；给出车辆行驶规定及噪声监测计划等对策建议。

（四）机场飞机噪声的防治对策和措施

机场飞机噪声影响与其他类别工程项目噪声影响形式不同，主要是非连续的单个飞行事件的噪声影响，而且使用的评价量和标准也不同。可通过机场位置选择，跑道方位和位置的调整，飞行程序的变更，机型选择，昼间、晚上、夜间飞行架次比例的变化，起降程序的优化，敏感建筑物本身的噪声防护或使用功能更改、拆迁，噪声影响范围内土地利用规划或土地使用功能的变更等措施减少和降低飞机噪声对周围环境和居民的影响。在符合《城乡规划法》中明确的可对城乡规划进行修改的前提下，提出机场噪声影响范围内的规划调整建议；给出飞机噪声监测计划等对策建议。

第九章　环境监测新技术发展

第一节　超痕量分析技术

一、超痕量分析中常用的前处理方法

（一）液 - 液萃取法

液 - 液萃取法是一种传统经典的提取方法。它是利用相似相溶原理，选择一种极性接近于待测组分的溶剂，把待测组分从水溶液中萃取出来。常用的萃取溶剂有正己烷、苯、乙醚、乙酸乙酯、二氯甲烷等，正己烷一般用于非极性物质的萃取，苯一般用于芳香族化合物的萃取，乙醚和乙酸乙酯对极性大的含氧化合物的萃取比较合适。二氯甲烷对非极性到极性的宽范围的化合物都有较高的萃取率，而且由于其沸点低，容易浓缩，密度大，分液操作方便，所以适用于多组分同时分析。但是由于二氯甲烷和苯具有强致癌性，从发展方向上来看，属于控制使用的溶剂。液 - 液萃取法有许多局限性，例如需要大量的有机溶剂、有时产生乳化现象影响分层以及溶剂蒸发造成样品损失等。

（二）固相萃取法

固相萃取是一种基于液固分离萃取的试样预处理技术，由液固萃取和柱液相色谱技术相结合发展而来。固相萃取具有有机溶剂用量少、简便快速等优点，作为一种环境友好型的分离富集技术在环境分析中得到了广泛应用。一般固相萃取包括预处理（活化）、加样或吸附、洗去干扰杂质和待测物质的洗脱收集四个步骤。预处理一方面可以除去吸附剂中可能存在的杂质，减少污染；另一方面也是一个活化的过程，增加吸附剂表面和样品溶液的接触面积。加样或吸附就是用正压推动或负压抽吸使样品溶液以适当的流速通过固相萃取柱，待测物质就被保留在吸附剂上。洗去干扰杂质就是去除吸附在柱子上的少量基体干扰成分。洗脱收集就是用尽可能少量的溶剂把待测物质洗脱下来，再进行分析测定。

固相萃取的核心是固相吸附剂，不但能迅速定量吸附待测物质，而且还能在合适的溶剂洗脱时迅速定量释放出待测物质，整个萃取过程最好是完全可逆的。这就要求固相吸附剂具有多孔、很大的表面积、良好的界面活性和很高的化学稳定性等特点，还要有很高的纯度以降低空白值。

吸附剂能把待测物质尽量保留下来，如何用合适的溶剂定量洗脱也很重要。洗脱溶剂的强度、后续测定的衔接和检测器是否匹配是应该考虑的几个问题。溶剂强度大，待测物质的保留因子就小，可以保证吸附在固定相上的待测物质定量洗脱下来。用于洗脱的溶剂易挥发，这样方便浓缩和溶剂转换。另外，溶剂在检测器上的响应尽可能小。

固相萃取柱基本上分两种：固相萃取柱和固相萃取盘。商品化的固相萃取柱容积为1 ~ 6mL，填料质量多在0.1 ~ 2g之间，填料的粒径多为40μm，上下各有一个筛板固定。这种结构导致了萃取过程中有沟流现象产生，降低了传质效率，使得加样流速不能太快，否则回收率会很低。样品中有颗粒物杂质时容易造成堵塞，萃取时间比较长。固相萃取盘与过滤膜十分相似，一般是由粒径很细（8 ~ 12μm）的键合硅胶或吸附树脂填料加少量聚四氟乙烯或玻璃纤维丝压制而成，其厚度约为0.5 ~ 1mm。这种结构增大了面积，降低了厚度，提高了萃取效率，增大了萃取容量和萃取流速，也不容易堵塞。盘片内紧密填充的填料基本消除了沟流现象。固相萃取盘的规格大小用盘的直径来表示，最常用的是47mm萃取盘，适合于处理0.5 ~ 1L的水样，萃取时间10 ~ 20min。固相萃取盘的种种优点及现有商品化固相萃取盘填料种类的多样性，使得盘式固相萃取法在各种饮用水、地下水、地表水及废水样品的痕量有机物分析测定中得到广泛应用。

（三）固相微萃取法

固相微萃取技术是以固相萃取为基础发展而来的。最初仅利用具有很好耐热性和化学稳定性的熔融石英纤维作为吸附层进行萃取，定量定性分析茶和可乐中的咖啡因。后来又将气相色谱固定液涂渍在石英纤维表面，提高了萃取效率。20世纪90年代，美国Supelco公司推出了商品化固相微萃取装置，使得固相微萃取作为一种较成熟的商品化技术在环境分析、医药、生物技术、食品检测等众多领域得到应用，显示出它简单、快速，集采样、萃取、浓缩和进样于一体的优点和特点。

（四）吹脱捕集法和静态顶空法

吹脱捕集和静态顶空都是气相萃取技术，它们的共同特点是用氮气、氦气或其他惰性气体将待测物质从样品中抽提出来。但吹脱捕集与静态顶空不同，它使气体连续通过样品，将其中的挥发组分萃取后在吸附剂或冷阱中捕集，是一种非平衡态的连续萃取，因此吹脱捕集法又称为动态顶空法。由于气体的连续吹扫，破坏了密闭容器中气、液两相的平衡，使挥发组分不断地从液相进入气相，也就是说在液相顶部的任何组分的分压都为零，从而使更多的挥发性组分不断逸出到气相中，所以它比静态顶空法的灵敏度更高，检测限能达到μg/L水平以下。但是吹脱捕集法也不能将待测物质从样品中百分百抽提出来，它与吹扫温度、待测物质在样品中的溶解度和吹扫气的流速及流量等因素有关。吹扫温度高，样品容易被吹脱，但是温度升高使水蒸气量增加，影响吸附和后续测定，一般50℃比较合适。溶解度高的组分，很难被吹脱，加入盐能提高吹扫效率。吹扫气的流速太快或总流量太大，待测组分不容易被吸附或是吸附之后又被吹落，一般以 40mL/min 的流速吹扫 10 ~ 15min 为宜。

静态顶空法是将样品加入管形瓶等封闭体系中，在一定温度下放置达到气液平衡后，用气密性注射器抽取存在于上部顶空中的待测组分，注入气相色谱仪或气相色谱质谱仪中进行测定。该方法必须保持平衡条件恒定不变，才能保证样品测定的重复性，测定的灵敏度也没有吹脱捕集法高，但操作简便、成本低廉。

（五）超声提取法

用超声振荡的方法提取土壤、底泥和废弃物中的非挥发性和半挥发性有机化合物。为了保证样品和萃取溶剂的充分混合，称取 30g 样品与无水硫酸钠混合拌匀呈散沙状，加入 100mL 萃取溶剂浸没样品，用超声振荡器振荡 3min，转移出萃取溶剂上清液，再加入 100mL 新鲜萃取溶剂重复萃取 3 次。合并 3 次的提取液用减压过滤或低速离心的方法除去可能存在的样品颗粒，即可用于进一步净化或浓缩后直接分析测定。超声提取法简单快速，但有可能提取不完全。必须进行方法验证，提供方法空白值、加标回收率、替代物回收率等质控数据，以说明得到的数据结果的可信度。

（六）压力液体萃取法（PLE）和亚临界水萃取法（SWE）

压力液体萃取法和亚临界水萃取法是目前发展最快、为环境分析研究人员普遍看好的两种从固体基体中提取有机污染物的方法。压力液体萃取法也被称为加速溶剂萃取法，是在提高压力和增加温度的条件下，用萃取溶剂将固体中的目标化合物提取出来。它能大大加快萃取过程又明显减少溶剂的使用量。在高温高压的条件下，待测目标化合物的溶解度增加，样品基质对它的吸附作用或相互之间的作用力降低，加快了它从样品基质中解析出来并快速进入溶剂。增加压力使溶剂在较高温度下保持液态，提高温度也降低了溶剂的黏度，有利于溶剂分子向样品基质中扩散。它的特点是萃取时间短、消耗溶剂少、提取回收率高，正逐渐取代传统的超声提取等方法。亚临界水萃取法其实就是压力热水萃取法，是在亚临界压力和温度下（100 ~ 374℃，并加压使水保持液态），用水提取土壤、底泥和废弃物中的待测目标化合物。

二、超痕量分析测试技术

环境样品中被测组分通常是痕量或超痕量的，除了需要采用预处理技术进行富集和净化外，还需要高灵敏度的分析方法，才能满足环境样品中痕量或超痕量组分测定的要求。常用的具有高灵敏度的分析方法概述如下：

（一）光谱分析法

光谱分析法是基于光与物质相互作用时，测量由物质内部发生量子化的能级之间的跃迁而产生的发射或吸收光谱的波长和强度变化的分析方法。它包括荧光分析法、发光分析法、原子发射光谱法和原子吸收光谱法等。

1. 荧光分析法

荧光物质分子吸收一定波长的紫外线以后被激发至高能态，经非发光辐射损失部分能量，回到第一激发态的最低振动能级，再跃迁到基态时，发出波长大于激发光波长的荧光。根据荧光的光谱和荧光强度，对物质进行定性或定量的方法称为荧光分析法。

2. 发光分析法

发光分析是基于化学发光和生物发光而建立起来的一种新的超微量分析技术。它通过发光体系光强度测定来定量某一分析物浓度。对于一个固定的发光反应体系，发光强度正比于分析物浓度，测定发光强度的大小可以计算出分析物的含量。根据建立发光分析方法的不同反应体系，可将发光分析分为化学发光分析、生物发光分析、发光免疫分析和发光传感技术等。

发光分析因具有简便、快速、灵敏度高、样品用量少等特点，被广泛应用于环境样品中污染物的痕量检测。

3. 原子发射光谱分析法

发射光谱分析是利用物质受电能或热能的作用，产生气态的原子或离子价电子的跃迁特征光谱线来研究物质的一种检测方法。用不同元素光谱线的波长可以进行定性检测，光谱线的强度则可以用来定量分析。

原子发射光谱分析常用高压火花或电弧激发，产生原子发射特征光谱。本法选择性好，样品用量少，不需要化学分离便可同时测定多种元素，可用于汞、铅、砷、铬、镉、镍等几十种元素的测定。近年来已用电感耦合等离子体作为原子化装置和激发源。电感耦合等离子体发射光谱法是利用高频等离子矩为能源使试样裂解为激发态原子，通过测定激发态原子回到基态时所发出谱线而实现定性定量的方法，可分析环境样品中几十种元素。

4. 原子吸收光谱法

原子吸收光谱法又称原子吸收分光光度法。它是一种测量基态原子对其特征谱线的吸收程度而进行定量分析的方法。其原理是：试样中待测元素的化合物在高温下被解离成基态原子，光源发出的特征谱线通过原子蒸气时，被蒸气中待测元素的基态原子吸收。在一定条件下，被吸收的程度与基态原子数目成正比。原子吸收光谱仪主要由光源、原子化装置、分光系统和检测系统四部分组成。使用的光源为空心阴极灯，它是用被测元素作为阴极材料制成的相应待测元素灯，此灯可发射该金属元素的特征谱线。

原子吸收光谱法具有灵敏度高、干扰小、操作简便、迅速等特点。它可测定 70 多种元素，是环境中痕量金属污染物测定的主要方法，在世界上得到普遍、广泛的应用，并成为标准测定方法实施。

（二）电化学分析法

电化学分析是应用电化学原理和实验技术建立的分析方法。通常是将待测组分以适当的形式置于化学电池中，然后测量电池的某些参数或这些参数的变化并进行定性和定量分析。

1. 电位滴定法

电位滴定是用标准溶液滴定待测离子的过程中，用指示电极的电位变化来代替指示剂颜色变化显示终点的一种方法。进行电位滴定时，在被测溶液中插入一个指示电极和一个参比电极，组成一个工作电池。随着滴定剂的加入，由于发生化学变化使被测离子浓度不断发生变化，因此指示电极的电位也相应发生变化。滴定达到终点附近离子浓度发生突变，这时指示电极电位也发生突变，由此来确定反应终点。

2.. 极谱分析法

极谱分析法是以测定电解过程中所得电压 - 电流曲线为基础的电化学分析方法。极谱分析法有经典极谱法、单扫描极谱法、脉冲极谱法等，其中经典极谱法的灵敏度较低。目前我国常用单扫描极谱法、脉冲极谱法来测定大气中的氮氧化物，水中亚硝酸盐及铅、镉、钒等金属离子含量。

（三）色谱分析法

色谱分析法是利用不同物质在两相中吸附力、分配系数、亲和力等的不同，当两相做相对运动时，这些物质在两相中反复多次分配，从而使各物质得到完全的分离并能由检测器检测。按流动相所处的物理状态不同，色谱分析法又分为气相色谱法和液相色谱法。

1. 气相色谱法

气相色谱法是以气体为流动相对混合物组分进行分离分析的色谱分析法。根据固定相不同，气相色谱法可分为气 – 固色谱和气 – 液色谱。气 – 固色谱的固定相是固体吸附剂颗粒。气 – 液色谱的固定相是表面涂有固定液的担体。固体吸附剂品种少、重现性较差，用得较少，主要用于分离分析永久性气体和 $C_1 \sim C_4$，低分子碳氢化合物。气 – 液色谱的固定液纯度高，色谱性能重现性好，品种多，可供选择范围广，因此目前大多数气相色谱分析是气 – 液色谱法。气相色谱法具有高效、灵敏、快速、能同时分离分析多种组分、样品用量少等特点，在环境有机污染物的分析中得到广泛的应用，如苯、二甲苯、多环芳烃、酚类、农药等。

2. 高效液相色谱法

高效液相色谱法是在经典液相色谱法的基础上，采用气相色谱法的理论和技术发展起来的一类分离分析的方法。高效液相色谱法具有高效、高速、高灵敏度等特点，它已成为环境中有机污染物分析不可缺少的重要分析方法之一。按分离机制不同，高效液相色谱法分为液 - 固色谱、液 - 液色谱、离子交换色谱（离子色谱）、空间排斥色谱。

3. 色谱 - 质谱联用技术

气相色谱是强有力的分离手段，特别适合于分离复杂的环境有机污染物样品。同时，质谱和气相色谱在工作状态上均为气相动态分析，除了工作气压之外，色谱的每一特征都能和质谱相匹配，且都具有灵敏度高、样品用量少的共同特点。因此，GC–MS 联用既发挥了气相色谱的高分离能力，又发挥了质谱法的高鉴别力，已成为鉴定未知物结构的最有效工具之一，广泛应用于环境样品检测中。在 GC–MS 联用技术中，气相色谱仪相当于质谱仪的进样、分离装置，而质谱仪相当于气相色谱仪的检测器。

第二节　遥感环境监测技术

遥感，即遥远地感知，亦即远距离不接触物体而获得其信息。遥感一词首先是由美国海军科学研究部的布鲁依特提出来的。20 世纪 60 年代初在由密歇根大学等组织发起的环境科学讨论会上正式被采用，此后“遥感”这一术语得到科学技术界的普遍认同和广泛运用。广义的遥感泛指各种非接触、远距离探测物体的技术；狭义的遥感指通过遥感器“遥远”地采集目标对象的数据，并通过对数据的分析来获取有关地物目标、地区或现象信息的一门科学和技术。

通常遥感是指空对地的遥感，即从远离地面的不同工作平台上（如高塔、气球、飞机、火箭、人造地球卫星、宇宙飞船、航天飞机等）通过传感器，对地球表面的电磁波（辐射）信息进行探测，并经信息的传输、处理和判读分析，对地球的资源与环境进行探测和监测的综合性技术。

电磁波遥感是从远距离、高空至外层空间的平台上，利用可见光、红外、微波等探测仪器，通过摄影扫描、信息感应、传输和处理等技术过程，识别地面物体的性质和运动状态的现代化技术系统。

卫星遥感能够在一定程度上弥补传统的环境监测方法所遇到的时空间隔大、费时费力、难以具备整体、普遍意义和成本高的缺陷和困难，随着环境问题日益突出，宏观、综合、快速的遥感技术已成为大范围环境监测的一种主要技术手段。现在已可测出水体的叶绿素含量、泥沙含量、水温、TP 和 TN 等水质参数；可测定大气气温、湿度以及 CO、NO_2、CO_2，O_3，$C1O_2$、CH_4 等污染气体的浓度分布；可应用于测定大范围的土地利用情况、区域生态调查以及大型环境污染事故调查（如海洋石油泄漏、沙尘暴和海洋赤潮等环境污染）等。

一、遥感的基本过程

遥感过程是指遥感信息的获取、传输、处理，以及分析判读和应用的全过程。遥感过程实施的技术保证依赖于遥感技术系统。遥感技术系统是一个从信息收集、存储、传输处理到分析判读、应用的完整技术体系。

遥感信息通过装载于遥感平台上的传感器获取。遥感平台是搭载传感器的工具。根据运载工具的类型划分为航天平台（如卫星，150km 以上）、航空平台（如飞机，100m 至 10 余千米）和地面平台（如雷达，0 ~ 50m）。其中航天遥感平台目前发展最快，应用最广。常用的遥感器包括航空摄影机、全景摄影机、多光谱摄影机、多光谱扫描仪、专题制图仪、高分辨率可见光相机、合成孔径侧视雷达等。

遥感信息传输是指遥感平台上的传感器所获取的目标物信息传向地面的过程，一般有直接回收和无线电传输两种方式。

遥感信息处理是指通过各种技术手段对遥感探测所获得的信息进行的各种处理。例如，为了消除探测中的各种干扰和影响，使其信息更准确可靠而进行的各种校正（辐射校正、几何校正等）处理，为了使所获遥感图像更清晰，以便于识别和判读、提取信息而进行的各种增强处理等。

遥感信息应用是遥感的最终目的。遥感信息应用则应根据专业目标的需要，选择适宜的遥感信息及其工作方法进行，以取得较好的社会效益和经济效益。

二、电磁波谱遥感的基本理论

（一）电磁波谱的划分

无线电波、红外线、可见光、紫外线、X 射线、γ 射线都是电磁波，不过它们的产生方式不尽相同，波长也不同，把它们按波长（或频率）顺序排列就构成了电磁波谱。依照波长的长短以及波源的不同，电磁波谱可大致分为以下几种。

1. 无线电波

波长为 0.3 ~ 几千米左右，一般的电视和无线电广播的波段就是用这种波。无线电波是人工制造的，是振荡电路中自由电子的周期性运动产生的。依波长不同分为长波、中波、短波、超短波和微波。微波波长为 1mm ~ 1m，多用在雷达或其他通信系统。

2. 红外线

波长为 7.8×10^{-7} ~ 10^{-3}m，是原子的外层电子受激发后产生的。其又可划分为近红外（0.78 ~ 3μm）、中红外（3 ~ 6μm）、远红外（6 ~ 15μm）和超远红外（15 ~ 1000μm）。

3. 可见光

可见光是电磁波谱中人眼可以感知的部分，一般人的眼睛可以感知的电磁波的波长在

（78 ~ 3.8）$\times 10^{-6}$cm 之间。正常视力的人眼对波长约为 555nm 的电磁波最为敏感，这种电磁波处于光学频谱的绿光区域。

4. 紫外线

波长为 6×10^{-10} ~ 3×10^{-7}m。这些波产生的原因和光波类似，常常在放电时发出。由于它的能量和一般化学反应所牵涉的能量大小相当，因此紫外线的化学效应最强。

5. γ 射线（伦琴射线）

这部分电磁波谱，波长为 6×10^{-12} ~ 2×10^{-9}m。X 射线是原子的内层电子由一个能态跃迁至另一个能态时或电子在原子核电场内减速时所发出的。

6. X 射线

波长为 10^{-14} ~ 10^{-10}m 的电磁波。这种不可见的电磁波是从原子核内发出来的，放射性物质或原子核反应中常有这种辐射伴随着发出。γ 射线的穿透力很强，对生物的破坏力很大。

（二）遥感所使用的电磁波段及其应用范围

遥感技术所使用的电磁波集中在紫外线、可见光、红外线、微波光波段。

紫外线具较高能量，在大气中散射严重。太阳辐射的紫外线通过大气层时，波长小于 0.3μm 的紫外线几乎都被吸收，只有 0.3 ~ 0.38μm 的紫外线部分能穿过大气层到达地面，目前主要用于探测碳酸盐分布。碳酸盐在 0.4μm 以下的短波区域对紫外线的反射比其他类型的岩石强。此外，水面飘浮的油膜比周围水面反射的紫外线要强，因此，紫外线也可用于油污染的监测。

可见光是遥感中最常用的波段。在遥感技术中，可以直接光学摄影方式记录地物对可见光的反射特征。也可将可见光分成若干波段，在同一时间对同一地物获得不同波段的影像，还可以采用扫描方式接收和记录地物对可见光的反射特征。

近红外波段也是遥感技术的常用波段。近红外在性质上与可见光近似，由于它主要是地表面反射太阳的红外辐射，因此又称为反射红外。其可以用摄影和扫描方式接收和记录地物对太阳辐射的红外反射。中红外、远红外和超远红外是产生热感的原因，所以又称为热红外。自然界中的任何物体，当其温度高于热力学温度（－273.15℃）时，均能向外辐射红外线。红外遥感是采用热感应方式探测地物本身的辐射，可用于森林火灾、热污染等的全天候遥感监测。

微波又可分为毫米波、厘米波和分米波。微波辐射也具有热辐射性质，由于微波的波长比可见光、红外线长，能穿透云、雾而不受天气影响，且能透过植被、冰雪、土壤等表层覆盖物，因此能进行多种气象条件下的全天候遥感探测。

三、遥感的分类和特点

（一）遥感的分类

遥感技术依其遥感仪器所选用的波谱性质可分为电磁波遥感技术、声呐遥感技术、物理场（如重力和磁力场）遥感技术。通常所讲的遥感往往是指电磁波遥感。电磁波遥感技术是利用各种物体 / 物质反射或发射出不同特性的电磁波进行遥感的，其可分为可见光、红外、微波等遥感技术。

按照传感器工作方式的不同可分为主动式遥感技术和被动式遥感技术。所谓主动式是指传感器带有能发射信号（电磁波）的辐射源，工作时向目标物发射，同时接收目标物反射或散射回来的电磁波，以此所进行的探测。被动式遥感则是利用传感器直接接收来自地物反射自然辐射源（如太阳）的电磁辐射或自身发出的电磁辐射而进行的探测。

按照记录信息的表现形式可分为图像方式和非图像方式。图像方式就是将所探测到的强弱不同的地物电磁波辐射转换成深浅不同的（黑白）色调构成直观图像的遥感资料形式，如航空相片、卫星图像等。非图像方式则是将探测到的电磁辐射转换成相应的模拟信号（如电压或电流信号）或数字化输出，或记录在磁带上而构成非成像方式的遥感资料，如陆地卫星 CCT 数字磁带等。

按照遥感器使用的平台可分为航天遥感技术、航空遥感技术、地面遥感技术。

按照遥感的应用领域可分为地球资源遥感技术、环境遥感技术、气象遥感技术、海洋遥感技术等。

（二）遥感的特点

①感测范围大，具有综合、宏观的特点。遥感从飞机上或人造地球卫星上，居高临下获取航空相片或卫星图像，比在地面上观察的视域范围大得多。②信息量大，具有手段多、技术先进的特点。它不仅能获得地物可见光波段的信息，而且可以获得紫外、红外、微波等波段的信息。其不但能用摄影方式获得信息，而且还可以用扫描方式获得信息。遥感所获得的信息量远远超过了用常规传统方法所获得的信息量。③获取信息快，更新周期短，具有动态监测特点。遥感通常为瞬时成像，可获得同一瞬间大面积区域的景观实况，现实性好；而且可通过不同时相取得的资料及相片进行对比、分析和研究地物动态变化的情况，为环境监测以及研究分析地物发展演化规律提供了基础。

四、环境遥感监测

（一）大气遥感原理

大气不仅本身能够发射各种频率的流体力学波和电磁波；而且，当这些波在大气中传播时，会发生折射、散射、吸收、频散等经典物理或量子物理效应。由于这些作用，当大气成分的浓度、气温、气压、气流、云雾和降水等大气状态改变时，波信号的频谱、相位、振幅和偏振度等物理特征就发生各种特定的变化，从而储存了丰富的大气信息，向远处传送，这样的波称为大气信号。应用红外、微波、激光、声学和电子计算机等一系列的技术手段，揭示大气信号在大气中形成和传播的物理机制和规律，区别不同大气状态下的大气信号特征，确立描述大气信号物理特征与大气成分浓度、运动状态和气象要素等空间分布之间定量关系的大气遥感方程，从而最终建立从大气信号物理特征中提取大气信息的理论和方法。

关于电磁波在大气传输过程中所发生的物理变化，以大气吸收为例，主要包括：①大气中的臭氧（O_3）、二氧化碳（CO_2）和水汽（H_2O）对太阳辐射能的吸收最有效。② O_3 在紫外段（0.22 ~ 0.32μm）有很强的吸收。③ CO_2 的最强吸收带出现在 13 ~ 17.5μm 远红外段。④ H_2O 的吸收远强于其他气体的吸收。最重要的吸收带在 2.5 ~ 3.0μm、5.5 ~ 7.0μm 和大于 27.0μm 处。

利用上述大气组分在不同波段处对电磁波的吸收特点，可以开展各组分的含量水平等方面的遥感监测。

例如，秸秆焚烧是农作物秸秆被当作废弃物焚烧，会对大气环境、交通安全和灾害防护产生极大影响。利用环境卫星、MODIS 等卫星数据，可以开展秸秆焚烧卫星遥感监测，为环境监察工作提供有效的技术手段。

（二）水环境遥感监测

利用遥感技术进行水质监测的主要机理是被污染水体具有独特的有别于清洁水体的光谱特征，这些光谱特征体现在其对特定波长的光的吸收或反射，而且这些光谱特征能够为遥感器所捕获并在遥感图像中体现出来。对所监测水体的遥感图像进行几何校正、大气校正和解译，得出所需的光谱信息，利用经验、半经验或者其他数据分析方法，可筛选出合适的遥感波段或波段组合，将该波段组合光谱信息与水质参数的实测数据结合，可以建立相关的水质参数遥感估测模型，达到一定的精度后可用来反演水体中水质参数的相关数据，从而达到利用遥感技术对水体进行环境水质定量监测的目的。

内陆水体中影响光谱反射率的物质主要有四类：①纯水；②浮游植物，主要是各种藻类；③由浮游植物死亡而产生的有机碎屑以及陆生或湖体底泥经再悬浮而产生的无机悬浮颗粒，总称为非色素悬浮物；④由黄腐酸、腐殖酸等组成的溶解性有机物，通常称为黄色物质。

水的光谱特征主要由水本身的物质组成决定，同时又受到各种水状态的影响。在可见光波段 0.6μm 之前，水的吸收少，反射率较低，多为透射。对于清水，在蓝光、绿光波段反射率为 4% ~ 5%，0.6μm 以下的红光波段反射率降到 2% ~ 3%，在近红外、短波红外部分几乎吸收全部的入射能量。这一特征与植被和土壤光谱形成明显的差异，因而在红外波段识别水体较为容易。

目前，在遥感对水质的定量监测机理方面，主要研究内容有悬浮泥沙、叶绿素、可溶性有机物（黄色物质）、油污染和热污染等，其中水体浑浊度（或悬浮泥沙）和叶绿素浓度是国内外研究最多也最为成熟的两部分。综合考虑空间、时间、光谱分辨率和数据可获得性，TM 数据是目前内陆水质监测中最有用也是使用最广泛的多光谱遥感数据。SPOT 卫星的 HRV 数据、JRS-1C 卫星数据、气象卫星 NOAA 的 AVH RR 数据以及中巴资源卫星数据也可用于内陆水体的遥感监测。

第三节　环境快速检测技术

随着经济社会的快速发展以及对环境监测工作高效率的迫切需要，研究高效、快速的环境污染物检测技术已成为国际环境问题的研究热点之一，尤其是水质和气体的快速检测技术发展迅速，对我国环境监测技术的发展起到了重要的推动作用。

一、便携水质多参数检测技术

便携式仪器法是利用根据污染物的热学、光学、电化学、电磁波学、气相色谱学、生物学等特点设计的仪器进行污染物现场检测的方法。便携式仪器具有防尘、防水、质轻和耐腐蚀等特性，一些还配有手提箱，所有附件一应俱全，十分便于野外操作。下面介绍几种典型或新型的水质便携式多参数检测仪。

（一）手持电子比色计

手持电子比色计是由同济大学设计的半定量颜色快速鉴定装置，结构简单，小巧轻便，手持使用。该装置与传统的目视比色卡片不同，不受外部环境条件（光线、温度等）影响，晚上亦可正常使用。该比色计存储多种物质标准色列，用于多种环境污染物和化学物质的识别与半定量分析，配合 GEE 显色检测剂或其他水质检测包（盒）等，可对数十种化学物质或离子进行快速半定量分析，非专业人员亦可自主操作，适合于环境监测、排污监督、水质分析、食品质量检验、应急监测等。

（二）水质检验手提箱

水质检验手提箱由微型液体比色计、现场快速检测剂、显色剂、过滤工具等组成，由同济大学污染控制与资源化研究国家重点实验室研制。

根据使用目的不同配置有氮磷硫氯检测手提箱、重金属手提箱、广谱检测手提箱等多种规格，手提箱工具齐备、小巧轻便，采用高亮度手（笔）触 LED 屏，界面清晰、直观，适合于户外使用，在水质分析、环境监测、食品检验及其他分析检验领域，尤其对矿山、企事业单位、农村、山区、高原、事故现场等水质快速或应急检测具有重要价值。

水质检验手提箱中，配备的微型液体比色仪是一种全新的小型现场检测仪器，微型液体比色仪工作原理与传统分光光度计不同，直接采用颜色传感器，无滤光、信号放大系统，避免了因部件转动、光电转换引起的测量误差。颜色测量计算系统是基于 CIE Lab 双锥色立体而设计开发，通过色调、色度和明度的三维矢量运算处理，计算混合体系中各颜色的色矢量，在配色技术和颜色检测反应中有重要的应用价值。其中，在痕量物质检测领域，待测物标准系列采用二次函数拟合，误差小、范围宽，并设计单点校正标准曲线，方便操作人员修正因测量条件改变而引起的检测误差。

手提箱提供快速检测粉剂，胶囊包装，性能稳定，携带方便，可对氨、亚硝酸盐、硝酸盐、磷酸盐、硫酸盐、硫化物、氯化物、余氯、溶解氧、铬、铁、铜、锌、铅、镍、锰、总硬度、甲醛、挥发酚、苯胺、肼等数十种物质（离子）进行快速定量检测，灵敏度高，重现性好。

（三）现场固相萃取仪

常规固相萃取装置只能在实验室内使用，水样流速慢，萃取时间长，不适用于水样现场快速采集。同济大学研制的微型固相萃取仪为水环境样品的现场浓缩分离提供了新的方法和技术。

与常规固相萃取装置工作原理不同，微型固相萃取仪是将 1 ~ 2g 吸附材料直接分散到 500 ~ 2000mL 水样中，对目标物进行选择性吸附后，通过蠕动泵导流到萃取柱，使液固得到分离，再使用 5 ~ 10mL 洗脱剂洗脱出吸附剂上的目标物，即可用 AAS、1CP、GC、HPLC 等分析方法对目标物进行测定。

固相萃取仪小巧轻便，采用锂电池供电，保证充电后可连续工作 8h 以上。该装置富集效率高（100 ~ 400 倍），现场使用可减少大量水样的运输和保存带来的困难，尤其适合于偏远地区、山区、高原、极地和远洋等水样品的采集。改变吸附剂，可富集水体中的目标重金属或有机物，适应性广。

该仪器已成功用于天然水体中痕量重金属和酚类化合物等污染物的现场浓缩、分离。

（四）便携式多参数水质现场监测仪

便携式多参数水质现场监测仪是专为现场水质测量的可靠性和耐用性而设计的仪器，可同时实现多个参数数据的实时读取、存储和分析。如默克密理博开发的便携式多参数水质现场监测仪 Movel00，内置 430nm、530nm、560nm、580nm、610nm、660nm 的 LED 发光二极管，可以测试氨氮、COD、砷、镉、铅、六价铬、铜、镍、挥发酚等 100 多个常见水质分析项目。

仪器内置的大部分方法符合国际标准。IP68 完全密封的防护等级，可以持续浸泡在水中（水深小于 18m 至少 24h），特别适用于野外环境测试或现场测试。仪器在现场进行测试后，可以带回实验室采用红外的方式进行数据传输，IRiM（红外数据传输模块）使用现代的红外技术，将测试结果从测试仪器传输到 3 个可选端口上，通过连接电脑实现 DA

Excel 或文本文件格式储存以及打印。同时，该仪器具有 AQA 验证功能，包括吸光度值验证和在此波长下的检测结果验证。

二、大气快速监测技术

大气快速监测技术是采用便携、简易、快速的仪器或装置，在尽可能短的时间内对目标污染物的种类、浓度、污染范围及危险性做出准确科学判断的重要依据。下面对常见的几种大气污染和空气质量现场快速分析技术进行简单介绍。

（一）气体检测管

气体检测管是一种简便、快速、直读式的气体定量检测仪，可在已知有害气体或蒸气种类的条件下进行现场快速检测。其测试原理为：先用特定的试剂浸渍少量多孔性材料（如硅胶、凝胶、沸石和浮石等），然后将浸渍过试剂的多孔性材料放入玻璃管内，使空气通过玻璃管。如果空气中含有被测成分，则浸渍材料的颜色就有变化，根据其色柱长度，计算出污染物的浓度。气体检测管既可用于室内空气监测、公共场所的空气质量监测、作业现场的空气及特定气体的测试、大气环境监测等许多方面，也可用于需要控制气体成分的生产工艺中。

气体检测管根据其构造和用途可分为普通型、试剂型、短期测量管、长期测量管和扩散式测量管等。普通型是玻璃管内仅放置指示剂，能直接与待测物质起颜色反应而定性定量。试剂型是在玻璃管内不但装有指示剂，而且装有试剂溶液小瓶，在采样检测前或后，打破试剂溶液小瓶，待测物质与试剂反应产生颜色变化。扩散式测量管的特别之处是不需要抽气动力，而是利用待测物质的分子扩散作用达到采样检测的目的。气体检测管法具有体积小、质量轻、携带方便、操作简单快速、灵敏度较高和费用低等优点，且对使用人的技术要求不高，经过短时间培训就能够进行监测工作。目前，市售气体检测管种类较多，能够检测的污染物超过 500 种，可以检测的环境介质包括空气、水及土壤、有毒气体（如 CO、H_2S、Cl_2 等）、蒸气（如丙酮、苯及酒精等）、气雾及烟雾（如硫酸烟雾）等，可参照《气体检测管装置》（GB/T 7230–2008）选用合适的检测管。然而，气体检测管不能精确给出大气污染物的浓度，易受温度等因素的干扰。

（二）便携式 PM2.5 检测仪

德国 Grimm Aerosol 公司的小型颗粒物分析仪，不需要切割头，可实时分析可吸入颗粒物和可呼吸颗粒物，同时分析 8，16，32 通道不同粒径的粉尘分散度。该仪器采用激光 90° 散射，不受颗粒物颜色的影响，内置可更换的 EPA 标准 47mm PTFE 滤膜，同时进行颗粒物收集，用于称重法和化学分析。自动、精确的流量控制能够保证分析结果的可靠，特别的保护气幕使光学系统免受污染，可靠性极高，维护量少。数据存储卡可以保存 1 个月到 1 年的连续测试数据，有线或无线的通信方式，便于在线自动监测和数据下载。内置充电池，适合各种场合的工作。

我国首款便携式 PM2.5 检测仪——“汉王蓝天霾表”。该“霾表”能实时获取微环境下的 PM2.5 和 PM10 数据，并得到空气质量等级的提示，最长响应时间为 4s。其大小相当于一款手机，质量为 150g。该仪器采用了散射粒子加速度测量法，通过特殊传感器获得粒子质量、运动速度、粒径、反光强度，进一步对空气中颗粒物的粒径大小分布进行统计和分析，从而实时获取 PM2.5 和 PM10 的浓度。霾表侧重于个人微环境中的当前空气质量，比如家庭中的吸烟、油烟、周边环境等因素对家庭健康的影响。

（三）便携式烟气二氧化硫分析仪

便携式烟气二氧化硫分析仪采用定电位电解法进行测定。仪器主要由两部分组成，即气路系统和电路系统。气路系统完成烟气的采样、处理、传送等功能；电路系统则完成气电转换、信号放大、数据处理、数据的显示打印和仪器的工作状态控制等功能。仪器预热后，烟气通过烟尘过滤器去除粗烟尘。过滤后的烟气经过采样枪进入气水分离器，在气水分离器内水分和细烟尘与烟气分离，从而使基本洁净的干烟气经过薄膜泵进入传感器气室，在气室内扩散后，采集的烟气再从气室出口排出仪器。在气室里扩散的烟气与传感器发生氧化还原反应，使传感器输出微安级的电流信号。该信号进入前置放大器后，经过电流 / 电压的变换和信号放大，模拟量信号经数模转换器转换成计算机可识别的数字信号，经数据处理后可将测试结果显示出来。

（四）便携式甲醛检测仪

美国 InterScan 便携式甲醛检测仪采用电压型传感器，是一种化学气体检测器，在控制扩散的条件下运行。样气的气体分子被吸收到电化学敏感电极，经过扩散介质后，在适当的敏感电极电位下气体分子发生电化学反应，这一反应产生一个与气体浓度成正比的电流，这一电流转换为电压值并送给仪表读数或记录仪记录。传感器有一个密封的储气室，这不仅使传感器寿命更长，而且消除了参比电极污染的可能性，同时可用于厌氧环境的检测。传感器电解质是不活动的类似闪光灯和镍镉电池中的电解质，所以不须要考虑电池损坏或酸对仪器的损坏。

（五）手持式多气体检测仪

PortaSens Ⅱ型仪器可用于检测现场环境空气中的各种气体，通过更换即插即用型传感器模块可以检测氯气、过氧化氢、甲醛、CO、NO、NO_2、H_2S、HF、HCN、SO_2、AsH_3 等三十余种不同气体。传感器不需要校准，精度一般为测量值的 5%，灵敏度为量程的 1%，可根据监测需要切换、设定量程 RS232 输出接口、专用接口电缆和专用软件用于存储气体浓度值，存储量达 12 000 个数据点；采用碱性，D 型电池，质量为 1.4kg。

第四节　生态监测

随着人们对环境问题及其规律认识的不断深化，环境问题不再局限于排放污染物引起的健康问题，还包括自然环境的保护、生态平衡和可持续发展的资源问题。因此，环境监测正从一般意义上的环境污染因子监测开始向生态环境监测过渡和拓宽。除了常见的各类污染因子外，由于人为因素影响，灾害性天气增加，森林植被锐减，水土流失严重，土壤沙化加剧，洪水泛滥，沙尘暴、泥石流频发，酸沉降等，使得本已十分脆弱的生态环境更加恶化。这促使人们重新审视环境问题的复杂性，用新的思路和方法了解和解决环境问题。人们开始认识到，为了保护生态环境，必须对环境生态的演化趋势、特点及存在的问题建立一套行之有效的动态监测与控制体系，这就是生态监测。因此，生态监测是环境监测发展的必然趋势。

一、生态监测的定义

所谓生态监测，是以生态学原理为理论基础，运用可比的和较成熟的方法，在时间和空间上对特定区域范围内生态系统和生态系统组合体的类型、结构和功能及其组合要素进行系统的测定，为评价和预测人类活动对生态系统的影响，为合理利用资源、改善生态环境提供决策依据。

二、生态监测的原理

生态监测是环境监测工作的深入与发展，由于生态系统本身的复杂性，要完全将生态系统的组成、结构、功能进行全方位的监测十分困难。随着生态学理论与实践的不断发展与深入，特别是景观生态学的发展，为生态监测指标的确立、生态质量评价及生态系统的管理与调控提供了基础框架。景观生态学中的一些基础理论即等级（层次）理论、空间异质性原理等成为生态监测的基本指导思想。研究生态系统的组成要素、结构与功能、发展与演替以及人为影响与调控机制的生态系统生态学理论也为生态监测提供理论支持。生态系统生态学的研究领域主要涵盖了自然生态系统的保护和利用，生态系统的调控机制、生态系统退化的机理、恢复模型及修复技术、生态系统可持续发展问题以及全球生态问题等。

三、生态监测、环境监测和生物监测之间的关系

在环境科学、生态学及其分支学科中，生态监测、生物监测及环境监测都有各自的特点和要求。环境监测是伴随着环境科学的形成和发展而出现的，以环境为对象，运用物

理、化学和生物技术方法对其中的污染物及其有关的组成成分进行定性、定量和系统的综合分析，运用环境质量数据、资料来表征环境质量的变化趋势及污染的来龙去脉。因此，环境监测属于环境科学范畴。

长期以来，生物监测属于环境监测的重要组成部分，是利用生物在各种污染环境中所发出的各种信息，来判断环境污染的状况，即通过观察生物的分布状况，生长、发育、繁殖状况，生化指标及生态系统工程的变化规律来研究环境污染的情况、污染物的毒性，并与物理、化学监测和医药卫生学的调查结合起来，对环境污染做出正确评价。

对生态监测一直有争议的，主要表现在生态监测与生物监测的相互关系上。一种观点认为生态监测包括生物监测，是生态系统层次的生物监测，是对生态系统的自然变化及人为变化所做反应的观测和评价，包括生物监测和地球物理化学监测等方面内容；也有的将生态监测与生物监测统一起来，统称为生态监测，认为生态监测是环境监测的组成部分，是利用各种技术测定和分析生命系统各层次对自然或人为的反应或反馈效应的综合表征来判断这些干扰对环境产生的影响、危害及其变化规律，为环境质量的评估、调控和环境管理提供科学依据。这种观点表明，生态监测是一种监测方法，是对环境监测技术的一种补充，是利用“生态”做“仪器”进行环境质量监测。

而另一种观点认为，随着环境科学的发展以及社会生产、科学研究等领域的监测工作实践，生态监测远远超出了现有的定义范畴，生态监测的内容、指标体系和监测方法都表现出了全面性、系统性，既包括对环境本质、环境污染、环境破坏的监测，也包括对生命系统（系统结构、生物污染、生态系统功能、生态系统物质循环等）的监测，还包括对人为干扰和自然干扰造成生物与环境之间相互关系的变化的监测。

因此，生态监测是指通过物理、化学、生物化学、生态学等各种手段，对生态环境中的各个要素、生物与环境之间的相互关系、生态系统结构和功能进行监控和测试，为评价生态环境质量、保护生态环境、恢复重建生态、合理利用自然资源提供依据，它包括了环境监测和生物监测。

四、生态监测的类别

生态监测从时空角度可概括地分为两大类，即宏观监测或微观监测。

（一）宏观监测

宏观监测至少应在一定区域范围之内，对一个或若干个生态系统进行监测，最大范围可扩展至一个国家、一个地区乃至全球，主要监测区域范围内具有特殊意义的生态系统的分布、面积及生态功能的动态变化。

（二）微观监测

微观监测指对一个或几个生态系统内各生态要素指标进行物理、化学、生态学方面的监测。根据监测的目的一般可分为干扰性监测、污染性监测、治理性监测、环境质量现状评价监测等。

1. 干扰性监测

是指对人类固有生产活动所造成的生态破坏的监测，例如，滩涂围垦所造成的滩涂生态系统的结构和功能、水文过程和物质交换规律的改变监测；草场过牧引起的草场退化、沙化、生产力降低监测；湿地开发环境功能下降，对周边生态系统及鸟类迁徙影响的监测等。

2. 污染性监测

主要是对农药、一些重金属及各种有毒有害物质在生态系统中所造成的破坏及食物链传递富集的监测，如六六六、DDT、SO_2、C_{l2}、H_2S 等有害物质对农田、果树污染监测；工厂污水对河流、湖泊、海洋生态系统污染的监测等。

3. 治理性监测

指对破坏了的生态系统经人类的治理后生态平衡恢复过程的监测，如沙化土地经客土、种草治理过程的监测；退耕还林、还草过程的生态监测；停止向湖泊、水库排放超标废水后，对湖泊、水库生态系统恢复的监测等。

4. 环境质量现状评价监测

该监测往往用于较小的区域，用于环境质量本底现状评价监测，如某生态系统的本底生态监测；南极、北极等很少有人为干扰的地区生态环境质量监测；新修铁路要通过某原始森林附近，对某原始森林现状的生态监测；拟开发的风景区本底生态监测等。

总之，宏观监测必须以微观监测为基础，微观监测必须以宏观监测为指导，二者相互补充，不能相互替代。

五、生态监测的任务与特点

（一）生态监测的基本任务

生态监测的基本任务是对生态系统现状以及因人类活动所引起的重要生态问题进行动态监测；对破坏的生态系统在人类的治理过程中生态平衡恢复过程的监测；通过监测数据的积累，研究上述各种生态问题的变化规律及发展趋势，建立数学模型，为预测预报和影响评价打下基础；支持国际上一些重要的生态研究及监测计划，如 GEMS（全球环境监测系统）、MAB（人与生物圈）等，加入国际生态监测网络。

（二）生态监测的特点

1. 综合性

生态监测涉及多个学科，涉及农、林、牧、副、渔、工等各个生产行业。

2. 长期性

自然界中生态过程的变化十分缓慢，而且生态系统具有自我调控功能，短期监测往往不能说明问题，长期监测可能有一些重要的和意想不到的发现。

3. 复杂性

生态系统本身是一个庞大的复杂的动态系统，生态监测中要区分自然因素和人为干扰这两种因素的作用有时十分困难，加之人类目前对生态过程的认识是逐步积累和深入的，这就使得生态监测不可能是一项简单的工作。

4. 分散性

生态监测站点的选取往往相隔较远，监测网的分散性很大。同时由于生态过程的缓慢性，生态监测的时间跨度也很大，所以通常采取周期性的间断监测。

（三）生态监测指标体系

根据生态监测的定义和监测内容，传统的生态监测指标体系无法适应现今对生态环境质量监测的要求。从我国正在开展的生态监测工作来看，生态监测构成了一个复杂的网络，各地纷纷建立生态监测网站与网络，生态监测的指标体系丰富而庞杂。

1. 非生命系统的监测指标

气象条件：包括太阳辐射强度和辐射收支、日照时数、气温、气压、风速、风向、地温、降水量及其分布、蒸发量、空气湿度、大气干湿沉降等，以及城市热岛强度。

水文条件：包括地下水位、土壤水分、径流系数、地表径流量、流速、泥沙流失量及其化学组成、水温、水深、透明度等。

地质条件：主要监测地质构造、地层、地震带、矿物岩石、滑坡、泥石流、崩塌、地面沉降量、地面塌陷量等。

土壤条件：包括土壤养分及有效态含量（N、P、K、S）、土壤结构、土壤颗粒组成、土壤温度、土壤 pH、土壤有机质、土壤微生物量、土壤酶活性、土壤盐度、土壤肥力、交换性酸、交换性盐基、阳离子交换量、土壤容重、孔隙度、透水率、饱和含水量、凋萎水量等。

化学指标：包括大气污染物、水体污染物、土壤污染物、固体废物等方面的监测内容。

大气污染物：有颗粒物、SO_2、NO_2、CO、烃类化合物、H_2S、HF、PAN、O_3 等。

水体污染物：包括水温、pH、溶解氧、电导率、透明度、水的颜色、气味、流速、悬浮物、浑浊度、总硬度、矿化度、侵蚀性二氧化碳、游离二氧化碳、总碱度、碳酸盐、重碳酸盐、氨氮、硝酸盐氮、亚硝酸盐氮、挥发酚、氰化物、氟化物、硫酸盐、硫化物、氯化物、总磷、钾、钠、六价铬、总汞、总砷、镉、铅、铜、溶解铁、总锰、总锌、硒、铁、锰、锌、银、大肠菌群、细菌总数、COD、BOD_5、石油类、阴离子表面活性剂、有机氯农药、六六六、滴滴涕、苯并［a］芘、叶绿素a、油、总α放射性、总β放射性、丙烯醛、苯类、总有机碳、底质（颜色、颗粒分析、有机质、总N、总P、pH、总汞、甲基汞、镉、铬、砷、硒、酮、铅、锌、氰化物和农药）。

土壤污染物：包括镉、汞、砷、铜、铅、铬、锌、镍、六六六、DDT、pH、阳离子交换量。

固体废物监测：包括氨、硫化氢、甲硫醇、臭气浓度、悬浮物（SS）、COD、BOD_5、大肠菌群，以及苯酚类、酞酸酯类、苯胺类、多环芳烃类等。

其他指标，如噪声、热污染、放射性物质等。

2. 生命系统的监测内容

生物个体的监测，主要对生物个体大小、生活史、遗传变异、跟踪遗传标记等监测。

物种的监测，包括优势种、外来种、指示种、重点保护种、受威胁种、濒危种、对人类有特殊价值的物种、典型的或有代表性的物种。

种群的监测，包括种群数量、种群密度、盖度、频度、多度、凋落物量、年龄结构、性别比例、出生率、死亡率、迁入率、迁出率、种群动态、空间格局。

群落的监测，包括物种组成、群落结构、群落中的优势种统计、群落外貌、季相、层片、群落空间格局、食物链统计、食物网统计等。

生物污染监测，包括放射性、镉、六六六、DDT、西维因、敌菌丹、倍硫磷、异狄氏剂、杀螟松、乐果、氟、钠、钾、锂、氯、溴、镧、锑、钍、铅、钙、钡、锶、镭、铍、碘、汞、铀、硝酸盐、亚硝酸盐、灰分、粗蛋白、粗脂肪、粗纤维等。

3. 生态系统的监测指标

主要对生态系统的分布范围、面积大小进行统计，在生态图上绘出各生态系统的分布区域，然后分析生态系统的镶嵌特征、空间格局及动态变化过程。

4. 生物与环境之间相互作用关系及其发展规律的监测指标

生态系统功能指标包括：生物生产量（初级生产、净初级生产、次级生产、净次级生产）、生物量、生长量、呼吸量、物质周转率、物质循环周转时间、同化效率、摄食效率、生产效率、利用效率等。

5. 社会经济系统的监测指标

其包括人口总数、人口密度、性别比例、出生率、死亡率、流动人口数、工业人口、农业人口、工业产值、农业产值、人均收入、能源结构等。

（四）生态监测的新技术手段

由于生态监测的内容和指标体系的丰富和完善，分析测试方法涉及的学科领域庞杂，如气象学、海洋学、水文学、土壤学、植物学、动物学、微生物学、环境科学、生态科学。此外，新技术新方法在生态监测中的运用也十分广泛。

六、生态监测的主要技术支持

（一）“3S”技术

生态监测的新内涵中包括对大范围生态系统的宏观监测，因此，许多传统的监测技术不适用于大区域的生态监测，只有借助于现代高新技术，才能高效、快速地了解大区域生态环境的动态变化，为迅速制订治理、保护的方案和对策提供依据。遥感、地理信息系统与全球定位系统（统称 3S 集成）一体化的高新技术可以解决这个问题，在实际中通过建立生态环境动态监测与决策支持系统，有效获取生态环境信息，实时监测区域环境的动态变化，进而掌握该区域生态环境的现状、演变规律、特征与发展趋势，为管理者提供依据。

“3S”技术是遥感（RS）、地理信息系统（GIS）和全球定位系统（GPS）的统称。其中 GPS 主要是实时、快速地提供目标的空间位置,RS 用于实时、快速地提供监测数据，GIS 则是多种来源时空数据的综合处理和应用分析平台。传统的生态环境监测、评价方法应用范围小，只能解决局部生态环境监测和评价问题，很难大范围、实时地开展监测工作，而综合整体且准确完全的监测结果必须依赖“3S”技术，利用 RS 和 GPS 获取遥感数据、管理地貌及位置信息，然后利用 GIS 对整个生态区域进行数字表达，形成规则、决策系统。

（二）电磁台网监测系统

电磁台网监测系统克服了天然地震层析、卫星遥感等技术对包括沙漠、黄土、冰川、湖泊沉积在内的地球表层和浅层监测的不足，以其对环境变化敏感、有一定穿透深度、不同频率信号反映不同深度信息、台网观测技术方便等优点而应用到生态监测中来。该系统通过对中长电磁波衰减因子数据的研究，利用现代层析成像技术，建立高分辨率浅层三维电导率地理信息系统，为监测、研究、预测环境变化提供依据。

（三）其他高新技术

中国技术创新信息网上发布了用于远距离生态监测的俄罗斯高新技术——可调节的高功率激光器，在距离 300m 的范围内，可以发现和测量烷烃的浓度，浓度范围为 0.0003% ~ 0.1%，该项技术正在推广。其他高新技术，如俄罗斯卡莫夫直升机设计局在“卡 –37”的基础上，成功研制的“卡 –137”多用途无人直升机，该机可用于生态监测。

综上所述，生态监测是环境科学与生物科学的交叉学科，包括环境监测和生物监测。它是通过物理、化学、生化、生态学原理等各种技术手段，对生态环境中的各个要素、生物与环境之间的相互关系、生态系统结构和功能进行监控和测试，为评价生态环境质量、保护生态环境、恢复重建生态、合理利用自然资源提供依据的过程。其监测的指标体系庞杂而富有系统性，所采用的技术手段也日益更新，大量的高新技术及其他领域的技术被不断引入生态监测中来。

参考文献

[1]张新华,杨期勇,张蔚萍.环境监测实验[M].中国环境出版集团,2017.
[2]邹美玲,王林林.环境监测与实训[M].北京:冶金工业出版社,2017.
[3]周遗品.环境监测实践教程[M].武汉:华中科技大学出版社,2017.
[4]胡辉.环境影响评价第2版[M].武汉:华中科技大学出版社,2017.
[5]王罗春,蒋海涛,周振副.环境影响评价第2版[M].北京:冶金工业出版社,2017.
[6]房春生.环境影响评价[M].长春:吉林大学出版社,2017.
[7]郭璐璐.大气环境影响评价技术[M].中国环境出版社,2017.
[8]陈泽宏.环境影响评价基础技术[M].北京:中国环境出版社,2017.
[9]汪诚文.环境影响评价[M].北京:高等教育出版社,2017.
[10]曲磊.环境监测[M].北京:中央民族大学出版社,2018.
[11]李理,梁红.环境监测[M].武汉:武汉理工大学出版社,2018.
[12]陈井影,李文娟.环境监测实验[M].北京:冶金工业出版社,2018.
[13]隋鲁智,吴庆东,郝文.环境监测技术与实践应用研究[M].北京:北京工业大学出版社,2018.
[14]山宝琴.生态环境影响评价[M].西安:西安交通大学出版社,2018.
[15]赵丽,高彩玲,邢明飞.环境影响评价[M].徐州:中国矿业大学出版社,2018.
[16]危亮.环境监测[M].南昌:江西高校出版社,2019.
[17]简敏菲,汪玉梅.环境监测[M].东北林业大学出版社,2019.
[18]孙成,鲜启鸣.环境监测[M].北京:科学出版社,2019.
[19]奚旦立.环境监测[M].北京:高等教育出版社,2019.
[20]杨柳.环境影响评价导论[M].北京:测绘出版社,2019.
[21]章丽萍,张春晖.环境影响评价[M].北京:化学工业出版社,2019.
[22]张宝军.水环境监测与治理职业技能设计[M].中国环境出版集团,2020.
[23]乔仙蓉.环境监测[M].郑州:黄河水利出版社,2020.
[24]隋聚艳,郭青芳.水环境监测与评价[M].郑州:黄河水利出版社,2020.
[25]李丽娜.环境监测技术与实验[M].北京:冶金工业出版社,2020.
[26]韩莉.环境监测和环境保护研究[M].长春:吉林科学技术出版社,2020.
[27]王森,杨波.环境监测在线分析技术[M].重庆:重庆大学出版社,2020.
[28]吴春山,成岳.环境影响评价[M].武汉:华中科技大学出版社,2020.
[29]刘松华,周静.环境影响评价研究[M].北京:北京工业大学出版社,2020.
[30]钱瑜.环境影响评价[M].南京:南京大学出版社,2020.